Energie und Umwelt

Klimaverträgliche Nutzung von Energie

Dr. rer. nat. Klaus Heinloth
Professor für Physik
an der Universität Bonn

B. G. Teubner Stuttgart    Verlag der Fachvereine Zürich

Prof. Dr. rer. nat. Klaus Heinloth

Geboren 1935 in Weilheim i. OB., Studium an der Technischen Hochschule München, Diplom bei Georg Joos, 1961 Promotion bei Heinz Maier-Leibnitz, Assistent an der Universität Hamburg bei Willibald Jenschke. 1962 bis 1963 am MIT in Cambridge/Mass. USA. 1963 bis 1973 wissenschaftlicher Mitarbeiter bei DESY, Hamburg, 1972 Habilitation an der Universität Hamburg. Seit 1973 am Physikalischen Institut der Universität Bonn. 1978 bis 1979 und 1986 bis 1987 research associate am CERN, Genf. Sachverständiges Mitglied der Enquete-Kommissionen des 11. und 12. Deutschen Bundestages «Schutz der Erdatmosphäre».

Die Deutsche Bibliothek – CIP-Einheitsaufnahme

Heinloth, Klaus:
Energie und Umwelt: klimaverträgliche Nutzung von Energie / Klaus Heinloth. – Stuttgart: Teubner; Zürich: Verl. der Fachvereine, 1993
    ISBN 3-519-03657-6 (Teubner) kart.
    ISBN 3-7281-1937-7 (Verl. der Fachvereine) kart.

1. Auflage 1993

Das Werk einschließlich aller seiner Teile ist urheberrechtlich geschützt. Jede Verwertung außerhalb der engen Grenzen des Urheberrechtsgesetzes ist ohne Zustimmung der Verlage unzulässig und strafbar. Das gilt besonders für Vervielfältigungen, Übersetzungen, Mikroverfilmungen und die Einspeicherung und Verarbeitung in elektronischen Systemen.
© 1993 B. G. Teubner, Stuttgart
und vdf Verlag der Fachvereine an den schweizerischen Hochschulen und Techniken, Zürich
Printed in Germany
Druck und Bindung: Präzis-Druck GmbH, Karlsruhe
Umschlaggestaltung: Fred Gächter, Oberegg, Schweiz

Zur Herstellung dieses Buches wurde chlor- und säurefreies Papier verwendet, das bei der Entsorgung keine Schadstoffe entstehen läßt. Auf diese Weise leisten wir einen Beitrag zum Schutz unserer Umwelt.

Vorwort

Dieses Buch ist ein Versuch, den Problemkreis Energienutzung und Umweltbelastung zumindest aus der Sicht eines Naturwissenschaftlers einigermaßen vollständig darzustellen.

Man mag dieses Buch als ein Sachbuch oder aber als ein Lehrbuch — dieses allerdings ohne mathematische Formalismen — ansehen. In jedem Fall soll es dem Leser alle zum Thema relevanten Informationen, diese nicht nur qualitativ sondern auch quantitativ, möglichst vollständig vermitteln. Dies soll dem Leser ermöglichen, bei der Bildung seines eigenen Urteils die Gefahr zu vermeiden, durch unvollständige, einseitige Betrachtungsweise zu falschen Schlüssen zu kommen.

Das Zusammentragen einer einigermaßen vollständigen Übersicht von relevanten Fakten zum Thema Energienutzung wurde mir ermöglicht durch meine vieljährige Mitarbeit zum einen als sachverständiges Mitglied in den Enquete-Kommissionen des 11. und 12. Deutschen Bundestages "Schutz der Erdatmosphäre", zum anderen in internationalen Gremien wie vor allem in dem von den Vereinten Nationen 1987 gebildeten "Intergovernmental Panel on Climate Change", hier speziell in der Arbeitsgruppe "Response Strategies".

Für die bei dieser Arbeit erhaltenen reichen Informationen und vielseitigen Erfahrungen bin ich sehr dankbar. Ich empfinde dies allerdings auch als Verpflichtung, das erhaltene Wissen bestmöglichst weiterzugeben.

Die Umwandlung meines Manuskripts in eine hoffentlich gut lesbare Form durch Edition auf einem Rechner und dabei nicht zuletzt durch zahlreiche Korrekturen besorgten unermüdlich meine Frau und mein Sohn Jochen. Dafür möchte ich beiden sehr herzlich danken. Die Abbildungen editierte Herr Dipl. Phys. Michael Bockhorst auf seinem Rechner, auch dafür mein herzlicher Dank.

Danken möchte ich auch vielen meiner Kollegen in den verschiedenen Gremien und vielen Studenten für anregende und klärende Gespräche. Ein besonderer

Dank gilt schließlich meinen Kollegen und Mitarbeitern am Physikalischen Institut der Universität Bonn, die mich bei meiner Arbeit in Forschung und Lehre soweit entlastet haben, daß ich dieses Buch schreiben konnte.

Odendorf, Frühjahr 1993, Klaus Heinloth

Inhaltsverzeichnis

Vorwort   iii

1 Probleme   1

    1.1 Bevölkerung und Lebensbedingungen 2

       1.1.1 Entwicklung der Bevölkerung 2

       1.1.2 Entwicklung der Besiedlungsdichte 7

       1.1.3 Entwicklung des Verkehrsaufkommens 8

       1.1.4 Entwicklung des Lebensstandards 11

    1.2 Entwicklung des Energiebedarfs 13

       1.2.1 Energie für Güterproduktion und Dienstleistungen 13

       1.2.2 Energiebedarf für Ernährung 24

    1.3 Zunehmende Bedrohung der Umwelt 29

       1.3.1 Klima im Treibhaus Erde 32

       1.3.2 Ozon in der Stratosphäre 54

       1.3.3 Grüne Erde 59

       1.3.4 Kosten für den Erhalt der Umwelt 67

2 Möglichkeiten   69

    2.1 Deckung unseres Bedarfs an Nahrung 69

       2.1.1 Wirkungsgrad und Ergiebigkeit der Photosynthese von Biomasse 69

- 2.1.2 Potential landwirtschaftlich nutzbarer Flächen auf der Erde und darauf wachsender Biomasse 70
- 2.1.3 Erträge in Relation zum Energieaufwand in Land- und Viehwirtschaft 70
- 2.1.4 Wie viele Menschen kann die Erde künftig ernähren? . . . 71
- 2.2 Energie in Form von Wärme, Elektrizität, Treibstoffen 72
  - 2.2.1 Übersicht über Quellen, Umwandlung, Speicherung und Transport von Energie 75
  - 2.2.2 Verfügbarkeit von Primärenergie 83
  - 2.2.3 Bereitstellung und Umwandlung von Energie 107
  - 2.2.4 Transport und Speicherung von Energie 148
  - 2.2.5 Nutzung von Energie 163
  - 2.2.6 Optimierung der Energie-Nutzung 190

3 Wege: Herausforderung und Chance 211

- 3.1 Landwirtschaft und Wälder 213
  - 3.1.1 Bestand, Bedeutung und Gefährdung 213
  - 3.1.2 Sicherung intensiver Landwirtschaft 214
  - 3.1.3 Sicherung der Wälder in den gemäßigten und nördlichen Breiten 216
  - 3.1.4 Sicherung extensiver Landwirtschaft 217
  - 3.1.5 Sicherung der Wälder in den Tropen 219
- 3.2 Energie 220
  - 3.2.1 Bestand, Bedeutung und Gefährdung 220
  - 3.2.2 Sicherung der Energieversorgung 222
  - 3.2.3 Sicherung der Versorgung mit Energie in Industrieländern am Beispiel Deutschland 223
  - 3.2.4 Sicherung der Energieversorgung in Schwellenländern am Beispiel China 228
  - 3.2.5 Sicherung der Energieversorgung in Entwicklungsländern am Beispiel einiger zentralafrikanischen Länder 230
- 3.3 Bilanz, Kosten 233

Inhaltsverzeichnis

Resumée   **237**

A Benutzte Einheiten   **239**

    A.1 Schreibweise von Größenangaben 239

    A.2 Energie–Einheiten 239

B Radioaktivität   **241**

Literaturverzeichnis   **247**

Abbildungsverzeichnis

1.1 Probleme und ihre Verknüpfung 3

1.2 Entwicklung der Erdbevölkerung 4

1.3 Entwicklung der Bevölkerung 5

1.4 Altersstruktur der Bevölkerung 6

1.5 Verkehrsaufkommen in Deutschland 1991 10

1.6 Vergleich der relativen Anteile einzelner Länder an der Weltbevölkerung und am Treibstoffverbrauch 12

1.7 Energiebedarf pro Person und Tag für Ernährung, Güterproduktion und Dienstleistungen 15

1.8 Entwicklung der Nutzung der verschiedenen Energie-Träger ... 16

1.9 Jährlicher weltweiter Energiebedarf 18

1.10 Jährlicher Energiebedarf in Deutschland 21

1.11 Jährlicher Bedarf an elektrischer Energie in Deutschland 22

1.12 Bedarf an Primärenergie und Strom im Vergleich zum Wirtschaftswachstum 23

1.13 Entwicklung der Weltbevölkerung und der weltweiten Erzeugung von Nahrung (siehe Text) 26

1.14 Energierelevante Belastungen der Umwelt 31

1.15 Natürliches Treibhaus Erde 33

1.16 Veränderung des Kohlendioxidgehalts der Luft und der Temperatur der Antarktis 34

1.17 Zeitlicher Trend der atmosphärischen Konzentration von Kohlendioxid 36

1.18 Anstieg der vom Menschen verursachten Freisetzung von Kohlendioxid in die Atmosphäre 38

1.19 Veränderung des Kohlendioxidgehalts der Luft und der mittleren Temperatur auf der Erde 42

1.20 Weltweite Emissionen von Kohlendioxid, Trend und Reduktionsziele 53

1.21 Ozon–Verteilung in der Atmosphäre 55

1.22 Intensität der eingestrahlten Sonnenenergie in Abhängigkeit von Frequenz und von Wellenlänge des Lichts 56

1.23 Natürlicher Ozon–Kreislauf in der Stratosphäre 57

1.24 Klimazonen der Erde 60

1.25 Übergang von Feuchtgebieten zu Trockengebieten, gezeigt am Profil durch Osteuropa 64

2.1 Energie–Fluß BR Deutschland (alte Bundesländer 1990) 74

2.2 Umwandlung von Energie und Umwandlungswirkungsgrade a)Nutzung von Brennstoffen über Verbrennung 76

2.3 b)Nutzung von Holz, Pflanzen, organischen Abfällen c)Nutzung von Gas über Brennstoffzellen d)Nutzung von Atomkernenergie . 78

2.4 e)Nutzung von Sonneneinstrahlung 79

2.5 f)Nutzung von Wärme aus Luft, Wasser, Boden über Wärmepumpen g)Nutzung von Wasserkraft und Windenergie 80

2.6 h)Nutzung von Wasserstoff 81

2.7 Leistungsbedarf an Heizwärme und Strom in Deutschland (alte Bundesrepublik), Jahresgang und Tagesgang im Dezember 82

2.8 Abbildungen zur Sonneneinstrahlung 97

2.9 Prinzip einer idealen Wärmekraftmaschine 110

2.10 Energie aus Solarstrahlung 131

2.11 Prinzip des Aufbaus eines Kernkraftwerkes 138

2.12 Vergleich der Energie–Erntefaktoren für verschiedene Technologien 146

2.13 Schema einer Elektrolyse–Zelle 148

Abbildungsverzeichnis xi

2.14 Prinzip des Wärmetauschers 169

2.15 Skizze einer Kolbenmotor–Wärmekraftmaschine 171

2.16 Carnot–Prozess 172

2.17 Kreisprozess der Stirlingmaschine 174

2.18 Kreislauf eines Ottomotors 175

2.19 Prinzip des Wankelmotors 176

2.20 Kreislauf eines Dieselmotors 177

2.21 Prinzip einer Wasserstoff–Sauerstoff–Brennstoffzelle mit alkalischem Elektrolyt 187

2.22 Optimierungsrechnung zur Energie–Versorgung 201

2.23 Berufspendler–Beziehungen 1987 204

3.1 Entwicklung des Bedarfs an Primärenergie in Deutschland für verschieden hohes Wirtschaftswachstum bei heutiger bzw. höchstmöglicher Energie–Effizienz 225

Tabellenverzeichnis

1.1 Belastungen, Risiken, Folgen aus unbotmäßiger Nutzung der natürlichen Ressourcen 30

1.2 Derzeitige Anteile der verschiedenen Verursacherbereiche weltweit am zusätzlichen anthropogenen Teibhauseffekt 41

1.3 Flächenaufteilung der Erde und Kohlenstoffgehalt der Erde 62

1.4 Externe Kosten von Umweltbelastungen 68

2.1 Aufteilung der Endenergie in Deutschland 75

2.2 Transport von Energie 76

2.3 Speicherung von Energie 83

2.4 Primärenergiegehalt bzw. Brennwert der verschiedenen Energieträger 86

2.5 Vorräte an Kohle (weltweit und in Deutschland) 87

2.6 Vorräte an Erdöl (weltweit und in Deutschland) 88

2.7 Vorräte an Erdgas (weltweit und in Deutschland) 89

2.8 Weltweite Vorräte an Uran 90

2.9 Verteilung der Sonneneinstrahlung 92

2.10 Albedo 93

2.11 Technische und wirtschaftliche Potentiale der Solarenergie in der (alten) BR Deutschland. 95

2.12 Verfügbarkeit an Energie aus Holzabfällen und anderen organischen Abfällen 101

2.13 Theoretische, technische und derzeit wirtschaftlich genutzte Potentiale an Energie aus Wasserkraft 102

2.14 Potential an Heizwärme, bezogen auf den Bedarf im Jahr 1990 . . 106

2.15 Potential an elektrischer Energie bezogen auf den Bedarf im Jahr 1990 106

2.16 Energie–Aufwand zur Herstellung einiger Werkstoffe aus ihren Rohstoffen 112

2.17 Energie–Aufwand pro Kostenaufwand für verschiedene Produkte . 112

2.18 Umwandlung von Primärenergie in elektrische Energie 115

2.19 Wirkungsgrade und Energie–Erntefaktoren für verschiedene Anlagen 115

2.20 Verbrennungskraftwerke in Deutschland 117

2.21 Schadstoffemission bei der Verbrennung von fossilen Brennstoffen 119

2.22 Entwicklung der Schadgasemission in Deutschland 120

2.23 Vergleich verschiedener Typen von Solarkraftwerken 134

2.24 Übersicht über verschiedene Reaktor–Typen 140

2.25 Speicherbare Wärmemengen 152

2.26 Latentwärme–Speicher 153

2.27 Übersicht über Wärmespeicher 155

2.28 Übersicht über Batterien 157

2.29 Speicherdichten für Metall–Hydrid–Speicher 162

2.30 Mittlerer Bedarf an Heizleistung 166

2.31 Übersicht typischer mittlerer Werte der Wirkungsgrade und des Energie–Aufwands für Heizanlagen 167

2.32 Anteil der Schadstoffe im Abgas von Motoren 179

2.33 Gesamtaufwand an Energie für verschiedene Verkehrsmittel 184

2.34 Bedarf an elektrischer Energie für Beleuchtung 186

2.35 Brennstoffzellen und ihre charakteristischen Größen 189

2.36 Emissionen von Kohlendioxid in Deutschland 191

Tabellenverzeichnis

2.37 Minderung der Emission von Kohlendioxid durch effizientere Energienutzung 193

2.38 Technische Möglichkeiten der Einsparung von Energie 194

2.39 Bilanz der künftigen Verminderung der Emission von Kohlendioxid in Deutschland 198

2.40 Installierte Leistung in Wärmekraftwerken in Deutschland 203

3.1 Mögliche Entwicklung von Energiebedarf und Kohlendioxid-Emission in verschieden Regionen der Welt 235

"Anspannen !"
(CARL ZUCKMAYER: Katharina Knie)

Kapitel 1:
Probleme

Unsere Umwelt, die Biosphäre, ist einem ständigen Wandel unterworfen. Bedingt wird dies zum einen durch Einflüsse von außen: Über den Zeitraum von Jahrmillionen ändert sich die Intensität der Sonneneinstrahlung spürbar. Schwankungen der Parameter der Umlaufbahn der Erde um die Sonne bewirkten innerhalb der letzten Jahrmillionen in Zeiträumen von 10 000 bis 100 000 Jahren einen periodischen Wechsel zwischen Eiszeiten und Warmzeiten. Schließlich verursachen gelegentlich große Meteoriteneinschläge mehr oder minder weiträumig eine plötzliche Veränderung der Lebensbedingungen. Bedingt wird der ständige Wandel zum anderen aber auch durch Einflüsse von innen wie Ausgasen der Erdkruste, Vulkanausbrüche, Bewegungen der Erdkruste, Verschiebung der Kontinente, Verwitterung, Erosion, Bildung von Meeressedimenten und Bildung von fossilen Lagerstätten.

Schließlich können auch die Einwirkungen der Lebewesen in die natürlichen Kreisläufe zu Veränderungen führen, die wiederum Rückwirkungen auf die Lebensbedingungen dieser und anderer Lebewesen bis hin zum Aussterben haben können. Der Mensch verändert seine Umwelt besonders nachhaltig. Durch seine intellektuellen Fähigkeiten kann er sich (zunächst) Vorteile auf Kosten der natürlichen Ressourcen, auf Kosten anderer Lebewesen und schließlich auch noch auf Kosten späterer Generationen von Menschen verschaffen:

Seit dem Übergang zu Ackerbau und Viehzucht vor mehr als 20 000 Jahren, seit der Eindeichung und Kultivierung des Schwemmlandes an den Mündungen von Euphrat und Tigris vor mehr als 6 000 Jahren, seit Beginn der Entwaldung u.a. von Ländern um das Mittelmeer zur Deckung ihres Holzbedarfs für Metallverarbeitung und Schiffsbau vor etwa 3 000 Jahren hat der Mensch seinen eigenen Lebensraum zunächst lokal, später regional zunehmend stark erweitert und verändert, zunächst zu seinen Gunsten, auf lange Sicht gesehen aber oft zu seinen Ungunsten. Seit wenigen Jahrzehnten erreichen die Eingriffe der Menschen in fast allen Bereichen globales Ausmaß. Bedingt ist dies zum einen durch die erst in jüngster Zeit explosionsartig angewachsene und noch immer anwachsende Weltbevölkerung, zum anderen durch die übermäßige Nutzung vieler natürlicher Ressourcen vor allem durch die Menschen in den Industrieländern.

Die zunehmende Bedrohung des Lebensraumes Erde wird den Menschen besonders hart treffen. Obwohl oder gerade weil wir uns wissenschaftliche und technische Hilfen in großem Umfang zunutze machen, berauben wir uns gerade dadurch immer mehr des natürlichen Verständnisses und der natürlichen Anpassungsfähigkeiten an Veränderungen des Lebensraumes. Wachstum von Weltbevölkerung, Wirtschaft und Lebensstandard, damit steigender Bedarf an Nahrung, Energie und Rohstoffen, damit steigende Belastung der Umwelt mit entsprechenden Rückwirkungen auf unseren Lebensraum sind wie in einem Teufelskreis untrennbar miteinander verknüpft (s. Abbildung 1.1).

Um dies verständlich zu machen und um aus der Kenntnis der bisherigen Entwicklung und ihrer Ursachen vielleicht eine realistische Einschätzung für die notwendigen Maßnahmen zur Beeinflussung der künftigen Entwicklung zu gewinnen, wird nachfolgend jeder der Problemkreise im einzelnen etwas eingehender betrachtet.

1.1 Bevölkerung und Lebensbedingungen

1.1.1 Entwicklung der Bevölkerung

Seit Auftreten des Menschen vor etwa zwei Jahrmillionen hat die Bevölkerung der Erde bis vor ca. 250 Jahren ungeachtet aller technischen Fortschritte bis dahin nur sehr langsam zugenommen, immer an die jeweiligen Grenzen der Tragfähigkeit der Erde stoßend. Erst mit Beginn der Industrialisierung in der Mitte des 18. Jahrhunderts n.Chr., mit Einführung der Desinfektion und mit den Erfolgen bei der Bekämpfung von Infektionskrankheiten, mit der Intensivierung der Landwirtschaft durch Einsatz künstlicher Dünger, durch Züchtung und durch den Einsatz von künstlichen Pflanzenschutzmitteln wurde das explosionsartig schnelle Anwachsen der Weltbevölkerung ermöglicht (s. Abbildung 1.2). Um 1750 n.Chr. lebten etwa 700 Millionen Menschen auf der Erde, 1850 bereits 1.2 Milliarden, 1950 schon 2.5 Milliarden. 1987 erreichte die Weltbevölkerung 5 Milliarden. Bis zur Mitte des nächsten Jahrhunderts werden — von möglichen katastrophalen Einbrüchen abgesehen — 10 Milliarden Menschen vorhergesagt. Die Bevölkerungsexplosion war zunächst auf die Industrieländer beschränkt.

Beispielsweise stieg in Deutschland die Bevölkerung im Gleichlauf mit dem rapiden Wachstum der wirtschaftlichen Produktivität (s. Abbildung 1.3). Die Bevölkerung stagnierte erst innerhalb der letzten ein bis zwei Jahrzehnte, sie blieb wohl im erreichten, hohen Wohlstand für fast alle stecken. Innerhalb der

1.1. Bevölkerung und Lebensbedingungen

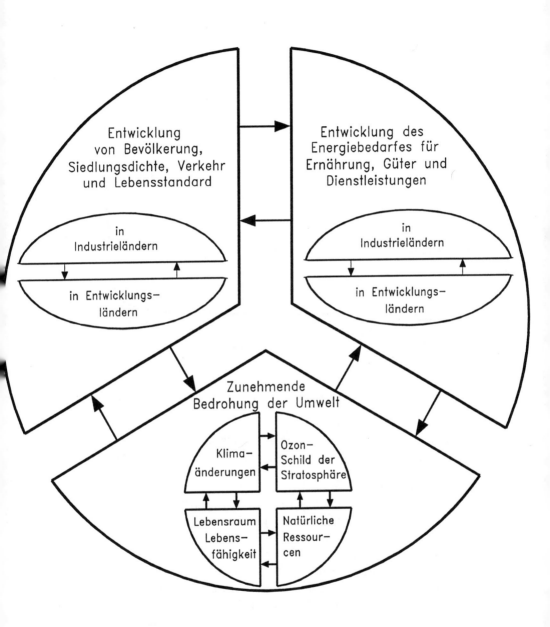

Abbildung 1.1: Probleme und ihre Verknüpfung

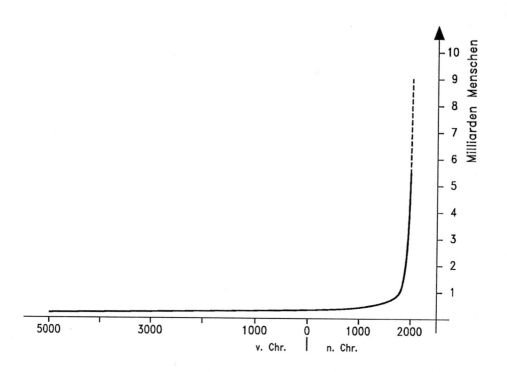

Abbildung 1.2: Entwicklung der Erdbevölkerung (schematisch)

letzten Jahre zeichnete sich allerdings wieder ein Zuwachs der Bevölkerung ab, diesmal durch Zuwanderung aus anderen, ärmeren Ländern, Ländern in Not.

Ohne weitere Zuwanderung würde unsere Bevölkerung, bedingt durch die für heutige Industrieländer im Gegensatz zu heutigen Entwicklungsländern kopflastige Altersstruktur (s. Abbildung 1.4) im Lauf der nächsten fünf Jahrzehnte um etwa 20 bis 30 Prozent abnehmen. Dies würde allerdings bedeuten, daß schon innerhalb der kommenden Jahrzehnte in unserem Land allmählich mehr Menschen im altersbedingten Ruhestand leben würden, als Menschen noch in Arbeit stehen würden, die unser aller Unterhalt erarbeiten müßten. Das könnte wieder zu einem Mangel an Arbeitskräften in unserem Land führen, der vermutlich durch Anwerbung von Arbeitern aus anderen, ärmeren Ländern behoben werden würde. Auch könnten zunehmender Hunger, zunehmende Umweltprobleme, zunehmende Klimaveränderungen den Zuwanderungsdruck aus den armen Entwicklungsländern auf die vergleichsweise reichen Industrieländer in den kommenden Jahrzehnten noch wesentlich verstärken. Dies könnte auch in unserem Land

1.1. Bevölkerung und Lebensbedingungen

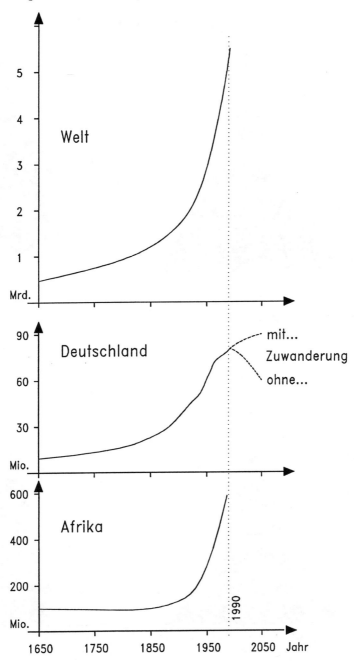

Abbildung 1.3: Entwicklung der Bevölkerung

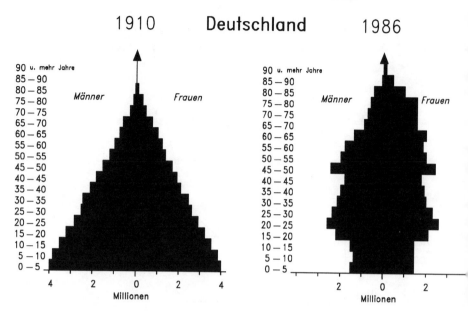
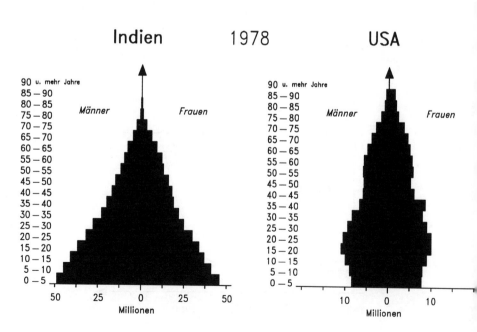

Abbildung 1.4: Altersstruktur der Bevölkerung [nach Dad 80]

1.1. Bevölkerung und Lebensbedingungen

den altersbedingten Bevölkerungsrückgang mehr oder minder kompensieren oder gar überkompensieren. Allerdings würde eine entsprechend starke Zuwanderung schon innerhalb weniger Jahrzehnte den Anteil von zugewanderter zu eingeborener Bevölkerung im bundesweiten Mittel auf etwa 20 Prozent, in Großstädten und Ballungsgebieten auf 50 Prozent und mehr anheben.

Das derzeitige weitere steile Anwachsen der Weltbevölkerung resultiert vornehmlich aus der Bevölkerungsexplosion der heutigen Schwellen- und Entwicklungsländer in Afrika, Asien, Mittel- und Südamerika (s. Abbildung 1.3). Ermöglicht wurde diese erst durch die von den Industrieländern eingeführte Seuchenbekämpfung und — im Gleichlauf mit dem dadurch steigenden Wachstum der Bevölkerung — entsprechende Erhöhung der landwirtschaftlichen Erträge durch Flächenausdehnung, Hochzüchtung ertragreicher Sorten, Einsatz von Kunstdünger, künstlichen Schädlingsbekämpfungsmitteln und künstlicher Bewässerung. Mit diesen Methoden stößt man aber überall auf der Welt zunehmend an die Grenzen des Machbaren. Weiteres Land für landwirtschaftliche Nutzung ist kaum mehr verfügbar. Zunehmend gehen Böden durch Übernutzung, durch Erosion verlustig. So mag man sich wohl vorstellen, daß rapide zunehmender Mangel an Nahrung dem weiteren Bevölkerungswachstum schon bald Einhalt gebieten könnte. Zunehmende Umweltprobleme und Seuchen könnten dies noch verstärken.

1.1.2 Entwicklung der Besiedlungsdichte

Die große Bevölkerungszahl an sich, die ausufernde Industrialisierung und der steigende Konsum, in ihrer Verflechtung beide Arbeitsplätze schaffend, sowie die dadurch bedingten Verwaltungszentren führen in den Industriestaaten zu hoher Siedlungsdichte der Menschen in Großstädten und Ballungsräumen. In den heutigen Entwicklungsländern führt des weiteren die Verarmung der Landbevölkerung und der daraus folgenden Landflucht zu einer beträchtlichen Ausweitung von Ballungszentren. Im Altertum konnten die Städte mit Nahrung zunächst nur aus dem nahen Umland versorgt werden. Lastumfang und Geschwindigkeit von Eselskarren setzten hier enge Grenzen. So konnten in Städten wie Jericho und Babylon zu ihren Blütezeiten nur etwa einige 10 000 bzw. einige 100 000 Menschen leben. Da die Landwirtschaft zu jenen Zeiten extrem arbeitsintensiv war, mußten viele Menschen auf dem Land leben, um wenige in den Städten mitzuernähren. So konnten in den Stadtgebieten auch nur einige Prozent der Bevölkerung eines Landes leben; der Hauptanteil der Bevölkerung lebte auf dem Land.

Erst die Industrialisierung mit der Entwicklung billigen und großräumigen Verkehrs für Menschen und Güter, dies zu Land, zu Wasser und neuerdings auch noch in der Luft, und vor allem auch die Technisierung der Landwirtschaft ermöglichten und bewirkten eine Verdichtung der menschlichen Siedlungen zu Millionenstädten, zu industriellen Ballungszentren.

Noch vor 200 Jahren lebten nur 5 bis 10 Prozent der Menschen in Städten, nur etwa 2 Prozent in Großstädten mit mehr als 100 000 Einwohnern.

Heute leben in Industrieländern schon etwa drei Viertel der Bevölkerung in Großstädten, in Entwicklungsländern etwa die Hälfte, davon allerdings wiederum 50 bis 70 Prozent in Slums.

Die Verstädterung nimmt immer noch schnell zu. Die größten Millionenstädte wie z.B. Tokio und Mexiko City sind innerhalb der letzten Jahrzehnte von wenigen Millionen Einwohnern zu Beginn dieses Jahrhunderts auf heute 10 bis 20 Millionen Einwohner angewachsen. Dabei sind in einer Stadt wie Tokio inzwischen die Grenzen des Möglichen erreicht, Grenzen der Dichte des Personenverkehrs zwischen Wohnung und Arbeitsplatz und Grenzen der Dichte des Güterverkehrs — Energie, Wasser und Abwasser mit eingeschlossen — zur Versorgung der Menschen. Hier beginnt man bereits mit der Planung zur Verdünnung der Siedlungsdichte. Weiter darf man wohl fragen, bei welcher Bevölkerungsdichte für den Menschen nicht nur die Grenzen des Möglichen sondern auch des Erträglichen erreicht sind.

So führt beispielsweise in Deutschland die Belastung der Luft mit Schadstoffen vornehmlich durch Verbrennung fossiler Energieträger, dies vor allem im Verkehrssektor, in Ballungszentren auf Grund von Schädigung der Atmungsorgane zu mehreren tausend Todesfällen Jahr für Jahr, vergleichbar mit der Zahl von Todesfällen bei Verkehrsunfällen in diesen Gebieten.

1.1.3 Entwicklung des Verkehrsaufkommens

Bis vor 200 Jahren waren der weltweite Handel auf die Ladungen von ein paar hundert Segelschiffen, die Reisen in In- und Ausland auf einen winzigen Bruchteil der Bevölkerung beschränkt.

Mit der Industrialisierung erweiterte sich zunächst der Gütertransport zu Land auf der Eisenbahn, zur See mit Dampfern rapide, im Verlauf des 19. Jahrhunderts um etwa einen Faktor 10. In diesem Jahrhundert nahm das gesamte Verkehrsaufkommen, vor allem auch nach Ausweitung des Verkehrs auf den Straßen und in den vergangenen Jahrzehnten auch noch auf Luftwegen immer schneller steigend bislang um etwa einen weiteren Faktor 100 zu. Alle in unserem Lande benötigten Güter werden derzeit zwischen Erzeugung und Verbrauch im Mittel

1.1. Bevölkerung und Lebensbedingungen

bereits mehrere 100 bis mehrere 1000 km transportiert. Im Gleichlauf mit dem Zusammenklumpen der Menschen in Ballungsräumen, in Großstädten stieg die Mobilität der Menschen, die Notwendigkeit und die Lust zu Reisen. Das Personenverkehrsaufkommen würde — auf alle Bewohner unseres Landes gleichmäßig verteilt — derzeit einem mittleren täglichen Reiseweg von etwa 44 km entsprechen, zu Fuß wäre dies mehr als ein Tagesmarsch.

Vom weltweiten Energieeinsatz werden derzeit etwa 20 Prozent als Antriebsenergie vornehmlich als Treibstoff im Verkehr verbrannt, der gleiche Prozentsatz vom Energieeinsatz gilt auch für Deutschland, davon entfallen bei uns etwa ein Viertel auf den Güterverkehr und drei Viertel auf den Personenverkehr (s. Abbildung 1.5). Berücksichtigt man auch noch den Energiebedarf für Bau und Unterhalt der Verkehrsmittel wie Autos, Straßen, Eisenbahnen, so entfällt fast die Hälfte des gesamten Energieeinsatzes in Deutschland auf den Verkehrssektor, damit auch verknüpft etwa ein Drittel unseres Bruttosozialproduktes und etwa ein Drittel aller Arbeitsplätze. Zwar ist der Energiebedarf für den Fahrzeugantrieb pro Verkehrsleistung auf der Schiene weit geringer als auf der Straße, der Gesamtbedarf an Energie pro Verkehrsleistung, also der Energiebedarf für Bau und Unterhalt der Verkehrsmittel mit eingeschlossen, beläuft sich in Schienen- und Straßenverkehr auf etwa gleiche Höhe. Der Personenverkehr in unserem Land verteilt sich etwa zur Hälfte auf Berufsverkehr, zur Hälfte auf Freizeitverkehr. Der Löwenanteil des Verkehrs spielt sich auf der Straße ab (s. Abbildung 1.5). Innerhalb der letzten 40 Jahre stieg der Pkw-Bestand in unserem Land von zwei auf 50 Fahrzeuge pro 100 Einwohner. Die Verkehrsdichte auf Fernstraßen und Autobahnen nahm dabei trotz der gewaltigen Erweiterung des Straßennetzes um einen Faktor 3 bis 4 zu. Dabei wächst das Verkehrsaufkommen immer noch von Jahr zu Jahr um mehrere Prozent, obwohl immer mehr Verkehr bereits im Stau zum Erliegen kommt. Schließlich haben wir nicht beliebig Flächen für Verkehrswege zur Verfügung: heute sind bereits etwa 12 Prozent der Fläche unseres Landes von Siedlungen und Verkehrswegen bedeckt, beeinträchtigt wird von diesen ein weit größerer Teil. Mobilität und Verkehr dienten zunächst der Lust des Menschen zu reisen, dies schneller und weiter als uns natürlicherweise möglich ist. Bald wurden Mobilität und Verkehr zur Notwendigkeit im täglichen Leben. Heute sind sie großenteils bereits zur unbequemen Last geworden; wir müssen uns fragen, welche Mobilität wir uns überhaupt leisten können, leisten wollen. Mit Blick auf die Zukunft sollten wir angesichts der vielschichtigen Probleme und Belastungen durch den Verkehr nicht nur nach den sicher möglichen Verbesserungen im Verkehr, sondern auch nach Möglichkeiten zur Verminderung des Verkehrsaufkommens Ausschau halten. Angesichts von Energiebedarf und Umweltbelastung im Verkehrssektor möchte man nur hoffen, daß die Schwellen- und Entwicklungsländer bei ihrer weiteren Entwicklung nicht unser schlechtes

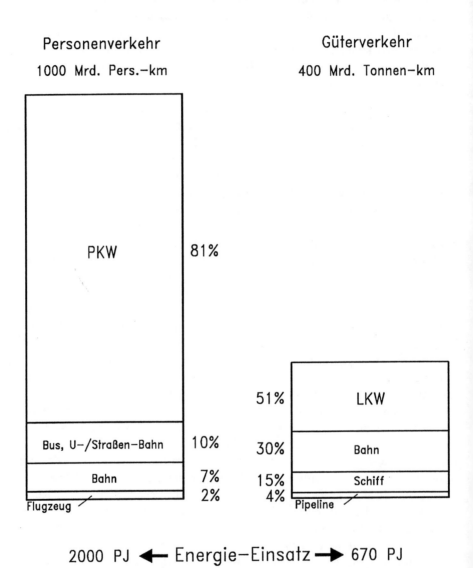

Abbildung 1.5: *Verkehrsaufkommen in Deutschland 1991*

1.1. Bevölkerung und Lebensbedingungen

Beispiel nachahmen werden. Noch wird der Löwenanteil der Treibstoffe in den Industrieländern mit ihrem Anteil von nur etwa einem Viertel der Weltbevölkerung verbraucht (s. Abbildung 1.6). Würden beispielsweise die Chinesen vom Fahrrad aufs Auto umsteigen und sich unser Verkehrsaufkommen pro Kopf angewöhnen, so würde dadurch das weltweite Verkehrsaufkommen fast verdreifacht, mit entsprechender Erhöhung von Energiebedarf und Umweltbelastung.

1.1.4 Entwicklung des Lebensstandards

Der Mensch hat immer bewußt versucht, sein Leben vorteilhafter zu gestalten, sich das Leben möglichst angenehm zu machen. Dies führte und führt bei uns immer noch zu einer ständigen Erhöhung seiner Bedürfnisse, welche er dank seines Erfindungsreichtums auch immer wieder befriedigen konnte. Ein besonders steiler Aufschwung setzte mit der Industrialisierung ein: In unserem Land ist die wirtschaftliche Produktivität seither um etwa einen Faktor 30 gestiegen, sie hat sich allein in den letzten 2 bis 3 Jahrzehnten verdoppelt.

Eine mehr oder minder gerechte Verteilung des erarbeiteten, ständig steigenden Reichtums auf alle Bevölkerungsschichten wurde und wird immer wieder erstritten. Mit steigendem Einkommen vieler steigen Ansprüche, Kaufkraft und Konsum. Beispielsweise nahm in Deutschland innerhalb der letzten Jahrzehnte bei fast gleichbleibender Bevölkerungszahl die Zahl der Wohnungen um etwa 40 Prozent zu; die mittlere Wohnfläche pro Einwohner verdoppelte sich; die mittlere Zahl der Bewohner aber sank auf nicht viel mehr als zwei pro Wohnung. Mit der Befriedigung der steigenden Ansprüche steigt wiederum die Nutzung von Ressourcen und Energie. Immer noch lautet die Forderung auf noch mehr Einkommen und noch mehr Freizeit, dies bei weniger Arbeit. Dabei mag man fragen, wer primär die treibende Kraft ist, der Bürger mit seinen selbst entwickelten Bedürfnissen oder die ausufernden Möglichkeiten der Werbung, dem Bürger Bedürfnisse einzureden, wofür wir auch noch jährlich bereits 50 Mrd. DM bezahlen. Die Befriedigung dieser Bedürfnisse erzwingt eine ständige Erhöhung der Wirtschaftskraft; erreicht wird diese nur zum Teil durch unsere nicht beliebig steigerbare, effizientere und intelligentere Techniknutzung. Trotz steigender Rationalisierung und Automation bei der Produktion von Konsumgütern erfordert eine Erhöhung der wirtschaftlichen Kraft immer noch auch einen erhöhten Einsatz von Ressourcen und Energie. Ein quantitatives Wirtschaftswachstum ist auch bei äußerster Effizienz untrennbar mit einer steigenden Nutzung von Ressourcen und mit einer steigenden Belastung der Umwelt verknüpft. Dementsprechend muß ein weiter quantitatives — nicht qualitatives — Wirtschaftswachstum über kurz oder lang katastrophale Folgen für uns, für die Umwelt

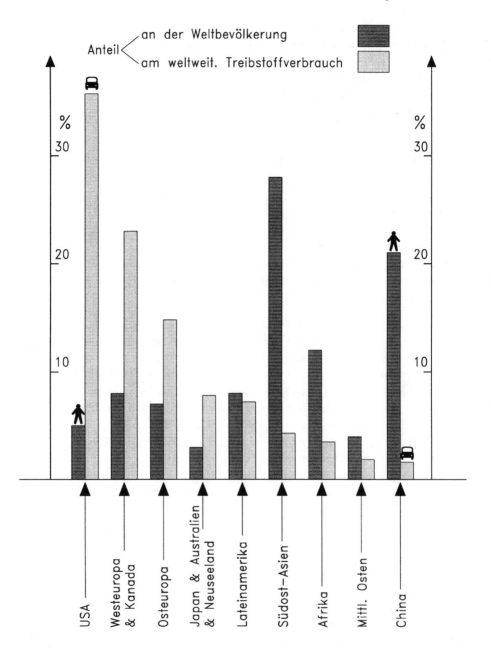

Abbildung 1.6: Vergleich der relativen Anteile einzelner Länder an der Weltbevölkerung und am Treibstoffverbrauch

haben. Die relativ hohen Einkommen der meisten von uns haben einen entsprechend hohen Konsum, Ausweitung des Reisens in In- und Ausland zur Folge. Wir geben derzeit bereits 20 Prozent des Volkseinkommens für Freizeitgestaltung, ca. 7 Prozent für Reisen etwa zu gleichen Teilen in In- und Ausland aus. Wir Bürger der reichen Industrieländer leben unser teures Leben zum Teil auf Kosten der Menschen der armen Entwicklungsländer, welche sehr ungerecht an Nutzung und Ausbeutung der natürlichen Güter beteiligt sind. Die Einkommen pro Kopf in diesen Ländern betragen oft nur wenige Prozent im Vergleich mit unseren Einkommen. Wir Bürger der reichen Industrieländer leben auf Grund der dadurch verursachten Umweltbelastungen aber auch auf Kosten der künftigen Generationen in allen Ländern der Erde. Wie unmäßig wir mit den angeblich unerschöpflichen Rohstoffen unserer Erde umgehen, können wir aus folgendem Vergleich ermessen:
1990 förderte und nutzte die Menschheit 60 Milliarden Tonnen Rohstoffe, wovon der größte Teil über kurz oder lang als Müll anfällt und zu entsorgen ist. Mit diesen 60 Milliarden Tonnen Material, die wir jährlich aus der Erde holen, könnte man einen Wall von 40 m Breite und 10 m Höhe als Gürtel um die Erdkugel legen, wahrlich eine unübersehbare Menge an Müll. Die Beurteilung des Lebensstandards ist subjektiv. Man mag ihn am Bruttosozialprodukt eines Landes, am Volkseinkommen und Einkommen pro Kopf messen. Zufriedenheit und Glücklichsein scheinen aber, Gott sei Dank, nicht mit der Höhe des Lebensstandards korreliert zu sein. Wenn man Zufriedenheit und Glücklichsein an freundlichen Gesichtern, an frohem Lachen und an Gastfreundschaft ablesen will, so wird man in armen Ländern mehr davon finden als in reichen. So widersprüchlich dies auch klingen mag, die starke Zunahme von Bevölkerung, Siedlungsdichte, Verkehrsaufkommen, Konsum und Lebensstandard hat in unserem Land viele Menschen zu armen Reichen, zu zunehmd Vereinsamten gemacht.

1.2 Entwicklung des Energiebedarfs und der Deckung dieses Bedarfs

1.2.1 Energie für Güterproduktion und Dienstleistungen

Der Energiebedarf des primitiven Menschen vor einer Million Jahren beschränkte sich auf die Nahrung, die er sammelte, damit auf etwa 2000 Kilokalorien bzw. reichliche 2 Kilowattstunden pro Person und Tag. Schon vor 100 000 Jahren hatte sich der Energiebedarf durch Jagd und Nutzung des Feuers gegenüber dem ursprünglichen reinen Nahrungsbedarf verdreifacht (s. Abbildung 1.7).

Als der Mensch dann mit Beginn von Ackerbau und Viehzucht vor etwa 20 000 Jahren zunehmend seßhaft wurde, dadurch auch das Zusammenleben in größeren Siedlungen möglich wurde, brauchte man entsprechend weitere Energie zum Bau von Häusern, zum Brennen von keramischen Gefäßen, zum Schmelzen und Bearbeiten von Metallen, zunächst vornehmlich Bronze und Eisen, und zum Schiffsbau. Auch damals wurde schon ein beträchtlicher Teil des Energiebedarfs für Rüstung und kriegerische Auseinandersetzungen verwendet, um einen zunehmenden Reichtum zu verteidigen, noch zu mehren oder sich gewaltsam zu verschaffen. Die einzigen damals zur Verfügung stehenden Energiequellen waren zunächst Holz und die daraus erzeugte Holzkohle sowie die Arbeitskraft von Menschen und Zugtieren. Für einen reichen Stadtbewohner z.B. in den ersten Städten der Sumerer im Schwemmland von Euphrat und Tigris vor mehr als 6 000 Jahren mußten wohl einige Dutzend gedungener und gezwungener Arbeiter schaffen. Schon in der Antike lernte man bald, zu Land die Kraft des Wassers mittels Wasserrad z.B. zum Mahlen, zur See die Kraft des Windes zum Segeln zu nutzen.

Trotz alledem, trotz Übernutzung der Wälder — bis zum 18. Jahrhundert n.Chr. hatte der Mensch bereits zur Holzbeschaffung und zur Schaffung von landwirtschaftlichen Nutzflächen und Siedlungszonen den natürlichen weltweiten Waldbestand um ein Drittel reduziert — war die verfügbare Energiedichte doch so bescheiden, daß sich die Menschheit nur sehr langsam entfalten und vermehren konnte. Erst mit Einsetzen der industriellen Revolution im 18. Jahrhundert, zunächst in England, bald darauf auch in anderen Ländern Europas und in Nordamerika, begann die explosionsartige Entfaltung der Wirtschaft und damit im Gleichlauf die entsprechende Vermehrung der Menschheit (s. Abbildung 1.8).

Durch Einsatz der Dampfmaschine konnte die menschliche Arbeitskraft nicht nur teilweise ersetzt, sondern vor allem vervielfacht werden. Allerdings führte dies schnell zu einer rapiden Verknappung von Brennholz, damit zur ersten Energiekrise. Behoben wurde diese durch die einsetzende Nutzung von Kohle, zunächst sehr ungeliebt wegen des die Atemwege reizenden Gestanks der Abgase. Die Industrialisierung setzte das Karussell der Produktionssteigerung, der Verkehrsausweitung, zu Wasser per Dampfschiff, zu Land per Bahn, und der Konsumausweitung in Bewegung, dies alles immer verbunden mit einer entsprechenden Steigerung der Nutzung der natürlichen Güter und Rohstoffe. Weitere Entdeckungen und Erfindungen wie z.B. die von Elektrizität und Stromgenerator bzw. Elektromotor, Erdöl und Verbrennungsmotoren, diese den ausufernden Straßen- und Luftverkehr ermöglichend, und schließlich die Telekommunikation

1.2. Entwicklung des Energiebedarfs

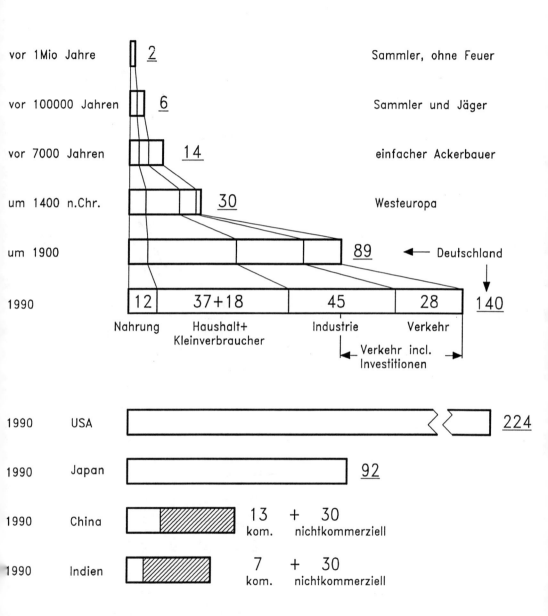

Abbildung 1.7: Energiebedarf pro Person und Tag für Ernährung, Güterproduktion und Dienstleistungen [nach Coo 71] (Zahlenabgaben in kWh)

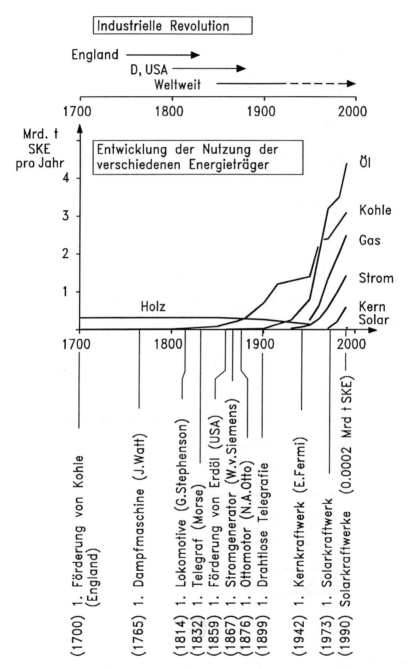

Abbildung 1.8: Entwicklung der Nutzung der verschiedenen Energie-Träger

1.2. Entwicklung des Energiebedarfs

setzten das Karussell in immer schnellere Rotation. Diese stürmische Entwicklung bedingte einen entsprechend steigenden Energiebedarf zunächst gedeckt durch die Primärenergieträger Kohle, Erdöl, Erdgas, seit wenigen Jahrzehnten spürbar durch Kernenergie und heute beginnend durch Einsatz von Solarenergie-Techniken (s. Abbildung 1.8). Dabei wurden die relevanten Techniken der Energienutzung zu immer höheren Leistungen der Geräte entwickelt. Um 1800 erreichte die Leistung von Dampf- und Wasserturbinen etwa 100 kW — schon viel im Vergleich zu den 735 Watt einer Pferdestärke und der zeitlich begrenzten Leistung eines Menschen von wenigen 100 Watt — um 1900 bereits ein Megawatt, das heißt 1000 kW. Heute erreichen Dampf-, Gas-, Wasserturbinen Leistungen von ca. 1000 Megawatt. Mit steigender Leistung der Geräte wurde gleichzeitig auch die Effizienz der Energienutzung stetig verbessert. In Dampfmaschinen und Automotoren wurden um 1900 nur wenige Prozent der eingesetzten Verbrennungswärme in Bewegungsenergie umgesetzt. Heute kommt man mit Wirkungsgraden, je nach Art der Maschinen, von 30 bis 50 Prozent den entsprechenden theoretischen Obergrenzen von etwa 60 bis 70 Prozent schon recht nahe. Auch der Wirkungsgrad von Heizungen wurde in diesem Jahrhundert von zunächst 10 bis 20 Prozent auf heute 80 bis 90 Prozent gesteigert. Trotz alledem stieg bis heute der Bedarf an Primärenergie pro Person in den Industrieländern gewaltig an (s. Abbildung 1.7), in Deutschland auf 140 kWh pro Person und Tag. Damit liegen wir in der Mitte zwischen dem Spitzenbedarf von ca. 220 kWh pro Person und Tag in den USA und dem vergleichsweise geringen Bedarf von ca. 90 kWh in Japan. Hingegen nimmt sich der Energiebedarf pro Person in Schwellen- und Entwicklungsländern gering aus, vergleichbar mit dem Energiebedarf in Antike und Mittelalter. Bezogen auf kommerzielle Energie beläuft er sich in Entwicklungsländern im Mittel nur auf etwa 10 Prozent des mittleren Energiebedarfs pro Kopf in Industrieländern. Schließlich hat ein Großteil der Bevölkerung der Entwicklungsländer, fast die Hälfte der derzeitigen Weltbevölkerung, noch keinen Zugang zu kommerzieller Energie.

Vom Gesamtenergiebedarf pro Person entfallen in Deutschland knapp 10 Prozent auf die Bereitstellung von Nahrung, etwa 40 Prozent auf die privaten Haushalte und die Kleinverbraucher, zu letzteren zählen auch die öffentlichen Einrichtungen, gut 30 Prozent auf die Industrie und etwa 20 Prozent auf den Treibstoffbedarf im Verkehr. Insgesamt beträgt der Energiebedarf im Verkehrssektor, den Bedarf für Bau und Unterhalt aller Verkehrsmittel mit eingeschlossen, fast die Hälfte unseres Gesamtbedarfs an Energie.

Fassen wir also zusammen:
Der Energiebedarf pro Person ist seit Beginn der Menschheit in den Entwicklungsländern um etwa eine Größenordnung, also etwa um einen Faktor 10, in

den Industrieländern um etwa zwei Größenordnungen, also etwa um einen Faktor 100, angestiegen. Bis zu Beginn der Industrialisierung vor etwa 250 Jahren ist die Menschheit im Laufe von etwa 1 Million Jahre sehr langsam auf etwa 700 Millionen Menschen angewachsen, danach in immer schnellerem Tempo bis zu Beginn dieses Jahrhunderts auf etwa 1.6 Milliarden, bis heute auf etwa 5.5 Milliarden.

Beide Entwicklungen zusammen hatten allein seit Beginn dieses Jahrhunderts einen Anstieg des weltweiten Energiebedarfs um das Zehnfache zur Folge, auf einen Wert, der derzeit jährlich dem Energieinhalt bzw. Brennwert von fast 13 Milliarden Tonnen Steinkohle entspricht (s. Abbildung 1.9).

Dieser Bedarf an Primärenergie wird derzeit im weltweiten Mittel zu etwa 80 Prozent, in den Industrieländern im Mittel zu etwa 90 Prozent, durch fossile Energieträger im Verhältnis Erdöl zu Kohle zu Erdgas wie etwa 4 : 3 : 2 gedeckt. Wasserkraft, in den Industrieländern weitgehend ausgebaut, und Kernenergie tragen zur Deckung des Energiebedarfs im weltweiten Mittel jeweils etwa 6 Prozent bei, Holz, vor allem in den Entwicklungsländern, insgesamt noch etwa 10 Prozent. Während der Energiebedarf in den Industrieländern innerhalb der letzten zwei Jahrzehnte nur noch unwesentlich zugenommen hat, stieg der Energiebedarf in den Entwicklungsländern seit vielen Jahrzehnten bis heute stetig um etwa 6 Prozent pro Jahr an (s. Abbildung 1.9).

Versuchen wir eine Prognose für die Entwicklung des weltweiten Energiebedarfs bis zur Mitte des kommenden Jahrhunderts, dies unter der Annahme, daß bis dahin die Welt von größeren Katastrophen wie zunehmendem Hunger, Seuchen, Umweltproblemen und Kriege weitgehend verschont geblieben ist, daß bis dahin keine Restriktionen bei der Energienutzung zum Erhalt der Umwelt geschehen wären: Unter diesen Voraussetzungen sollte der Energiebedarf in den Industrieländern nur noch unwesentlich steigen, in den Entwicklungsländern nicht zuletzt durch finanzielle Schranken immer langsamer anwachsen. In den Ländern des ehemaligen Ostblocks in Mittel- und Osteuropa sollte der Energiebedarf nach einem vorübergehenden Einbruch auf etwa die Hälfte des Bedarfs vor wenigen Jahren allmählich wieder etwas ansteigen. Insgesamt würde dies immer noch bis zur Mitte des kommenden Jahrhunderts zu einem weiteren Anstieg des derzeitigen Energiebedarfs um mindestens 50 Prozent führen (s. Abbildung 1.9).

Wenn auch innerhalb der letzten Jahrzehnte der Gesamtenergiebedarf im weltweiten Mittel nur noch um etwa 2 Prozent pro Jahr anstieg, in Industrieländern

Abbildung 1.9: Jährlicher weltweiter Energiebedarf →

1.2. Entwicklung des Energiebedarfs

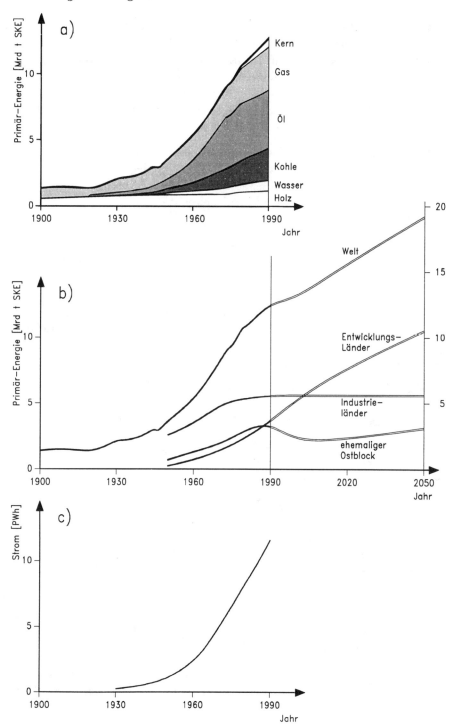

sogar stagnierte, so stieg der Bedarf an elektrischer Energie vergleichsweise stärker an, in Industrieländern wie z.B. Deutschland um etwa 2 bis 3 Prozent pro Jahr, im weltweiten Mittel um etwa 4 Prozent pro Jahr (s. Abbildung 1.9). Letztere Rate entspricht einer Verdoppelung innerhalb von etwa 18 Jahren. Der Bedarf an elektrischer Energie schlägt derzeit beim Gesamteinsatz an Primärenergie im weltweiten Mittel mit etwa 30 Prozent, in Industrieländern wie Deutschland mit knapp 40 Prozent zu Buche.

In Industrieländern ist der Bedarf an elektrischer Energie bislang über Jahrzehnte proportional mit dem Wirtschaftswachstum gestiegen. Diesem Trend zufolge sollte bei Annahme eines weiter stetigen Wirtschaftswachstums auch der Bedarf an elektrischer Energie entsprechend weiter steigen.

Wagen wir eine weitere Prognose:
Auch wenn es vielleicht kein wünschenswertes Bild ist, so könnte doch in den Industrieländern die Wirtschaft allmählich auf Dauer stagnieren wegen zunehmender Sättigung unseres Bedarfs an Konsumgütern. Schon heute kann mancher Teil des Wirtschaftswachstums nur durch künstliche Weckung eines weiteren Bedarfs an neuen Gütern nicht zuletzt durch ausufernde Werbung erreicht werden. Im Fall einer wirtschaftlichen Stagnation würde in den Industrieländern der Primärenergiebedarf sinken, der Bedarf an elektrischer Energie zumindest nicht mehr steigen.

Schließlich sei hier schon vorab hingewiesen auf die notwendige, drastische Einschränkung unserer Vergeudung an Primärenergie zum Erhalt des Klimas, zum Erhalt unserer Umwelt. Dies wird im nächsten Kapitel ausführlicher erläutert.

In Deutschland weist der Bedarf an Primärenergie im Inland innerhalb der letzten zwei Jahrzehnte — von kleinen Schwankungen abgesehen — keine nenneswerte Steigerung auf (s. Abbildung 1.10a,b).

Durch zunehmende Verlagerung energieintensiver Produktion ins Ausland im gleichen Zeitraum und entsprechende Erhöhung der Nettoimporte energieintensiver Grundstoffe decken wir aber in steigendem Maß einen entsprechenden Teil unseres Energiebedarfs im Ausland. Dieser Teil steigt derzeit jährlich um etwa 1 Prozent unseres Inlandbedarfs an Primärenergie.

Der Bedarf in den alten Bundesländern, einem Brennwert von knapp 400 Millionen Tonnen Steinkohleeinheiten (SKE) entsprechend, wird derzeit zu 86 Prozent von den fossilen Energieträgern Kohle, Erdöl und Erdgas, zu etwa 12 Prozent von Kernenergie und zu etwa 2 Prozent vornehmlich von Wasserkraft gedeckt.

In der ehemaligen DDR belief sich der Primärenergiebedarf zuletzt (1988) bei einem Bedarf von knapp 8 t SKE pro Person und Jahr gegenüber dem in der

1.2. Entwicklung des Energiebedarfs

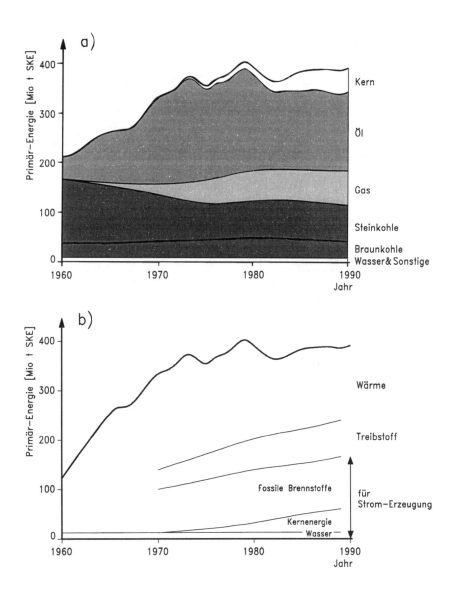

Abbildung 1.10: Jährlicher Energiebedarf in Deutschland (alte BL)
   a)Primärenergie nach Energieträgern,
   b)Primärenergie nach Energieformen

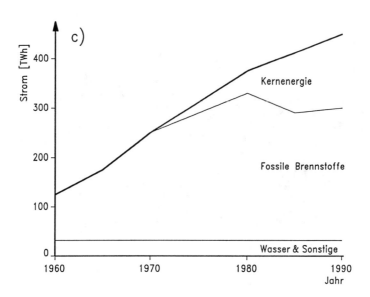

Abbildung 1.11: Jährlicher Bedarf an elektrischer Energie in Deutschland (alte BL)

BRD von etwa 6 t SKE auf insgesamt etwa 124 Millionen t SKE. Die künftige Entwicklung des Energiebedarfs in den neuen Bundesländern sollte nach einer Phase des Umbruchs und der Sanierung wohl zu den gleichen Werten pro Person wie dann in den alten Bundesländern führen.

In den alten Bundesländern Deutschlands wird der Bedarf an Primärenergie seit Jahrzehnten zunehmend vom Bedarf zur Stromerzeugung und vom Bedarf an Treibstoffen dominiert (s. Abbildung 1.10b), wohingegen der Bedarf an Prozesswärme rückläufig ist. Derzeit beläuft sich der Anteil für Stromerzeugung bereits auf etwa 40 Prozent, für Treibstoffe auf 22 Prozent, für Heizwärme auf ca. 22 Prozent und für Prozesswärme auf ca. 16 Prozent.

Der Bedarf an elektrischer Energie ist in den letzten Jahrzehnten stetig um etwa 2 bis 3 Prozent pro Jahr gestiegen (s. Abbildung 1.11). Er wird heute zu 58 Prozent durch den Einsatz fossiler Brennstoffe, vornehmlich Braunkohle und Steinkohle, zu 34 Prozent aus Kernernergie, die restlichen 8 Prozent vornehmlich aus Wasserkraft gedeckt.

1.2. Entwicklung des Energiebedarfs

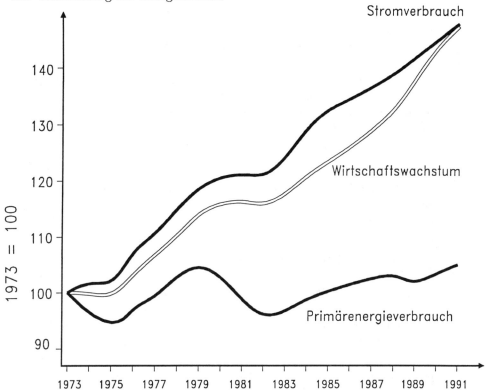

Abbildung 1.12: Entwicklung des Bedarfs an Primärenergie und an Strom im Vergleich zum Wirtschaftswachstum in Deutschland (alte BL) [nach Stei 91]

Ein Vergleich der zeitlichen Entwicklungen der Einsätze von Primärenergie und von elektrischer Energie mit der gleichzeitigen Entwicklung des Wirtschaftswachstums läßt erkennen, daß Wirtschaftswachstum und Stromverbrauch innerhalb der letzten zwei Jahrzehnte gleichermaßen um 50 Prozent angestiegen sind, wohingegen der Primärenergieverbrauch mehr oder minder konstant geblieben ist (s. Abbildung 1.12). Dies zeigt, daß in der Wirtschaft nicht zuletzt durch Verlagerung der Produktion in unserem Land weg von der energieintensiven Grundstoffindustrie hin zu hochwertigen Produkten Energie in stetigem Maß effizienter genutzt, dabei der Energieeinsatz überproportional von Prozesswärme auf Strom verlagert wurde.

Ein Blick über unsere Grenzen zeigt, daß das Verhältnis von Energieeinsatz zu Wirtschaftsleistung von Land zu Land sehr verschieden ist. Bei den Industrieländern nimmt Deutschland (alte Bundesländer 1989) einen Mittelwert ein. In den USA ist das Verhältnis von Energieeinsatz zu Wirtschaftsleistung fast doppelt so hoch wie bei uns, in Japan beträgt dieses Verhältnis nur drei Viertel des Wertes bei uns. In den Schwellen- und Entwicklungsländern wird Energie viel weniger effizient genutzt: So übersteigt das Verhältnis von Einsatz kommerzieller Energie zu Wirtschaftsleistung in Indien unseren Mittelwert um einen Faktor 3, in China fast um den Faktor 10. Ähnlich ungünstig waren die Verhältnisse vor dem Umbruch in den ehemaligen Staatshandelsländern Mittel- und Osteuropas.

Die derzeitige Energie-Effizienz in Deutschland von etwa 0.50 DM Wertschaffung pro 1 kWh Primärenergie wird erzielt mit einem Verhältnis von Nutzenergie zu eingesetzter Primärenergie von etwa 1 : 3 (s. Kapitel 2.2). Bei höchstmöglicher Steigerung der Wirkungsgrade für Umwandlung und Nutzung von Energie könnte bei gleichbleibender Struktur von Güterproduktion und Energiedienstleistungen der Primärenergie-Einsatz im Lauf einiger Jahrzehnte um bis zu 40 Prozent verringert werden (s. Kapitel 2.2.6). Dies würde eine Steigerung der Energie-Effizienz auf einen Wert von etwa 0.80 DM pro kWh Primärenergie bedeuten. Bei einer zusätzlichen Änderung der Struktur der Güterproduktion hin zu Produkten aus Materialien, deren Herstellung möglichst wenig Energie erfordert, deren Verarbeitung eher arbeits- als rohstoff- und energieaufwendig ist, könnte die Energie-Effizienz im Mittel noch einmal um etwa 30 Prozent, auf einen Wert von etwa 1 DM pro kWh Primärenergie, also dem Zweifachen des heutigen Wertes angehoben werden. Dies stellt die obere, naturgesetzliche Schranke der höchstmöglichen Energie-Effizienz dar.

Dieser von Land zu Land so unterschiedlich große Energieaufwand für Wirtschaftsleistung weist darauf hin, daß dabei die Kosten für Primärenergie nur von untergeordneter Bedeutung sein können. In Deutschland belaufen sich derzeit die Gesamtkosten für die Beschaffung des Gesamtbedarfs an Primärenergie beim derzeitigen Mix der verschiedenen Energieträger auf etwa 4 Prozent des Nationaleinkommens. Dabei sind die Transportkosten z.B. für Erdöl in Tankern um den halben Erdball, für Erdgas in Pipelines über viele 1000 km vernachlässigbar klein.

1.2.2 Energiebedarf für Ernährung

Der Energiebedarf für Ernährung pro Person hat sich seit dem einfachen Ackerbau vor 7 000 Jahren bis heute im Mittel etwa verdreifacht (s. Abbildung 1.7); die Zahl der Menschen auf der Erde ist im gleichen Zeitraum von schätzungsweise 200 Millionen auf bald 6 Milliarden, also um etwa den Faktor 30, gewachsen.

1.2. Entwicklung des Energiebedarfs

Insgesamt ist damit auch der Bedarf an Nahrung für den Menschen und seine Nutztiere auf etwa das Neunzigfache angestiegen. Die Deckung dieses Bedarfszuwachses wurde zum einen erreicht durch Urbarmachung von mehr Land: Bis zum Beginn der Industrialisierung wurden etwa 20 Millionen km^2 Wald vornehmlich in unseren gemäßigten klimatischen Breiten für Siedlung und landwirtschaftliche Nutzung gerodet. Damit wurde die ursprüngliche Bewaldung der Erde um etwa ein Drittel reduziert, die landwirtschaftlichen Erträge durch Flächenausweitung um etwa einen Faktor 6 gesteigert.

Innerhalb der letzten zwei Jahrhunderte wurden die landwirtschaftlichen Erträge im Gleichlauf mit der Bevölkerungsexplosion um einen weiteren Faktor 15 gesteigert (s. Abbildung 1.13), dies zum einen durch weitere Ausweitung der landwirtschaftlich genutzten Flächen und zum anderen durch eine enorme Steigerung der Flächenerträge auf das 3- bis 5fache, dies durch Einsatz künstlicher Mineraldüngung, durch Züchtung ertragreicherer Sorten und Ausbreitung der Monokulturen unter künstlichem Pflanzenschutz, mittels Herbiziden, Pestiziden und Fungiziden, durch künstliche Bewässerung und nicht zuletzt durch Industialisierung der Landwirtschaft.

Damit konnte zumindest bislang die landwirtschaftliche Produktion von Nahrung mit der Explosion der Weltbevölkerung Schritt halten, im weltweiten Mittel wurde innerhalb der letzten Jahrzehnte sogar ein Überschuß an Nahrung von schätzungsweise 20 Prozent erzeugt. Dessen ungeachtet konnten wohl zu allen Zeiten Teile der Weltbevölkerung nicht ausreichend mit Nahrung versorgt werden. Derzeit sind etwa 20 Prozent der Weltbevölkerung, also etwa 1 Milliarde Menschen unterernährt, hungern also. Jahr für Jahr verhungern etwa 10 bis 20 Millionen Menschen.

Weltweit belaufen sich derzeit die landwirtschaftlichen Erträge aus Äckern, Wiesen, Weiden brutto, also einschließlich aller landwirtschaftlichen Abfälle, insgesamt auf eine Menge, die einem Brennwert von etwa 10 Milliarden Tonnen Kohlenstoff entspricht, etwa 10 bis 20 Prozent der weltweiten, jährlichen Neubildung von Biomasse durch Photosynthese auf dem Land. Berücksichtigt man bei dieser Bilanz des weiteren, daß dabei die von Wäldern, Tundren und Teilen der Savannen bedeckten Landflächen für Nahrungsproduktion praktisch nicht zugänglich sind, so nutzt die Menschheit zusammen mit ihren Nutztieren heute schon mindestens die Hälfte der auf allen zugänglichen Flächen jährlich neu wachsenden Biomasse. Vom Kahlfraß ist dies nicht mehr weit entfernt.

Die $5\frac{1}{2}$ Milliarden Menschen mit ihrem Lebendgewicht von etwa 200 Millionen Tonnen zusammen mit ihren 1.3 Milliarden Rindern mit einem Lebendgewicht von etwa 300 Millionen Tonnen sind damit sicher die gefräßigsten Arten, die je

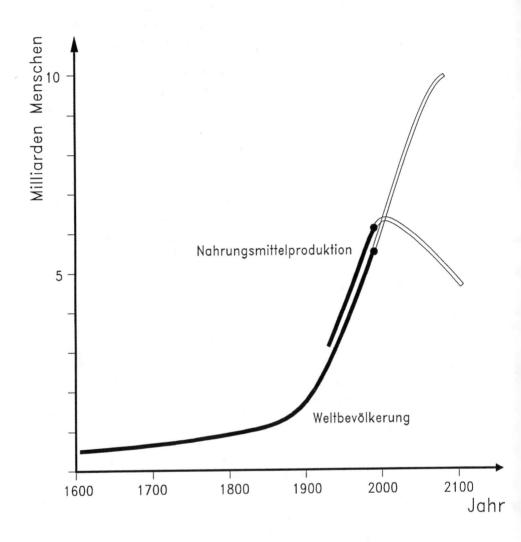

Abbildung 1.13: Entwicklung der Weltbevölkerung und der weltweiten Erzeugung von Nahrung (siehe Text)

die Erde bevölkerten. Dabei beläuft sich der Nettobedarf an Nahrung für die derzeitige Menschheit nur auf einen Brennwert, der etwa 1 bis 2 Prozent der jährlich zu Land neu wachsenden Biomasse entspricht.

1.2. Entwicklung des Energiebedarfs

In Deutschland wird derzeit etwa die Hälfte der Gesamtfläche des Landes landwirtschaftlich genutzt, d.h. abgesehen von den Wäldern praktisch alle verfügbaren Grünflächen. In den vergangenen 100 Jahren konnten in unserem Land die landwirtschaftlichen Erträge mit dem steigenden Bedarf, verursacht durch etwas mehr als Verdoppelung der Bevölkerung und durch Anstieg des Verbrauchs pro Kopf um etwa 50 Prozent, dank der erzielten Steigerung auf gut das Dreifache schritthalten, dies auf nahezu unveränderter Größe der landwirtschaftlichen Nutzfläche.

Erreicht wurde diese Steigerung der landwirtschaftlichen Produktivität um etwa den Faktor 3 durch eine entsprechende Erhöhung des Energieeinsatzes in der Landwirtschaft, dies in etwa gleichen Anteilen direkt in Form von Treibstoffen, elektrischer Energie und Wärme und indirekt z.B. über den Einsatz von Mineraldünger, Futtermitteln und Maschinen. Bei dieser Steigerung der landwirtschaftlichen Produktivität ist aber das Verhälnis von geernteter Energie, also dem Brennwert der geernteten Biomasse, zum Energie-Aufwand in etwa konstant bei einem Wert von etwa 3 geblieben. Nicht zu verschweigen ist dabei die Tatsache, daß wir derzeit zur Aufzucht von Fleischtieren in Deutschland zusätzlich Futter importieren in Höhe von etwa 10 Prozent der gesamten landwirtschaftlichen Erträge im eigenen Land.

Gleichzeitig werden allein in der europäischen Gemeinschaft derzeit jährlich etwa 10 Millionen Tonnen an Obst, Gemüse und Wein, also mehrere Prozent der Ernteerträge als unverkäufliche Überschüsse vernichtet.

Ein Blick in die Zukunft:
Kann die weiter schnell wachsende Weltbevölkerung auch in den kommenden Jahrzehnten noch einigermaßen ausreichend ernährt werden? Von den ca. 150 Millionen km^2 Landfläche der Erde sind die für landwirtschaftliche Nutzung verfügbaren Flächen — sieht man von den derzeitigen Waldflächen ab — auf maximal etwa 50 Millionen km^2 beschränkt und werden auch in den meisten, vor allem in den dicht besiedelten Ländern bereits weitgehend landwirtschaftlich genutzt. Wälder bedecken ca. 40 Millionen km^2 Landfläche, nicht oder nur schwerlich nutzbare Savannen, Steppen, Tundren ca. 20 Millionen km^2, Wüsten und Eisflächen ca. 35 Millionen km^2. Bereits 6 Millionen km^2 werden für Siedlungen und Verkehrswege benötigt. Eine weitere Ausdehnung landwirtschaftlicher Nutzflächen kann also im wesentlichen nur auf Kosten der Waldflächen erreicht werden. Dabei hat bis heute bereits weltweit etwa ein Viertel der landwirtschaftlich genutzten Böden einen wesentlichen Teil seiner natürlichen Fruchtbarkeit durch menschliches Einwirken, durch Übernutzung und Bodenbelastung eingebüßt. Besonders stark betroffen sind Länder wie Indien und China, aber auch die Länder Osteuropas.

Überweidung, vor allem in den Ländern Afrikas, führt zum Austrocknen der Böden und zu Erosion durch Windeinwirkung. Entwaldung in den Tropen und nachfolgend unangepaßte landwirtschaftliche Nutzung der Böden führt schnell zu Bodenverlust durch Erosion mit Wind und Wasser. Künstliche Bewässerung führt oft zur Versalzung der Böden. Nicht zuletzt in Europa führen Schadstoffeinträge, wie saurer Regen und Schwermetalle, und zunehmende Bodenverfestigung durch Einsatz schwerer landwirtschaftlicher Maschinen zu Bodenverschlechterung. Jährlich geht derzeit so weltweit etwa 1 Prozent der landwirtschaftlichen Nutzflächen verlustig. Vor allem in den bevölkerungsreichen Entwicklungsländern sind die Chancen für eine aufwendige Sanierung degradierter Böden sehr gering.

Künftig zu erwartende Klimaänderungen werden voraussichtlich weltweit zum Austrocknen eines wesentlichen Teiles der heutigen Kornkammern in subtropischen Gebieten führen.

Heute werden weltweit mehr als 95 Prozent der Erträge an Weizen, Reis, Mais und Kartoffeln aus nur 20 artverschiedenen, einseitig auf Ertrag hochgezüchteten Nutzpflanzen geerntet. Fast alles Fleisch, das wir essen, stammt von nur etwa 10 verschiedenen, ebenso hochgezüchteten Nutztierarten. In vielen Fällen der Hochzüchtung hat man schon das Ende der Fahnenstange erreicht. Dabei steigen die Ertragsverluste der Monokulturen — bar natürlicher Schutzmechanismen — durch Einwirkung von Schädlingen, dies trotz steigenden Einsatzes von künstlichen Schädlingsbekämpfungsmitteln. Vergleichsweise sind in den U.S.A. die Ernteverluste durch Insektenfraß von etwa 7 Prozent in den vierziger Jahren bis heute auf fast das Doppelte angestiegen. Dabei wären ohne künstliche Schädlingsbekämpfung die Verluste heute noch viel höher.

Derzeit beginnt man zum einen die Artenvielfalt von Nutzpflanzen wieder auszuweiten, um damit möglichst gut angepaßt an die verschiedenen Klima- und Bodenbedingungen eine höhere Langzeitstabilität der Pflanzen und damit der Erträge zu erreichen. Zum anderen wird versucht, mittels gentechnologischer Methoden noch ertragreichere und gegen Schädlingsbefall und gegen klimatische Schwankungen und Veränderungen besser geschützte Nutzpflanzen zu züchten. Ob — was letzteres betrifft — der Mensch die Natur überlisten, verbessern kann und dies auch noch dauerhaft und langfristig umweltverträglich, kann man zumindest in Frage stellen.

Jedenfalls laufen wir Gefahr, daß die landwirtschaftlichen Erträge schon innerhalb der nächsten Jahrzehnte im weltweiten Mittel nicht mehr wie bis vor kurzem weiter zunehmen, sondern eher rückläufig sein werden (s. Abbildung 1.13). Damit würde sich theoretisch die Schere zwischen weiterem Anstieg der Weltbevölkerung und der verfügbaren Nahrung rasch öffnen. Realistischerweise wird dies nicht geschehen: Die Explosion der Weltbevölkerung könnte schon bald durch zunehmenden Hunger zum Erliegen kommen.

Wachstum von

- Weltbevölkerung,
- Wirtschaft und
- Lebensstandard,

damit steigender Bedarf an

- Energie für Nahrung, Güterproduktion und Dienstleistungen aller Art,
- natürlichen Gütern und Rohstoffen

bedingen eine zunehmende Bedrohung der Umwelt. Bedroht sind:

- die Luft zum Atmen,
- das Licht zum Leben,
- die grüne Erde mit Flora und Fauna.

1.3 Zunehmende Bedrohung der Umwelt

Ganz allgemein führt die übermäßige und unsachgemäße Nutzung all unserer Ressourcen letztlich also das unbotmäßige Verhalten der Menschen zu Belastungen der Umwelt und zu hohen Schadensrisiken, beide mit gravierenden Folgen.

Diese Belastungen, Risiken und Folgen sind vielfältig durch Wechselwirkungen, Rückkoppelungen miteinander verknüpft, wie dies in Tabelle 1.1 schematisch angedeutet wird. Berechnet werden die diversen Risiken immer als das Produkt von Eintrittswahrscheinlichkeit eines Schadens und dem jeweiligen Schadensausmaß. Dies ist für den Bürger meist sehr schwer verständlich. Nicht zuletzt deshalb sollte man alles daransetzen, wenn schon gewisse Risiken unvermeidbar sind, dann wenigstens das Schadensausmaß in jedem Fall tolerabel klein zu halten.

Die Eingriffe des Menschen in die Natur haben zum weit überwiegenden Teil negative, in geringem Umfang auch positive Auswirkungen. Hier werden im Folgenden nur die entsprechenden Belastungen aus den Sektoren

Tabelle 1.1: *Belastungen, Risiken, Folgen aus unbotmäßiger Nutzung der natürlichen Ressourcen*

- Bereitstellung und Nutzung von Energie in Privathaushalten, Öffentlichkeit, Wirtschaft und Industrie,

- Siedlung und Verkehr,

- Landwirtschaft

auf die Bereiche

1.3. Zunehmende Bedrohung der Umwelt

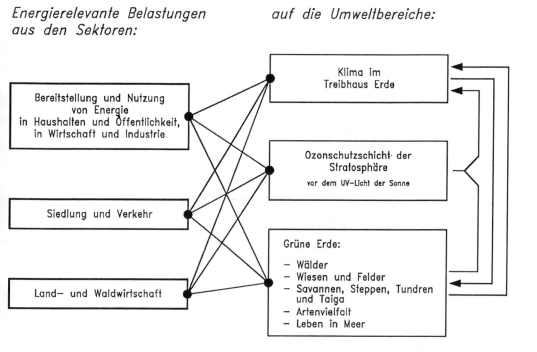

Abbildung 1.14: Energierelevante Belastungen der Umwelt

- Klima im Treibhaus Erde,

- Ozonschutzschicht der Stratosphäre,

- grüne Erde zu Land und zu Wasser

angedeutet (s. Abbildung 1.14).

Weitere Belastungen und Schädigungen werden nur in so weit berücksichtigt, als sie durch Rückwirkung, Rückkoppelung aus den verschiedenen Sektoren aufeinander erzeugt werden.

Die globalen Umweltbelastungen kann und sollte man auch verstehen als eine Aggression der Hauptverursacher gegen die Länder der Hauptbetroffenen, wobei sich diese nicht wehren können.

1.3.1 Klima im Treibhaus Erde

Der natürliche Treibhauseffekt

Wir leben auf der Erde wie in einem Glashaus, das nur von außen durch die Sonneneinstrahlung geheizt wird. Die Rolle der wärmestauenden Glaswände spielen hier einige Spurengase in der unteren Atmosphäre bis in etwa 10 km Höhe.

Diese Spurengase lassen das auf die Erde eingestrahlte sichtbare Sonnenlicht ungehindert passieren. Hingegen behindern sie die Wärmeabstrahlung von der Erde in den Weltraum nachhaltig durch Absorption und nachfolgend ungerichtete Abstrahlung, die nur zum Teil nach außen, zum Teil wieder zurück zur Erde gelangt (s. Abbildung 1.15).

Dadurch wird also Wärme mehrfach wieder zur Erdoberfläche zu erneuter Erwärmung dieser zurückgestrahlt. Insgesamt summiert sich so die Wärmerückstrahlung hin zur Erdoberfläche auf etwa die gleiche Stärke wie die von der Sonne direkt in Form von Licht eingestrahlte Energie. Sonneneinstrahlung und Wärmerückstrahlung durch die Spurengase bewirken zusammen eine Temperatur in Bodennähe im weltweiten jahreszeitlichen Mittel von ca. +15 °C.

Diese Temperatur ist ca. 33 Grad Celsius höher als sie nur durch die Sonneneinstrahlung alleine bewirkt würde. Dies nennt man den natürlichen Treibhauseffekt. Zu dieser natürlichen Treibhauserwärmung um 33 Grad tragen primär bei mit etwa 12 Grad Celsius vornehmlich das Kohlendioxid (CO_2) mit einem Anteil am Luftvolumen von nur ca. 0.3 Promille und weit weniger bedeutsam einige weitere Gase wie Ozon, Distickoxid und Methan.

Sekundär verstärkt der aus der mit zunehmender Temperatur stark steigenden Verdunstung von Wasser resultierende Wasserdampf in der Luft den Treibhauseffekt um weitere ca. 21 Grad Celsius.

Im Vergleich zur Heizung des Treibhauses Erde durch die Sonneneinstrahlung ist sowohl der Wärmefluß aus dem Erdinnern und der Erdkruste als auch die vom Menschen bewirkte Wärmefreisetzung durch Verbrennung vornehmlich fossiler Brennstoffe mit jeweils einer Energie von etwa einem Zehntel Promille der Sonneneinstrahlung im globalen Mittel vernachlässigbar klein.

So charakteristisch der über alle Jahreszeiten gemittelte Wert der Temperatur an der Oberfläche der Erde für das Klima, also das langjährige Wettermittel ist, so bedeutsam sind natürlich auch die Schwankungen des Wetters über Tag und Jahr, nicht zuletzt die Extremwerte dieser Schwankungen, für die Stabilität des Klimas, für das Leben auf der Erde.

1.3. Zunehmende Bedrohung der Umwelt

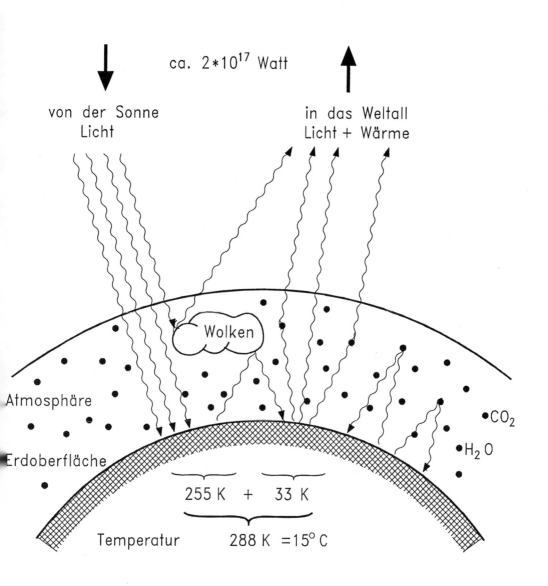

Abbildung 1.15: Natürliches Treibhaus Erde

Entwicklung des natürlichen Treibhausklimas, natürliche Klimaschwankungen

Wenn auch kurzzeitig, über Jahrzehnte bis Jahrhunderte gemittelt, das Klima im ungestörten, natürlichen Kreislauf zwischen Atmosphäre, Biosphäre, Meeren und Eisflächen im Gleichgewicht erscheint, so zeigt der Blick in die weitere Ferne der erdgeschichtlichen Vergangenheit doch große Veränderungen und Schwankungen des Erdklimas. Die Uratmosphäre in den ersten Jahrmilliarden der Erde bestand wohl hauptsächlich aus Kohlendioxid und Wasserdampf. Bei der dabei sich einstellenden Temperatur im Treibhaus Erde konnte sich der Wasserdampf verflüssigen, zu Meeren werden. Darin löste sich nach und nach das Kohlendioxid aus der Luft, entwickelten sich die ersten Organismen, führten bei ihrem Absterben zur Deposition des Kohlenstoffs in Meeressedimenten und bewirkten damit die erste, wesentliche Minderung des Kohlendioxidgehaltes der Atmosphäre.

Vor wenigen hundert Jahrmillionen schrumpfte dann der Kohlendioxidgehalt der

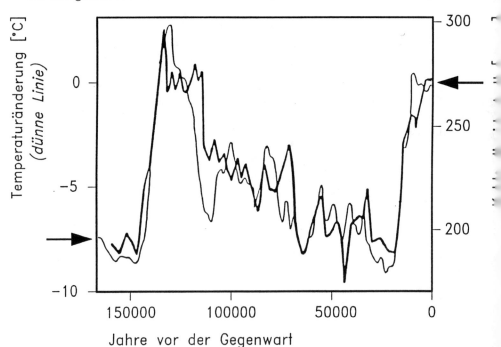

Abbildung 1.16: Veränderung von Kohlendioxidgehalt der Luft und Temperatur der Antarktis (nach [Bar 87] in [Enq. 88])

1.3. Zunehmende Bedrohung der Umwelt

Luft weiter durch ständige Entnahme für das damals üppige Pflanzenwachstum, wobei aus den abgestorbenen Pflanzen die fossilen Lagerstätten von Kohle, Erdöl und Erdgas erwuchsen. Erst im Verlauf der letzten Jahrmillionen pegelten sich die Gaszusammensetzung der Atmosphäre und das Klima auf die Verhältnisse ein, unter welchen sich auch die Menschheit entwickelt hat.

Dabei gaben kleine periodische Schwankungen der Erdumlaufbahn um die Sonne, welche die globale Sonneneinstrahlung praktisch unverändert lassen, wohl aber zu unterschiedlicher Einstrahlung zwischen Sommer und Winter führen, in der letzten Jahrmillion ca. 10mal den Anstoß zu einem Wechsel zwischen Eiszeit und Warmzeit. Aus Lufteinschlüssen im antarktischen Eis der letzten 160 000 Jahre können wir entnehmen, daß im Optimum der Warmzeiten der Gehalt der Luft an Kohlendioxid um bis zu 50 Prozent höher war (ca. 0.3 Promille bzw. 300 millionstel Volumanteil [ppmv]) als im Tiefpunkt der Eiszeiten (ca. 0.2 Promille), dies korreliert mit einer Temperaturzunahme zwischen Eis- und Warmzeiten von ca. 4 bis 5 °C im weltweiten, jahreszeitlichen Mittel, von etwa 10 °C in der Antarktis (s. Abbildung 1.16). Heute leben wir in einer Warmzeit, deren Optimum vor etwa 8 000 Jahren lag. Von menschlichen Eingriffen in den Klimahaushalt abgesehen wäre der Übergang in die nächste schwache Eiszeit in etwa fünftausend Jahren, in die nächste große Eiszeit in etwa 60 000 Jahren zu erwarten.

Eingriffe des Menschen in das irdische Treibhausklima: Belastung der Troposphäre mit klimarelevanten Spurengasen

Das Klima bestimmt die Lebensbedingungen auch für uns Menschen. Das Leben der Menschen, genauer das Leben zu vieler Menschen, verändert das Klima hin zu einer Verschlechterung der eigenen Lebensbedingungen.

Dies ist nichts Neues: Beispielsweise führte im Altertum und im Mittelalter die Entwaldung in den Ländern um das Mittelmeer zu einer weitgehenden Verkarstung dieser Länder, zu entsprechend verschlechterten Lebensbedingungen in dieser Region. So beklagte bereits etwa 400 Jahre v.Chr. Plato in seiner Kritias die völlige Verkarstung der ehemals fruchtbaren, waldbedeckten Hänge Attikas.

Bedingt durch die inzwischen auf dramatische Höhe angestiegene Erdbevölkerung und die übermäßige Nutzung der natürlichen Güter — wozu auch die Energie zu zählen ist — vor allem durch die Menschen in den Industrieländern können die vom Menschen verursachten zu erwartenden Klimaveränderungen schon in naher Zukunft zu einer Verschlechterung der Lebensbedingungen in globalem Ausmaß führen.

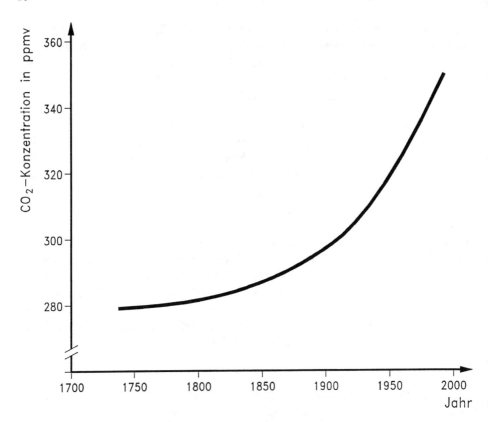

Abbildung 1.17: Zeitlicher Trend der atmosphärischen Konzentration von Kohlendioxid (ppmv = Anteil in Millionstel am Luftvolumen)

Das natürliche Klimagleichgewicht wird derzeit vom Menschen durch Erhöhung des Gehaltes der Luft an *klimarelevanten Spurengasen* in bedrohlichem Ausmaß gestört:

Beginnen wir mit den Eingriffen in den Kohlenstoffkreislauf: Im Laufe der letzten 100 Jahre ist der Gehalt der Luft an Kohlendioxid bereits um etwa ein Viertel angestiegen, nämlich von 0.28 Promille im vorigen Jahrhundert auf ca. 0.35 Promille im Jahr 1990, dies weltweit gleichmäßig verteilt (s. Abbildung 1.17).

Damit haben wir bereits jetzt einen Kohlendioxidpegel erreicht, der deutlich höher ist als selbst zur letzten großen Warmzeit von vor ca. 120 000 Jahren.

Verursacht wurde dieser Anstieg bislang kumulativ etwa zur Hälfte durch Frei-

1.3. Zunehmende Bedrohung der Umwelt

setzung von Kohlendioxid bei Verbrennung von Kohle, Erdöl und Erdgas und etwa zur Hälfte durch Freisetzung von Kohlendioxid bei Rodung und Abbrand von Wäldern und Humusabbau bei Kultivierung von Neuland. Dabei dominierten Freisetzung von Kohlendioxid aus Waldrodungen und landwirtschaftlichen Aktivitäten bis etwa zu Beginn dieses Jahrhunderts. Seither überwiegt in zunehmendem Maße die Freisetzung von Kohlendioxid aus der Verbrennung der fossilen Energieträger (s. Abbildung 1.18). Vergleichsweise beläuft sich die Freisetzung von Kohlendioxid aus Vulkanausbrüchen im Mittel nur auf etwa ein bis einige wenige Promille der vom Menschen verursachten Kohlendioxid-Emission.

Der Verbrauch an diesen fossilen Brennstoffen stieg bislang rapide an, in den zurückliegenden Jahrzehnten vornehmlich durch den steigenden Bedarf in den Industrieländern, inzwischen wesentlich durch den steigenden Bedarf in den Entwicklungsländern (s. Abbildung 1.9). Der Bedarf beläuft sich weltweit derzeit auf eine Höhe von ca. 6 Milliarden Tonnen Kohlenstoff pro Jahr. Dies verursacht eine Freisetzung von Kohlendioxid in Höhe von etwa 22 Milliarden Tonnen.

Allein in der Bundesrepublik Deutschland werden derzeit durch Verbrennung von Kohle, Öl und Gas jährlich etwa 1 Milliarde Tonnen Kohlendioxid freigesetzt. Würde sich dieses Gas, das schwerer als Luft ist, nicht rasch durch Luftströmungen weltweit über die ganze Atmosphäre verteilen, sondern sich nur über dem Boden der Bundesrepublik ansammeln, so würde bereits nach einem Jahr diese Gasmenge die gesamte Luft aus den untersten 2 m Höhe über dem Boden verdrängt und damit alles Leben erstickt haben. Diese Freisetzung von Kohlendioxid in der Bundesrepublik bedeutet pro Bürger ein jährliches Aufkommen von 13 Tonnen Kohlendioxid, eine gewaltige Menge an gasförmigem Müll verglichen mit dem zu Recht als zu hoch gescholtenen Aufkommen an festem Müll von etwa 1 Tonne pro Bürger und Jahr (Industrieabfälle miteingeschlossen), dies nur im eigenen Land, ganz abgesehen von bis zu einigen weiteren Tonnen, bedingt durch Rohstofförderung und -verarbeitung für uns in anderen Ländern.

Des weiteren wird der Anstieg des Kohlendioxids der Luft bislang bedingt durch Waldzerstörung, heute hauptsächlich der tropischen Wälder, durch Savannenbrände und durch Bodenverluste durch zu intensive landwirtschaftliche Nutzung, wodurch zusammen weltweit derzeit Kohlendioxid in Höhe von ca. 5 bis 10 Milliarden Tonnen pro Jahr freigesetzt wird.

Damit steigt der Kohlendioxidgehalt der Luft insgesamt derzeit innerhalb von nur 3 Jahren um etwa 2 Prozent seines gegenwärtigen Wertes an. Dieser Anstieg wäre noch schneller, würde nicht etwa die Hälfte der Menge des vom Menschen freigesetzten Kohlendioxids umgehend zu einem großen Teil vom Oberflächenwasser der Meere aufgenommen und zu einem kleineren Teil durch Zuwachs an

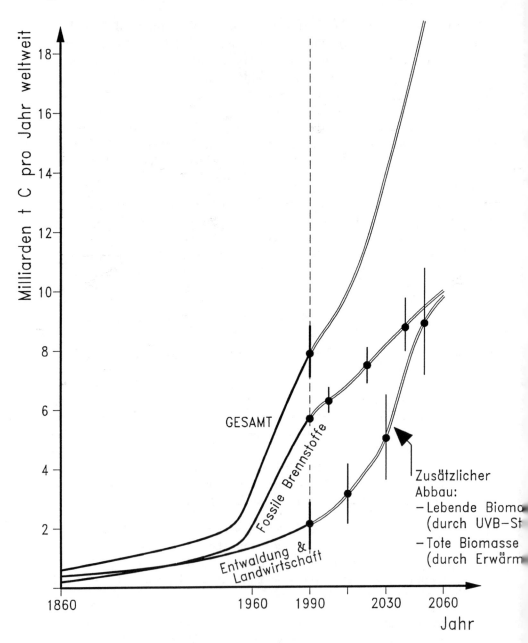

Abbildung 1.18: Anstieg der vom Menschen verursachten Freisetzung von Kohlendioxid in die Atmosphäre (die angegebenen Fehlerbalken sollen auf die große Unsicherheit dieser Zahlenangaben hinweisen.)

1.3. Zunehmende Bedrohung der Umwelt

stehender Biomasse wieder gebunden werden. Aber auch diesen Aufnahmen sind naturgesetzliche Grenzen gesetzt, die sich schon bald bemerkbar machen können.

Der Prognose für die Entwicklung des künftigen weltweiten Energiebedarfs zur Folge (s. Abbildung 1.9) würde der künftige Bedarf an fossilen Brennstoffen vor allem durch den weiter steigenden Bedarf in den Entwicklungsländern weiter zunehmen, würde damit die Freisetzung von Kohlendioxid aus Verbrennung von Kohle, Erdöl und Erdgas bis zur Mitte des kommenden Jahrhunderts um mehr als 50 Prozent zunehmen (s. Abbildung 1.18).

Im Laufe der kommenden Jahrzehnte ist ein zusätzlicher Anstieg des Gehaltes an Kohlendioxid in der Atmosphäre zu erwarten, da weitere Kohlenstoffreservoire schrumpfen werden: Zum einen könnte bei erhöhter UV_B-Einstrahlung die lebende Biomasse geschädigt werden. Durch den derzeitigen Gehalt der Luft an FCKW-Molekülen ist bereits eine Ausdünnung der stratosphärischen Ozon-Schutzschicht für mehrere Jahrzehnte vorprogrammiert, was eine erhöhte UV_B-Einstrahlung zur Folge haben wird. Zum anderen könnte durch die steigende Erwärmung im Treibhaus Erde die tote Biomasse am und im Boden schneller mikrobiell abgebaut werden, womit das Reservoir der toten Biomasse abnehmen würde. Schließlich könnte auch noch zusätzliches Ausgasen von Kohlendioxid aus den Meeren als Folge des sehr wahrscheinlichen Zerfalls des Karbonatgesteins der Korallenriffe nach dem heute zu beobachtenden Absterben des lebenden Korallenbestandes bedeutsam werden. All diese Prozesse führen zu erhöhter Freisetzung von Kohlendioxid in die Atmosphäre und lassen dieses Kohlenstoffreservoir entsprechend anschwellen (s. Abbildung 1.18).

Insgesamt wird damit die jährliche, zusätzliche Freisetzung von Kohlendioxid über den natürlichen Kohlenstoffkreislauf auf der Erde, dieser mit ausgeglichener Bilanz zwischen Freisetzung und Einbindung von Kohlendioxid, hinaus noch vor der Mitte des kommenden Jahrhunderts gegenüber den heutigen Emissionen verdoppelt werden. Der Kohlendioxidpegel der Atmosphäre würde also von 0.28 Promille zu Beginn der menschlichen Eingriffe, über heute 0.35 Promille auf etwa 0.56 Promille ansteigen, sich also gegenüber dem vorindustriellen Pegel verdoppeln.

Die unnatürliche Erhöhung des Kohlendioxidpegels würde nach Beendigung der verursachenden Emissionen von Kohlendioxid erst im Verlauf von mehreren bis vielen Jahrhunderten im Rahmen der natürlichen Kohlenstoffkreisläufe auf der Erde vermutlich wieder abgebaut werden.

Zusätzlich zum Kohlendioxid verursachen wir Menschen die Freisetzung *weiterer Spurengase* wie *Methan, Distickstoffoxid, halogenierte Kohlenwasserstoffe* und *Ozon* in bodennahen Luftschichten:

Methan wird natürlicherweise vornehmlich in Feuchtgebieten aus Zersetzung organischer Materie durch Mikroben erzeugt und in chemischen Reaktionen in der Luft im Verlauf eines Jahrzehnts wieder abgebaut.

Vom Menschen verursachte Methanquellen sind der Naßfeld-Reisanbau, die Verdauungstrakte der Rinder, die Verbrennung von Biomasse, das Ausgasen aus Mülldeponien und Ausgasen bei der Förderung fossiler Brennstoffe. Dadurch wurde die jährliche Methanfreisetzung im Gleichlauf mit der rapiden Zunahme der Weltbevölkerung allein innerhalb dieses Jahrhunderts schon verdoppelt. Derzeit steigt der Methanpegel jährlich um etwa 1 Prozent.

Solange die Erdbevölkerung wächst, dafür Reisanbau, Rinderzucht und die Förderung fossiler Brennstoffe, nicht zuletzt Erdgas, ausgeweitet werden, werden auch die Methanemissionen weiter zunehmen. Zusätzlich werden durch den erwarteten Temperaturanstieg auf der Erde die arktischen Dauerfrostböden in Sibirien und Alaska innerhalb der kommenden 50 Jahre bereits um etwa 1 Meter tiefer auftauen. Dadurch wird entsprechend vermehrt Methan freigesetzt werden.

Distickstoffoxid wird natürlicherweise im Boden und im Wasser mikrobiell gebildet. In der Troposphäre, d.h. der Wetterschicht der Atmosphäre im Höhenbereich bis zu ca. 10 km, ist es chemisch inert; abgebaut wird es erst nach seiner Diffusion in die Stratosphäre, in Höhen oberhalb von ca. 10 km, dort dann unter Schädigung der Ozonschicht. Die Verweilzeit von Distickstoffoxid in der Atmosphäre beträgt etwa 150 Jahre. In jüngster Zeit wurde die Bildung von Distickstoffoxid über das natürliche, für Treibhauserwärmung und Beeinträchtigung der stratosphärischen Ozonschicht nicht bedeutsame Maß hinaus zunehmend verstärkt, am wesentlichsten durch zunehmenden übermäßigen Einsatz von Stickstoff-Kunstdünger und durch Verbrennung von Biomasse.

Vollhalogenierte Kohlenwasserstoffe, also Chlor-, Fluor- und Brom- Kohlenwasserstoffverbindungen, sind künstliche Gase, die erst seit einigen Jahrzehnten in größerem Umfang benutzt werden, derzeit vornehmlich zur Aufschäumung von Kunststoffhartschäumen, als Kühlmittel in allen Klima- und Kälteanlagen und als Lösungs- und Reinigungsmittel. Diese Gase sind chemisch extrem reaktionsträge, verbleiben deshalb, einmal emittiert, für eine Größenordnung von 100 Jahren unverändert in der Luft.

Als sehr treibhauswirksame Gase werden sie durch ihre ständige Anreicherung in der Troposphäre für die zunehmende Treibhauserwärmung immer bedeutsamer. Schließlich abgebaut werden auch sie erst im Verlauf von 1 bis mehreren Jahrhunderten nach ihrer allmählichen Diffusion in die Stratosphäre, dort unter Schädigung der Ozonschutzschicht.

1.3. Zunehmende Bedrohung der Umwelt

	Anteile	Aufteilung auf die Spurengase	Ursachen
Energie einschließlich Verkehr	50%	40% CO_2 10% CH_4 und O_3 (O_3 wird durch die Vorläufersubstanzen NO_x, CO und NMVOC gebildet)	Emissionen der Spurengase aufgrund der Nutzung der fossilen Energieträger Kohle, Erdöl und Erdgas sowohl im Umwandlungsbereich, insbesondere bei der Strom- und Fernwärmeerzeugung sowie Raffinerien, als auch in den Endenergiesektoren (Handwerk, Dienstleistungen, öffentliche Einrichtungen etc.), Industrie und Verkehr.
Chemische Produkte (FCKW, Halone u.a.)	20%	20% FCKW, Halone etc.	Emissionen der FCKW, Halone etc.
Vernichtung der Tropenwälder	15%	10% CO_2 5% andere Spurengase, insbesondere N_2O, CH_4 und CO	Emissionen durch Verbrennung und Verrottung tropischer Wälder einschließlich verstärkter Emissionen aus dem Boden
Landwirtschaft und andere Bereiche (Mülldeponien etc.)	15%	15% in erster Linie CH_4, N_2O und CO_2	Emissionen aufgrund von: • anaeroben Umsetzungsprozessen (CH_4 durch Rinderhaltung, Reisfelder etc.) • Düngung (N_2O) • Mülldeponien (CH_4) • Zementherstellung (CO_2) etc.

Tabelle 1.2: *Derzeitige Anteile der verschiedenen Verursacherbereiche weltweit am zusätzlichen anthropogenen Treibhauseffekt [nach Enq 90]*

Um diese Schäden zu begrenzen, soll einem internationalen Abkommen zufolge (Montreal-Protokoll, 2. Londoner Vertragsstaatenkonferenz, 1990) die Nutzung vollhalogenierter Kohlenwasserstoffe noch innerhalb dieses Jahrhunderts weltweit beendet werden. Demzufolge sollte der derzeitige Pegel dieser Gase in der Atmosphäre innerhalb der nächsten wenigen Jahre nicht mehr wesentlich ansteigen, danach im Verlauf der folgenden 1 bis 2 Jahrhunderte allmählich auf ein Zehntel des derzeitigen Wertes abklingen.

Die heute als Ersatzstoffe für vollhalogenierte Kohlenwasserstoffe vorgesehenen teilhalogenierten Kohlenwasserstoffe haben entsprechend ihrer kürzeren Verweildauer in der Atmosphäre von im Mittel etwa 10 Jahren eine entsprechend um etwa einen Faktor 10 geringere Treibhauswirksamkeit.

In der Troposphäre wird *Ozon* in photochemischen Prozessen durch Einwirkung von Licht auf Stickoxide, Kohlenmonoxid und Kohlenwasserstoffe gebildet. Abgebaut wird es wieder durch Oxidationsprozesse in der Luft und an allen Organismen. Der Ozongehalt in der Troposphäre hat sich im Laufe dieses Jahrhunderts im Mittel bereits verdoppelt. Dies wurde hervorgerufen durch den steigenden Anteil der Luft an den genannten Schadgasen, die vor allem aus der Verbrennung fossiler Brennstoffe, insbesondere im Verkehrssektor, herrühren. Lokal und regional kann der Ozongehalt der bodennahen Luftschichten vor allem während starker Sonneneinstrahlung kurzzeitig, über Stunden, ein Vielfaches des natürlichen Gehaltes erreichen und in diesen Konzentrationen auch spürbar toxisch auf Fauna und Flora einwirken.

Faßt man alle treibhausrelevanten Spurengase zusammen und vergleicht ihre jeweilige Wirkung — Teibhauswirksamkeit pro Molekül multipliziert mit ihrem derzeitigen Pegel in der Luft — mit der von Kohlendioxid, so resultiert daraus der sogenannte äquivalente Kohlendioxidgehalt der Luft. Dieser ist im Verlauf der letzten 100 Jahre bereits um etwa die Hälfte, nämlich von 0.28 Promille (Kohlendioxid) auf ca. 0.42 Promille (äquivalent Kohlendioxid) im Jahre 1990 angestiegen (s. Abbildung 1.19). An diesem Anstieg hat die vom Menschen verursachte Freisetzung von Kohlendioxid einen Anteil von ca. 50 Prozent, die von halogenierten Kohlenwasserstoffen ca. 20 Prozent, die von Methan ca. 15 Prozent, die von den sonstigen Gasen, vornehmlich Distickoxid und bodennahes Ozon, ca. 15 Prozent (s. Tabelle 1.2).

Abbildung 1.19: Veränderung des äquivalenten Kohlendioxidgehalts der Luft und Veränderung der mittleren Temperatur auf der Erde in Vergangenheit (zwischen Eiszeiten und Warmzeiten) und in naher Zukunft.

→

1.3. Zunehmende Bedrohung der Umwelt

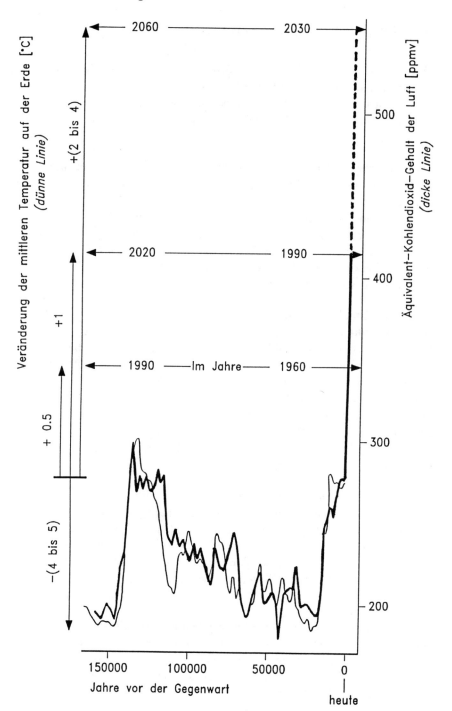

Resultierende Treibhauserwärmung

Durch die Zunahme dieser treibhausrelevanten Gase wurde in Bodennähe die Treibhausheizung durch Wärmerückstrahlung dieser Gase bislang schon um ca. 2 bis 3 Watt pro m^2 erhöht. Durch gleichzeitige Freisetzung von Feinstäuben und Aerosolen wird auf der Nordhalbkugel diese Zusatzheizung um etwa ein halbes Watt pro m^2 gemildert.

Dieser Zuwachs an Heizleistung ist damit bereits genauso groß wie der Zuwachs an Heizleistung beim Übergang aus der letzten Eiszeit in die jetzige Warmzeit, damals vom entsprechenden Anstieg des Kohlendioxidgehalts der Luft bewirkt. Diese zunehmende, bodennahe Heizung bedingt notwendigerweise auch eine steile Zunahme der Wasserverdunstung, vor allem über den tropischen Meeren. Dort wird durch die Zunahme des Wasserdampfes in der Luft der vorher genannte bisherige Zuwachs an Heizleistung von etwa 2 Watt pro m^2 bereits um ca. 8 Watt pro m^2 verstärkt [Flo 92].

Durch die zunehmende bodennahe Heizung muß natürlich auch die Temperatur im Treibhaus Erde steigen, allerdings mit einem zeitlichen Verzug von etwa 3 bis 4 Jahrzehnten gegenüber dem Spurengasanstieg, dies bedingt durch den Wärmepuffer der Meere: Innerhalb der letzten drei Jahrzehnte ist die mittlere Temperatur auf der Erde bis heute um ca. 0.5 Grad Celsius angestiegen, was also dem Spurengasgehalt der Atmosphäre von etwa 1960 entspricht. Dieser Temperaturanstieg steht im Einklang mit der aus Klimamodellrechnungen resultierenden Erwartung. Dem heutigen Spurengasgehalt entsprechend ist in wenigen Jahrzehnten ein Temperaturanstieg um insgesamt bereits ca. 1 Grad Celsius zu erwarten.

Bei weiterer Spurengasfreisetzung wie skizziert, die zusätzlichen Kohlendioxid- und Methanfreisetzungen durch die schon genannten Rückkopplungen mit eingeschlossen, würde sich der äquivalente Kohlendioxidgehalt der Luft schon innerhalb der ersten Hälfte des kommenden Jahrhunderts gegenüber dem vorindustriellen Kohlendioxidgehalt verdoppeln (dies entspricht einem Anstieg von 0.28 auf 0.56 Promille), innerhalb der zweiten Hälfte des kommenden Jahrhunderts sogar vervierfachen.

Bei Verdoppelung des äquivalenten Kohlendioxidgehaltes ist mit einem Anstieg der mittleren Temperatur auf der Erde um insgesamt ca. 2 bis 4 Grad Celsius zu rechnen, dies Klimamodellrechnungen zufolge, welche sowohl den bisherigen Temperaturanstieg von ca. 0.5 Grad Celsius als auch den Temperaturunterschied zwischen Eis- und Warmzeiten von ca. 4 bis 5 Grad bestätigen.

1.3. Zunehmende Bedrohung der Umwelt 45

Weitere Rückkopplungen zwischen Temperaturanstieg und Freisetzung von Spurengasen

Die wichtigste Verstärkung der Teibhauserwärmung wird vom Wasserdampfgehalt der Luft bewirkt. Bei der derzeitigen Temperatur im Treibhaus Erde hat der Wasserdampf derzeit einen Anteil von zwei Drittel.

Wasserdampf in der Luft wird hauptsächlich durch Verdunstung von Wasser der Meere in tropischen und subtropischen Regionen gebildet. Mit steigender Lufttemperatur steigt der Wasserdampfgehalt der Luft exponentiell, also überproportional steil an. Damit erhöht sich die Verstärkung der Treibhauserwärmung durch Wasserdampf entsprechend.

Andererseits führt Wasserdampf in der Luft in Höhen von typischerweise einigen Kilometern zu Wolkenbildung. Wolken reflektieren einen Teil des auf die Erde einfallenden Sonnenlichts, wirken so kühlend auf das Treibhaus Erde. Wolken reflektieren aber auch von der Erde ausgehende Wärmestrahlung zurück zur Erde, wirken so erwärmend. Welcher der Effekte überwiegt, hängt weitgehend von der Höhenverteilung und der Art der Wolken ab.

Das derzeitige Ausmaß unserer Unkenntnis der künftigen Wolkenbedeckung der Erde trägt einen wesentlichen Teil zur Unsicherheit der Angabe der Temperaturerhöhung von 2 bis 4 Grad Celsius bei Verdoppelung des äquivalenten Kohlendioxidgehaltes der Luft bei. Beobachtungen in jüngsten Jahren und Klimamodellrechnungen deuten aber eher auf die Verstärkung der Treibhauserwärmung durch veränderte Wolkenbildung hin.

Eine weitere Rückkopplung eines steigenden Kohlendioxidpegels der Luft ist auf das Pflanzenwachstum zu erwarten:

Beim derzeitigen Kohlendioxidpegel der Luft von 0.35 Promille Volumenanteil beträgt zu Land die jährliche Neubildung pflanzlicher Biomasse etwa 60 Milliarden Tonnen Kohlenstoff; eine gleichgroße Menge wird jährlich durch Verwesung wieder als Kohlendioxid an die Atmosphäre zurückgegeben.

Bei erhöhtem Kohlendioxidpegel der Luft möchte man zunächst eine entsprechende Steigerung des Pflanzenwachstums erwarten. Tatsächlich werden in Laborversuchen und Treibhäusern für bestimmte Pflanzensorten auch entsprechende Wachstumssteigerungen erzielt, dies allerdings nur gleichzeitig unter ausreichender Versorgung der Pflanzen mit Licht, Wasser und Nährstoffen. In der freien Natur erscheint ein erhöhtes Pflanzenwachstum bei steigendem Kohlendioxidpegel eher fragwürdig, hauptsächlich wegen der beschränkten Verfügbarkeit von Wasser und Nährstoffen und wegen möglicher Stresswirkung eines veränderten Klimas und eines veränderten CO_2-Pegels auf viele Pflanzen.

Auswirkungen der vom Menschen verursachten, steigenden Erwärmung des Treibhauses Erde

Auswirkungen einer zusätzlichen Treibhauserwärmung von einigen Grad Celsius erscheinen angesichts der natürlichen Temperaturschwankungen zwischen Tag und Nacht von etwa 10 Grad, zwischen Sommer und Winter von etwa 30 Grad rein gefühlsmäßig wenig signifikant zu sein. Der Blick in die geschichtliche Vergangenheit belehrt uns schnell eines Besseren:

Vor etwa 2 000 Jahren wurden die ehemals fruchtbaren Kornkammern Roms in Nordafrika nicht zuletzt durch einen Anstieg der mittleren Temperatur um nur 1 Grad Celsius zu Trockenwüsten. Ein Temperaturrückgang um nur ein halbes Grad, dies vor einigen 100 Jahren, trug in Mitteleuropa wesentlich zu Hungersnöten wegen der rückläufigen Ernteerträge bei.

Ein Temperaturanstieg um einige Grad, wie er schon — bei weiterer Spurengasfreisetzung im bisherigen Trend — bis zur Mitte des nächsten Jahrhunderts zu erwarten ist, ist viel zu schnell, als daß die natürlichen Ökosysteme sich den veränderten Gegebenheiten rechtzeitig anpassen könnten. Dementsprechend werden so schnelle Klimaveränderungen zu weitreichenden Zusammenbrüchen der natürlichen Ökosysteme führen. Davon werden die naturverbundenen, von der Natur unmittelbar abhängig lebenden Menschen in den Entwicklungsländern schneller und stärker betroffen sein als die hoch technisiert lebenden Menschen in den Industrieländern.

Eine Treibhauserwärmung schon von einigen wenigen Grad Celsius wird die Klimazonen deutlich verschieben:

In den feuchten Tropen werden sich die Niederschläge erhöhen; dagegen werden sich die subtropischen Trockenzonen ausweiten, im wesentlichen polwärts — um ca. 200 bis 300 km pro Grad Temperaturanstieg — in die heute fruchtbaren Kornkammern in Südeuropa, USA, China, Südamerika und Australien.

Andererseits sind natürlich für regionale Klimaänderungen Veränderungen der jahreszeitlich und weltweit gemittelten Temperatur nahe der Erdoberfläche nur von beschränkter Aussagekraft (ähnlich wie beispielsweise Veränderungen der jahreszeitlich und weltweit gemittelten Schneehöhe auf den Landflächen der Erde von einigen cm). Regional können weitere, durch Temperaturerhöhung erzeugte Veränderungen von herausragender Bedeutung werden. Man denke z.B. daran, daß bei zunehmendem Abschmelzen von Festlandeis der Salzgehalt des davon betroffenen Meeres vermindert wird und damit die Stärke von Ozeanströmen verändert werden kann. Diese Änderung kann regional als zusätzliche Heizung oder Kühlung wirken.

1.3. Zunehmende Bedrohung der Umwelt

Eine steigende Treibhauserwärmung bedingt notwendigerweise eine steile Zunahme der Wasserverdunstung vor allem über den tropischen Meeren. Bei der nachfolgenden Kondensation dieses Wasserdampfes in der Troposphäre in Höhen von etwa 5 bis 10 km bewirkt die als potentielle Energie freigesetzte Kondensationswärme eine Verstärkung des Luftdruckgefälles zwischen den subtropischen Hochdruckgebieten und den subpolaren Tiefdruckgebieten und damit eine Intensivierung der Windströmungen. Der bisher vornehmlich in den letzten Jahrzehnten beobachtete Temperaturanstieg, im globalen Mittel um etwa 0.5 Grad Celsius, über den tropischen Meeren von etwa 1 Grad Celsius, ist korreliert mit dem beobachteten Anstieg des Wasserdampfgehaltes der Luft über den tropischen Meeren um ca. 10 bis 20 Prozent und mit einer Erhöhung des Luftdruckgefälles z.B. zwischen Azorenhoch und Islandtief um etwa 6 hPa[1] bzw. 30 Prozent und weltweit mit einer entsprechenden Erhöhung der Windgeschwindigkeiten um ca. 5 bis 10 Prozent, bzw. der Windenergie um 10 bis 20 Prozent. Dies führt zu erhöhten Sturmschäden, vor allem durch Wirbelstürme in den tropischen Zonen: Innerhalb der letzten drei Jahrzehnte hat die Zahl von Stürmen und Sturmfluten mit katastrophalen Schäden bereits gravierend zugenommen.

Eine Temperaturerhöhung von mehreren Grad Celsius innerhalb des nächsten Jahrhunderts, wie bisher zu erwarten, würde aller Voraussicht nach katastrophale Auswirkungen auf die weltweiten Waldbestände haben:
Während in den Tropen bereits heute die großflächige Waldvernichtung vornehmlich zur Deckung des steigenden Landbedarfs für landwirtschaftliche Nutzung stattfindet, würde der skizzierte Temperaturanstieg die Wälder in den gemäßigten und nördlichen Klimazonen rasch durch steigenden Klimastress und vermehrte Windeinwirkungen, noch gefördert durch Schadstoffbelastungen und Schädigung durch erhöhte UV-Einstrahlung, letztere bedingt durch die Abnahme des Ozongehaltes der Luft in der Stratosphäre, großflächig in ihrer Existenz bedrohen und zunehmend vernichten. Eine Wiederaufforstung mit an das geänderte Klima angepaßten Baumarten hätte nur Aussicht auf Erfolg, wenn der Temperaturanstieg die maximale Anpassungsgeschwindigkeit natürlicher Wälder von maximal 1 Grad Celsius Temperaturveränderung pro Jahrhundert nicht merklich übersteigen würde.

Eine schnelle Klimaveränderung wird voraussichtlich auch das Ausmaß biotischer Risiken erhöhen:
Vor allem der — auch noch unnatürlich schnelle — Anstieg des Kohlendioxidgehalts der Luft kann zu Änderungen der Energie- und Stoffkreisläufe von Organismen führen. Den veränderten Bedingungen können sich einfache Organismen wie Viren und Bakterien mit Generationszyklen von oft nur wenigen Stunden

---
[1]Druckeinheit Hekto-Pascal

sehr viel schneller anpassen als die hochentwickelten Organismen von Pflanzen und Lebewesen. Diese können so in vermehrtem Maß durch neuartige Infektionskrankheiten und Seuchen bedroht werden. Zusätzliche Schäden durch erhöhte UV-Einstrahlung könnten schließlich manche Organismen in ihrer Existenz bedrohen. Die erhöhte UV-Einstrahlung resultiert aus der zunehmenden Schädigung der stratosphärischen Ozon-Schutzschicht derzeit vornehmlich durch den Gehalt an FCKW, im Verlauf des kommenden Jahrhunderts zunehmend auch durch den Gehalt an Distickoxid der Luft in der Stratosphäre

Schließlich führt ein Temperaturanstieg notwendigerweise auch zu einem Anstieg des Meeresspiegels:
Durch Abschmelzen des Festlandeises, vor allem der Gletscher, Rückgang der wasserstauenden Feuchtgebiete und Wärmeausdehnung des Meerwassers ist für einen Temperaturanstieg von einigen wenigen Grad Celsius ein Anstieg des Meeresspiegels bis zur Mitte des kommenden Jahrhunderts bereits um etwa 0.5 m zu erwarten. Dadurch werden bereits etwa 7 heutige Staaten vom Erdboden verschwinden, werden größenordnungsmäßig 100 Millionen Menschen flüchten müssen. Im Verlauf dieses Jahrhunderts ist bereits ein Anstieg des Meeresspiegels um etwa 15 cm eingetreten.

Während das nordpolare, im Wasser schwimmende Eis bei steigenden Temperaturen rasch abschmelzen kann, ohne die Höhe des Meeresspiegels dabei stark zu verändern, könnte das südpolare, auf dem Festland der Antarktis aufliegende Eis nur in extrem langen Zeiträumen merklich abschmelzen. Vorübergehend könnte ein Temperaturanstieg in der Antarktis zu erhöhten Schneeniederschlägen führen, damit den Anstieg des Meeresspiegels mildern.

Bedrohlich sind aber die westantarktischen Schelfeise zusammen mit den an sie angrenzenden marinen, d.h. unterhalb der Meeresoberfläche auf dem Festlandsockel aufliegenden Eisschilden, welche sich bei einer Erhöhung von Wassertemperatur und Auftrieb durch erhöhten Meeresspiegel vom Boden lösen, ins Meer gleiten und dann schmelzen können.

Genau dies ist in der Warmzeit vor 120 000 Jahren geschehen, als die Temperatur auf der Erde im globalen Mittel nur um etwa 2 Grad höher als derzeit war. Dies führte zu einem Anstieg des Meeresspiegels um etwa 5 bis 6 m. Dabei wurden für einige 10 000 Jahre weltweit Küstengebiete überflutet, von welchen derzeit insgesamt bis zu 50 Prozent der Erdbevölkerung abhängig sind, sei es, weil sie dort leben, sei es weil sie aus diesen Gebieten Nahrung beziehen.

Derzeit kann man noch nicht absehen, ob ein solches Abschmelzen der westantarktischen Schelfeise und der marinen Eisschilde bei zunehmender Temperatur und steigendem Meeresspiegel wiederum und gegebenenfalls wann eintreten

1.3. Zunehmende Bedrohung der Umwelt

könnte. Ein solcher Prozess würde sich über mehrere Jahrhunderte hinziehen. Im Laufe der nächsten 100 Jahre ist ein solches Geschehen (noch) nicht zu erwarten. Wir wissen allerdings nicht, ob wir durch die jetzt und in naher Zukunft verursachten Spurengasemissionen und dem dadurch bewirkten Temperaturanstieg bereits die Lunte für die Auslösung obigen Prozesses zünden.

Ebenso könnte eine steigende Temperatur auch Teile des Festlandeises auf Grönland abschmelzen, wie dies in der Warmzeit vor 120 000 Jahren geschehen ist und damals den Meersspiegel um 1 bis 2 m steigen ließ.

Durch den zu erwartenden Temperaturanstieg werden die arktischen Permfrostböden (in Sibirien und Alaska) innerhalb der kommenden 50 Jahre bereits um etwa 1 m tiefer auftauen. Dadurch wird vermehrt Methan freigesetzt werden, welches die steigende Treibhauserwärmung noch verstärken wird.

Schon geringe Temperaturerhöhungen können die unser heutiges Klima maßgeblich beeinflussenden Ozeanströme drastisch verändern, mit entsprechenden Rückwirkungen auf die betroffenen Klimazonen.

Durch die bei steigendem Treibhauseffekt erhöhte Energiezufuhr im Klimahaushalt wird die Klimavariabilität zunehmen:
Klimaschwankungen und Klimaextreme wie Unwetter, Stürme, Sturmfluten, extreme Dürre- und Regenperioden, werden häufiger und stärker auftreten und dies regional sehr unterschiedlich.

Eine steigende Mitteltemperatur auf der Erde bedeutet nicht unbedingt wärmere Winter. Vielmehr können gelegentlich die Winter sogar kälter als bisher, noch häufiger aber die Sommer heißer als bisher werden.

Durch die geschilderten Auswirkungen der klimatischen Veränderungen, weiter durch die Folgen z.B. von Bodenerosion, Schadstoffbelastung der Böden und der Süß- und Salzgewässer werden insgesamt Pflanzenwelt und Lebewesen, speziell aber die Menschen — diese mangels natürlicher Selektion besonders anfällig — in ihrer Existenz bedroht und dies innerhalb der nächsten wenigen Jahrzehnte.

Alle Auswirkungen der Klimaveränderungen werden zumindest über den Zeitraum von vielen Jahrhunderten irreversibel sein. Nur kurzfristig und rasch vorübergehend könnten vielleicht einige Regionen von den Klimaveränderungen Vorteile gewinnen, zumindest auf längere Sicht jedoch werden vor allem wegen der für natürliche Anpassung viel zu schnell verlaufenden Klimaänderungen wohl alle Regionen mehr oder minder stark geschädigt werden.

Dies kann auch zu Völkerwanderungen von bislang ungeahntem Ausmaß führen. Aus klimatisch stark bedrohten, überschwemmten oder ausgetrockneten Gebieten werden Umweltflüchtlinge in weniger bedroht erscheinende Länder streben.

Die Bildung neuer "Paradiese" auf der Erde kann, wenn überhaupt, dann erst nach Beendigung der raschen Klimaänderungen beginnen und würde wohl Jahrtausende in Anspruch nehmen.

Schließlich wissen wir nicht, bis zu welchem Ausmaß die Menschheit Klimaänderungen bewirken kann ohne Gefahr zu laufen, daß die Natur diese Veränderungen nicht mehr zumindest langfristig ausgleichen kann, daß damit die Erde sich in einen mehr oder minder unbewohnbaren Planeten verwandeln könnte.

Die notwendige Beschränkung der Klimaänderungen auf ein erträgliches Ausmaß

erfordert eine Beschränkung der Freisetzung klimarelevanter Spurengase,

damit eine Beschränkung der Verbrennung von Kohle, Erdöl und Erdgas.

Durch die Freisetzung klimarelevanter Spurengase, wie sie bislang geschehen ist, und wie sie künftig selbst bei äußerster Einschränkung noch geschehen wird, sind Klimaänderungen von bedrohlichem Ausmaß bereits unvermeidlich geworden. Heute gilt es deshalb, das Ausmaß dieser Klimaänderungen soweit einzugrenzen und die Geschwindigkeit der Veränderungen soweit zu bremsen, daß die Ökosysteme nicht großräumig zusammenbrechen, daß uns noch ausreichend Handlungsspielraum für die rechtzeitige Anpassung an bereits unvermeidlich gewordene Veränderungen unseres Lebensraumes auf der Erde bleibt. Dazu ist erforderlich, daß die weitere Emission der klimarelevanten Spurengase nicht mehr wie bislang ständig weiter steigt, sondern vielmehr drastisch eingeschränkt wird:

Will man beispielsweise den Anstieg der Temperatur auf der Erde im globalen Mittel auf maximal etwa 2 Grad Celsius über der Temperatur zu Beginn dieses Jahrhunderts beschränken — davon ist durch den bisherigen Anstieg der klimarelevanten Spurengase aller Voraussicht nach bereits ca. 1 Grad Celsius fixiert — und will man dabei die Geschwindigkeit des Temperaturanstiegs auf etwa 1 Grad Celsius pro Jahrhundert beschränken, um weitreichende Zusammenbrüche der Ökosysteme zu vermeiden und vor allem auch die Regenerationsfähigkeit der Wälder weltweit zu erhalten, so muß die äquivalente Kohlendioxid-Konzentration der Atmosphäre auf einem Niveau unterhalb einer Verdoppelung gegenüber dem vorindustriellen Wert (etwa zur Mitte des letzten Jahrhunderts) stabilisiert werden. Um dies zu erreichen, muß die Emission der klimarelevanten Spurengase insgesamt im weltweiten Mittel um mehr als die Hälfte im Vergleich zur Emission derzeit reduziert werden, dies innerhalb der Größenordnung eines halben Jahrhunderts.

1.3. Zunehmende Bedrohung der Umwelt

Über die hier skizzierten Bedrohungen der Lebensbedingungen auf der Erde und über das skizzierte Ausmaß der notwendigen Reduktion künftiger Freisetzung klimarelevanter Spurengase zeigt sich inzwischen — zumindest seit der 2. Weltklimakonferenz im Oktober 1990 — ein klarer wissenschaftlicher Konsens innerhalb der weltweiten Gemeinschaft der Wissenschaftler aus allen betroffenen Wissenszweigen [IPCC 90, 92; Enq. 90, 92].

Auf der Konferenz der Vereinten Nationen für Umwelt und Entwicklung in Rio de Janeiro im Juni 1992 haben auch die politischen Führungen aller Teilnehmerländer diese Forderungen einer Minderung künftiger Spurengasemissionen im skizzierten Ausmaß sich zu eigen gemacht.

Das Ausmaß dieser Bedrohungen, die Höhe der entsprechenden Risiken erfordern — ungeachtet der noch verbleibenden Unsicherheiten in der Beurteilung der Bedrohung und Risiken — im Sinn rechtzeitiger Vorsorge unverzüglich

- eine *internationale Konvention zum Schutz der Erdatmosphäre*, in welcher sich die Staaten zu detaillierten Reduktionen der Emissionen klimarelevanter Spurengase in ihrem Land verpflichten,

- entsprechendes *nationales Handeln*, um zum Beispiel in unserem Land in der Politik die Weichen für eine ausreichende Reduktion des Verbrauchs fossiler Brennstoffe, unseren derzeitigen Hauptenergiequellen, zu stellen.

Um die Emission aller klimarelevanten Spurengase insgesamt im weltweiten Mittel um mehr als die Hälfte im Vergleich zur Emission derzeit zu reduzieren, muß vor allem die Freisetzung von Kohlendioxid, heute vornehmlich durch Verbrennung fossiler Brennstoffe, im obigen Ausmaß eingeschränkt werden.

Durch Verbrennung von Kohle, Erdöl, Erdgas wird derzeit der weltweite Energiebedarf zu etwa 80 Prozent gedeckt (s. Abbildung 1.9). Dabei haben die Industrieländer mit ihrer Bevölkerung von etwa 1 Milliarde Menschen an diesem Bedarf derzeit einen Anteil von fast drei Viertel, die Schwellen- und Entwicklungsländer mit einer Bevölkerung von mehr als 4 Milliarden bislang nur einen Anteil von etwa einem Viertel.

Während die Bevölkerung der Industrieländer in den letzten Jahrzehnten fast stagnierte (inzwischen aber durch zunehmende Zuwanderung, vornehmlich aus Entwicklungsländern, wieder steigt) und ihr zukünftiger Energiebedarf bei bisherigem Trend nur noch wenig steigen sollte, allein durch effizientere Energienutzung zumindest mäßig rückläufig sein könnte, wird die Bevölkerung der Schwellen- und Entwicklungsländer innerhalb weniger Jahrzehnte voraussichtlich um weitere 2 bis 4 Milliarden Menschen anwachsen. Der Energiebedarf in diesen Ländern — pro Kopf im Mittel derzeit nur etwa ein Zehntel des mittleren Pro-Kopf-Bedarfs in den Industrieländern — wird, bedingt durch Bevölkerungswachstum, Verstädterung und zunehmende Industrialisierung, weiter ansteigen (s. Abbildung 1.9). Dadurch würde bei Energienutzung in bisheriger Art die Emission von Kohlendioxid schon bis zur Mitte des kommenden Jahrhunderts um mehr als 50 Prozent zunehmen. Dies kontrastiert mit dem notwendigen Ziel einer Emissionsminderung um mehr als die Hälfte, um weit mehr als die Hälfte, würde man auch noch die zu erwartenden Steigerungen der Freisetzung von Kohlendioxid aus toter und lebender Biomasse bei steigender Erwärmung und steigender UV-Einstrahlung (s. Abbildung 1.18) ausreichend berücksichtigen.

Selbst eine Reduktion nur um die Hälfte bis zur Mitte des kommenden Jahrhunderts (gemäß dem Vorschlag der Enquete-Kommission "Vorsorge zum Schutz der Erdatmosphäre" des 11. Deutschen Bundestages s. Abbildung 1.20 [Enq. 90]) stellt sowohl an die Industrieländer als auch an die Entwicklungsländer äußerst hohe Anforderungen. Selbst wenn der Bedarf an fossilen Brennstoffen in den Entwicklungsländern nur so schwach ansteigen würde wie in Abbildung 1.20 skizziert, praktisch nur einer steigenden Bevölkerung den heutigen Energiebedarf zubilligend, so ergibt sich — zum Erreichen des globalen Ziels einer Minderung der Emission von Kohlendioxid um die Hälfte — für die Industrieländer eine notwendige Reduktion ihrer Emission von Kohlendioxid bis zur Mitte des nächsten Jahrhunderts im Mittel um ca. 80 Prozent.

In Kapitel 2 dieses Buches werden alle Möglichkeiten für eine Reduktion des Einsatzes fossiler Brennstoffe bzw. die daraus resultierende Freisetzung von Kohlendioxid ausgelotet.

Diese Möglichkeiten sind:

- effizientere und sparsamere Nutzung von Energie,
- Nutzung erneuerbarer Energiequellen,
- Nutzung von Kernenergie,
- Neuaufforstung von Wäldern bzw. Entsorgung von Kohlendioxid

Natürlich ist jegliche Nutzung von Energie mit spezifischen Umweltbelastungen verknüpft. Die entsprechenden Belastungen beispielsweise aus der Nutzung der Kernenergie, aber auch diverser erneuerbarer Energiequellen werden zusammen mit den Potentialen dieser Quellen erläutert. Hier mag zunächst der Hinweis

1.3. Zunehmende Bedrohung der Umwelt

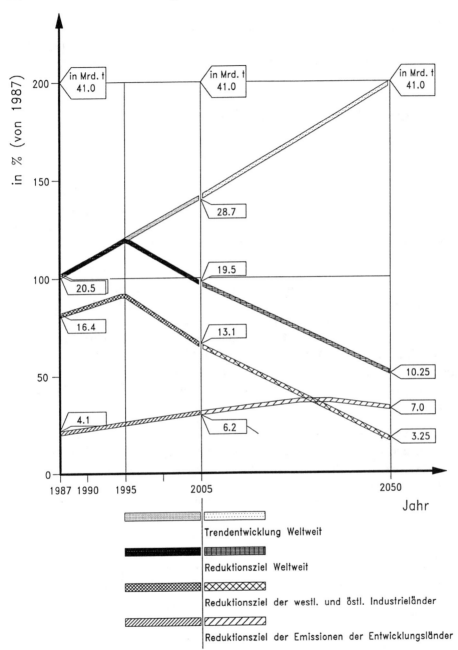

Abbildung 1.20: Weltweite Emissionen von Kohlendioxid, Trend und Reduktionsziele (nach [Enq.90])

genügen, daß man vermeiden muß und auch vermeiden kann, beim Ersatz fossiler Energieträger durch andere Energieträger bezüglich der Umweltbelastungen vom Regen unter die Traufe zu kommen.

1.3.2 Ozon in der Stratosphäre

Natürlicher Ozon–Kreislauf in der Stratosphäre

Unser heutiges Leben auf der Erde, zu Land und zu Wasser hat sich entwickelt und entwickelt sich weiter unter dem schützenden Schirm des Ozons der Stratosphäre. Dieser Schirm schützt vor dem energiereichen, ultravioletten Anteil des Sonnenlichts, der Moleküle der Organismen verändern, schädigen, zerstören kann.

Das Ozon, eine spezielle Art des Sauerstoffs mit Molekülen, die aus drei Sauerstoffatomen bestehen, ein auf Organismen toxisch wirkendes Gas, existiert in der Atmosphäre vornehmlich im Bereich der Stratosphäre in Höhen von etwa 15 bis 30 km (s. Abbildung 1.21). Ein sehr dünner, in dieser Konzentration für Organismen unschädlicher Ozon–Ausläufer reicht bis zum Erdboden herunter. Die gesamte Ozon–Schicht entzieht dem auf die Erde eingestrahlten Sonnenlicht den für Organismen schädlichen, sogenannten UV_B- und UV_C-Anteil (s. Abbildung 1.22).

Das Ozon wird in der Stratosphäre in einem Kreislauf ständig neu gebildet und im gleichen Umfang wieder abgebaut (s. Abbildung 1.23). Durch Einwirkung des energiereichsten, des UV_C-Anteils des Lichtes werden normale, aus zwei Sauerstoffatomen bestehende Sauerstoffmoleküle gespalten. Diese Sauerstoffatome lagern sich in Stößen an Sauerstoffmoleküle an, bilden so Ozon. Ozonmoleküle wiederum werden unter Absorption des UV_B-Anteils des Lichtes wieder gespalten oder in geringem Umfang in chemischen Reaktionen mit natürlichen Katalysatoren molekular abgebaut. Am gesamten Sauerstoffgehalt der Luft hat das Ozon natürlicherweise einen Anteil von etwa einem halben Millionstel mit natürlichen Schwankungen. So variiert der Ozongehalt sowohl mit der geografischen Breite von etwa 260 sogenannten Dobson–Einheiten[2] in Äquatornähe bis zu etwa 380 Dobson–Einheiten in mittleren bis subtropischen Breiten als auch im jahreszeitlichen Verlauf, bei uns zwischen 300 Dobson–Einheiten im Herbst

---

[2]Die Ozongesamtmenge über einer bestimmten Stelle auf der Erde über die ganze Luftsäule der Atmosphäre summiert wird in sog. Dobson–Einheiten gemessen. 100 Dobson–Einheiten entsprechen einer Ozon–Säulendicke von 1mm bei Atmosphärendruck des Ozons.

1.3. Zunehmende Bedrohung der Umwelt

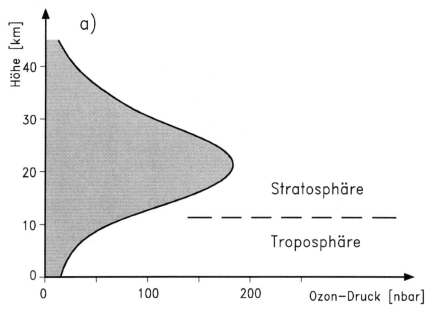

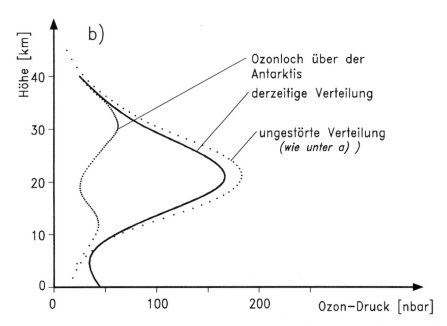

Abbildung 1.21: *Ozon–Verteilung in der Atmosphäre a) ungestört b) verändert durch vom Menschen verursachte Einflüsse (schematisch)*

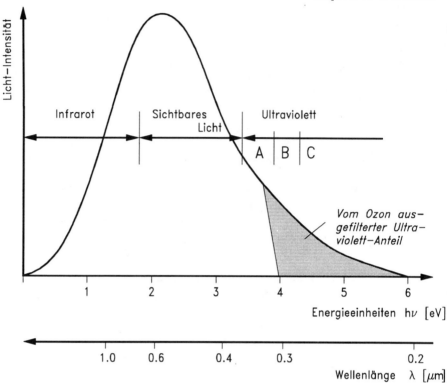

Abbildung 1.22: *Intensität der eingestrahlten Sonnenenergie in Abhängigkeit von Frequenz und von Wellenlänge des Lichts*

bis zu etwa 440 Dobson–Einheiten im Frühling. Natürlicherweise schwankt also der Ozon–Gehalt der Stratosphäre um etwa 20 Prozent um den mittleren Wert.

Das Ozon in der Stratosphäre spielt eine bedeutsame Rolle bei der Wärmeabstrahlung von der Erde in den Weltraum. Veränderungen dieses Ozongehaltes haben entsprechende Rückwirkungen auf die Temperatur im Treibhaus Erde.

Menschliche Eingriffe in den Ozon–Kreislauf

Der Ozongehalt der Atmosphäre wird seit Mitte der 50iger Jahre regelmäßig gemessen. Bis Mitte der 70iger Jahre zeigten sich, abgesehen von jahreszeitlichen Schwankungen, keine Veränderungen. Seither nimmt der Ozongehalt der Stratosphäre beständig und immer schneller ab [Enq. 88, 90]:

1.3. Zunehmende Bedrohung der Umwelt

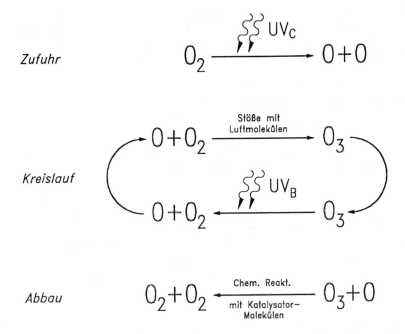

Abbildung 1.23: *Natürlicher Ozon-Kreislauf in der Stratosphäre*

- So hat zum einen der Ozongehalt der Stratosphäre stetig mit jahreszeitlichen Schwankungen vor allem in den mittleren und hohen geographischen Breiten bislang auf der Südhalbkugel um bis zu 10 Prozent, auf der Nordhalbkugel um bis zu 6 Prozent abgenommen. Auf der Nordhalbkugel wurde bislang die Abnahme des stratosphärischen Ozons noch weitgehend durch die ständige Zunahme des bodennahen Ozons — diese verursacht durch Lichteinwirkung auf Schadgase aus Verbrennungsprozessen vor allem im Verkehr — kompensiert (s. Abbildung 1.21).

- Zum anderen bildet sich über der Antarktis, dem Südpolargebiet, in jährlicher Wiederkehr für einige Wochen während des antarktischen Frühlings das sogenannte Ozonloch, ein kurzeitiger Rückgang des stratosphärischen Ozons, inzwischen bereits bis auf etwa 40 Prozent des ungestörten Wertes (s. Abbildung 1.21). In der Nacht des arktischen Winters kühlt sich die Luft über dem antarktischen Kontinent so tief ab, daß die in der stratosphärischen Luft befindlichen Salpetersäure- und Wassermoleküle zu Eiswolken ausfrieren, in welche das Chlor der Luft eingelagert wird. Unter der Wirkung des wiederkehrenden Sonnenlichts im antarktischen Frühling wird im absinkenden Luftstrom des polaren Wirbels durch die auftauenden stratosphärischen Eiswolken unter starker Aktivierung von wieder freigesetztem Chlor das Ozon im Luftstrom weitgehend abgebaut.

- Über der Arktis, dem Nordpolgebiet, hat sich bislang wegen des hier weniger starken Temperaturrückganges im Winter kein großräumiges Ozonloch wie in der Antarktis, wo es praktisch über den ganzen antarktischen Kontinent ausgedehnt ist, entwickelt. Jedoch wurde im Frühjahr 1992 über der Arktis, lokal begrenzt, ein kurzzeitiger Rückgang des Ozongehalts auf etwa 60 Prozent seines ungestörten Wertes beobachtet.

Insgesamt ist der Rückgang des atmosphärischen Ozons weltweit vor allem über den mittleren und hohen geografischen Breiten und im antarktischen Ozonloch eindeutig zurückzuführen auf zusätzliche katalytische Abbauprozesse (s. Abbildung 1.23) mittels Chlor-Ionen, welche fast ausschließlich durch Photospaltung von FCKW-Molekülen in der Stratosphäre erzeugt werden. Für Hinweise auf den Einsatz von vollhalogenierten Kohlenwasserstoffen, FCKW, sei auf den diesbezüglichen Abschnitt in Kapitel 1.3.1 verwiesen.

Trotz der vorgesehenen Einstellung von Erzeugung und Nutzung von vollhalogenierten Kohlenwasserstoffen weltweit noch innerhalb dieses Jahrzehnts scheint, allein schon bedingt durch den derzeitigen Gehalt der Atmosphäre an FCKW, eine weitere Abnahme des stratosphärischen Ozons über den mittleren und hohen geografischen Breiten um weitere 10 bis 20 Prozent innerhalb der kommenden Jahrzehnte vorprogrammiert zu sein.

Am kurzzeitigen Rückgang des Ozongehaltes im Frühling über der Arktis sind vermutlich Wasserdampf und Schadgase aus dem Flugverkehr in dieser Region beteiligt.

Derzeit verursachen also vornehmlich FCKW-Moleküle den zusätzlichen Abbau des Ozons in der Stratosphäre. Die in der Atmosphäre extrem langlebigen Distickstoffoxid-Moleküle, künstlich verursacht durch übermäßigen Einsatz von Stickstoff-Kunstdünger in der Landwirtschaft, spielen heute noch keine nennenswerte Rolle bei der Ozonzerstörung. Würde allerdings der Einsatz von Stickstoff-Kunstdünger weltweit über Jahrzehnte weiter zunehmen wie bisher, so könnte im Verlauf des kommenden Jahrhunderts das Ozonzerstörungspotential von Distickoxid allmählich auf eine Höhe anwachsen vergleichbar mit dem Ozonzerstörungspotential des heutigen FCKW-Gehalts der Luft.

1.3. Zunehmende Bedrohung der Umwelt 59

Auswirkungen erhöhter Einstrahlung von ultraviolettem Sonnenlicht auf Organismen

Verglichen mit den natürlichen Schwankungen des Ozongehalts erscheint der menschverursachte Rückgang des Ozongehalts der Stratosphäre bislang um wenige Prozent, in den kommenden Jahrzehnten um voraussichtlich weitere 10 bis 20 Prozent, vergleichsweise gering zu sein. Dennoch werden viele pflanzliche Organismen, wohl angepaßt an die natürlichen, kurzzeitigen Schwankungen, unter der Belastung mit UV-Bestrahlung als steigende Dauerbelastung großen Schaden nehmen. Ein Blick zurück in die ferne Vergangenheit, in die Zeit der Entwicklung der Organismen während des allmählichen Aufbaus des heutigen Sauerstoffgehalts der Luft, damit des entsprechenden Aufbaus der stratosphärischen Ozonschutzschicht kann unsere heutigen Befürchtungen bestätigen.

Eine Verminderung des Ozonpegels der Atmosphäre bedingt eine erhöhte Einstrahlung von hochenergetischem, ultraviolettem Licht. Eine Bestrahlung mit hochenergetischem Ultraviolettlicht, dem sog. UV_B (s. Abbildung 1.22), über längere Zeit führt bei vielen Organismen von Fauna und Flora, zu Land wie zu Wasser, und auch beim Menschen zu schwerwiegenden Schäden. Eine Abnahme des Ozonpegels um z.B. 10 Prozent erhöht die UV_B-Einstrahlung in einem Umfang, der die resultierende Schadwirkung nahezu verdoppelt. Beim Menschen sind eine Zunahme der Erkrankungen an Hautkrebs, an grauem Star und eine zunehmende Schwächung des Immunsystems zu erwarten.

Vielleicht noch schwerwiegender sind aber die zu erwartenden Schäden vieler pflanzlicher Organismen auf dem Land und im Meer: So könnte bei erhöhter UV_B-Einstrahlung weltweit die jährliche Neubildung von Biomasse durch Photosynthese abnehmen. Dies würde nicht nur die verfügbare Menge an Nahrung reduzieren, dies würde auch zu einem weiteren Anstieg des Kohlendioxidgehaltes der Atmosphäre, damit zu einer weiteren Erwärmung im Treibhaus Erde führen (s. Abbildung 1.18).

1.3.3 Grüne Erde

Die Vegetation auf der Erde wird bestimmt von Klima, also dem langjährigen Mittelwert des jahreszeitlichen Verlaufs von Lichteinstrahlung, Temperatur, Niederschlägen und Bodenfeuchte, aber auch vom Kohlendioxidgehalt der Luft bzw. des Meeres und den für die Photosythese von pflanzlichen Organismen nötigen Mineralstoffen in Wasser und Böden.

Flora und Fauna haben sich über lange Zeiträume durch Mutation und Selektion überall an die natürlichen Gegebenheiten bestmöglichst angepaßt und dabei eine

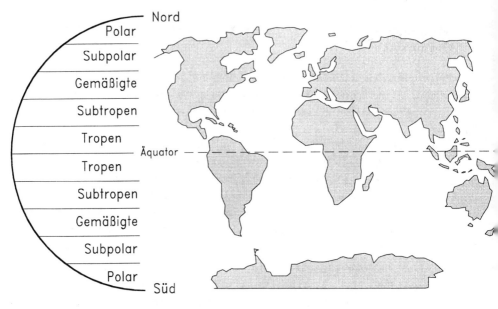

Abbildung 1.24: Klimazonen der Erde

mehr oder minder große Vielfalt von Arten und ein abgestimmtes Zusammenleben vieler Arten in Abhängigkeit voneinander entwickelt.

Artenvielfalt zusammen mit ständiger Mutation und Selektion gewährleisten auch eine fortlaufende Anpassung an Veränderungen der Lebensbedingungen wie z.B. beim Wechsel zwischen Eiszeiten und Warmzeiten. Dabei erforderte die Anpassung von Baumarten unserer heutigen Waldregionen an das nur einige Grad Celsius wärmere Klima beim Übergang von der letzten Eiszeit in die heutige Warmzeit mehrere tausend Jahre. Schneller können Bäume nicht von einer Klimazone in die nächste wandern.

Üblicherweise unterteilt man heute den Lebensraum Erde in die Klimazonen der Tropen um den Äquator, danach mit zunehmender geographischer Breite der Subtropen, der gemäßigten, der subpolaren und schließlich der polaren Zonen (s. Abbildung 1.24).

Die Vegetation ist in den verschiedenen, vornehmlich breitenabhängigen Klimazonen entsprechend unterschiedlich. Von den etwa 150 Millionen km^2 Landfläche der Erde sind etwa 110 Millionen km^2 sichtbar begrünt. Die verbleibenden ca. 40 Millionen km^2 sind für Vegetation wenig wirtliche Gebiete wie z.B. Wüsten und Eisflächen.

Dabei wird überall auf der grünen Erde übers Jahr hin im Mittel genausoviel

1.3. Zunehmende Bedrohung der Umwelt

Biomasse durch Photosynthese neu gebildet — dies unter Entnahme der entsprechenden Menge an Kohlendioxid aus der Luft — wie Biomasse abstirbt — dies über Verwesung, über mikrobiellen Abbau unter Abgabe ihres Kohlenstoffgehaltes an die Luft in Form von Kohlendioxid.

So bleibt zumindest über Zeiträume von Jahrzehnten bis Jahrhunderten der Kohlendioxidgehalt der Atmosphäre natürlicherweise praktisch unverändert, damit auch das Klima im Treibhaus Erde.

Jetzt bedroht der Mensch diesen grünen Garten Erde. Zur Deckung seines Hungers nach Nahrung und Energie insgesamt greift er zunehmend stärker ein in den natürlicherweise ausgeglichenen Kohlenstoffkreislauf vornehmlich zwischen den Reservoiren Kohlendioxid in der Luft und Kohlenstoff in der lebenden Biomasse zu Land und zu Wasser und Kohlenstoff in der abgestorbenen Biomasse am und im Boden.

Um eine Vorstellung von unseren quantitativen Eingriffen (bislang und künftig) in die verschiedenen Kohlenstoffreservoire und die daraus resultierenden Rückwirkungen vor allem auf den Kohlendioxidgehalt der Atmosphäre und damit auf das Klima im Treibhaus Erde zu ermöglichen, sollten wir einen Blick auf den Ist-Zustand des Kohlenstoffgehaltes aller Reservoire, tabellarisch im Rahmen der beschränkten Genauigkeit unseres derzeitigen Wissens zusammengefaßt, tun (s. Tabelle 1.3).

Jahr für Jahr wird zu Land von den grünen Pflanzen Kohlendioxid aus der Luft in Höhe von etwa 120 Milliarden Tonnen Kohlenstoff zur Photosynthese entnommen, davon wird die Hälfte durch Veratmung, die andere Hälfte durch Verwesung von Biomasse wieder als Kohlendioxid an die Luft zurückgegeben. Auch in der Oberflächenschicht der Meere, vor allem in den nährstoffreichen Schelfmeeren und Aufquellgebieten an manchen Rändern des Festlandsockels wird Biomasse über Photosynthese in Form von Phytoplankton gebildet. Das dazu nötige Kohlendioxid ist im Wasser gelöst. Auch hier wird im Kreislauf Jahr für Jahr Kohlendioxid in Höhe von ca. 100 Milliarden Tonnen Kohlenstoff aus der Luft im Meerwasser gelöst und etwa die gleiche Menge wieder an die Luft ausgegast.

Der Kohlenstoffaustausch mit den tiefen Wasserschichten der Ozeane, mit den Meeressedimenten und mit der Gesteinskruste der Erde ist dagegen zumindest über Zeiträume von Jahrzehnten bis Jahrhunderten vergleichsweise vernachlässigbar klein.

Nun erhöht der Mensch derzeit vor allem durch die Verbrennung der fossilen Energieträger Kohle, Erdöl und Erdgas stetig den Kohlendioxidgehalt der Luft und entsprechend auch den der Oberflächenschicht des Meerwassers. Der stei-

	Kohlenstoff–Gehalt [Mrd. Tonnen]			Fläche
	abgestorbene Biomasse (am u. im Boden)	lebende Biomasse	Neubildung u. Abbau v. Biomasse (jährlich)	[Mio. km²]
Erdoberfläche				510
davon **Land**	1 300	700	60	150
Wälder:				
Tropen	50%	60%		20
Gemäßigt	20%	25%		11
Boreal	30%	15%		10
Gesamt	530	600	35	41
Grünflächen:				
Äcker u. Plantagen	46%	28%		15
Wiesen u. Weiden	25%	63%		32
Tundren	23%	3%		8
Trockengeb. u. Berge	6%	6%		13
Gesamt	770	100	25	68
Siedlung u. Industrie				6
Wüsten				20
Eisflächen				15
davon **Meer** (Oberflächenschicht)	700 in Wasser gelöst	3 Phytoplankton	30	360
Atmosphäre	770 (im Jahr 1990)			
Fossile Lagerstätten	5 000			
Tiefer Ozean	40 000			
Erdkruste	70 000 000			

Tabelle 1.3: *Flächenaufteilung der Erde und Kohlenstoffgehalt der Erde*

gende Kohlendioxidgehalt der Luft verursacht einen Temperaturanstieg im Treibhaus Erde. Dieser wiederum führt zu einer erhöhten Verdunstung von Wasser und damit zu erhöhten Niederschlägen (zumindest im weltweiten Mittel).

Also könnte man zunächst meinen, daß damit der Planet Erde noch grüner werden sollte, wie beispielsweise in Gewächshäusern, wo bei zusätzlicher Begasung mit Kohlendioxid und dabei ausreichender Versorgung mit Licht, Wasser und mineralischen Nährstoffen die Gurken schneller wachsen. Leider wird dies höchst-

1.3. Zunehmende Bedrohung der Umwelt

wahrscheinlich in den meisten Klimazonen auf der Erde, zu Land wie zu Wasser, nicht der Fall sein. Hier begrenzen zumeist das Angebot an mineralischen Nährstoffen und zu Land auch noch das Angebot an notwendiger Bodenfeuchte, d.h. der Nettoverfügbarkeit von Wasser zwischen Niederschlägen und Verdunstung, das Pflanzenwachstum (s. Abbildung 1.25).

Die Verdunstung nimmt mit steigender Temperatur rasch zu, in den subtropischen bis gemäßigten Klimazonen stärker als die Niederschläge. So werden sich pro Grad Celsius Temperaturanstieg die subtropischen Trockenzonen um einige hundert km polwärts ausweiten. Vor etwa 2000 Jahren wurden nicht zuletzt durch einen allmählichen Temperaturanstieg um etwa 1 Grad Celsius die römischen Kornkammern Nordafrikas zu Trockenwüsten.

Im Verlauf der kommenden Jahrzehnte werden beim zu erwartenden Temperaturanstieg um ein bis einige Grad Celsius weltweit unsere derzeitigen Kornkammern in den subtropischen bis gemäßigten Zonen zunehmend austrocknen. Trotz günstiger werdendem Klima zumindest in einem Teil der polnäheren Zonen werden sich z.B. landwirtschaftliche Erträge wegen der minderen Bodenqualitäten nicht in nötigem Umfang zum Ausgleich der Verluste in den subtropischen Gebieten steigern lassen.

Verglichen mit den natürlichen Temperaturschwankungen bei uns zwischen Tag und Nacht um 10 bis 20 Grad Celsius, zwischen Sommer und Winter um 20 bis 30 Grad, erscheint eine Änderung der mittleren Temperatur um nur ein bis einige wenige Grad vernachlässigbar klein zu sein. Dennoch trifft das Gegenteil zu. An die täglichen und jährlichen Temperaturschwankungen ist unsere Pflanzenwelt angepaßt. Aber ein Anstieg der mittleren Temperatur um nur ein Grad machte die nordafrikanischen Kornkammern zu Wüsten, ein Absinken der mittleren Temperatur um nur ein halbes Grad bei uns in Mitteleuropa im späten Mittelalter führte zu einem drastischen Rückgang der landwirtschaftlichen Erträge, löste andauernde Hungersnöte aus.

Nun zur Zukunft der Wälder auf der Erde unter klimatischen Veränderungen:

Heute wird in den tropischen Wäldern Jahr für Jahr der Bestand um $\frac{1}{2}$ bis 1 Prozent vermindert, zum kleineren Teil zur Deckung des Bedarfs an Nutzholz, zum größeren Teil durch Brandrodung zur Gewinnung von landwirtschaftlichen Nutzflächen, dies nur zum Teil für die stark wachsende Bevölkerung in den betroffenen Ländern selbst, zum Teil auch für den Export von Rindfleisch in die Industrieländer. Dabei veröden diese Böden innerhalb weniger Jahre vor allem durch rasche Erosion, durch Auswaschung und können damit praktisch auch nicht wieder aufgeforstet werden. Diese Waldverluste tragen derzeit etwa 10

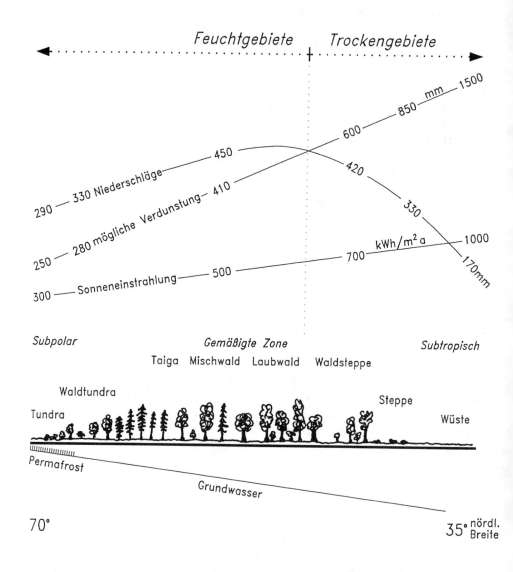

Abbildung 1.25: Schematisches Profil durch Osteuropa vom Barent-Meer im Norden bis zum Kaspischen Meer im Süden. Der Übergang zwischen aridem (im Norden) und humidem Klima (im Süden) tritt an der Überschneidung von Niederschlags- und Verdunstungskurve auf (nach Hekstra in [IPCC 90, 92])

1.3. Zunehmende Bedrohung der Umwelt

bis 20 Prozent zum menschverursachten Anstieg des Kohlendioxidgehalts in der Atmosphäre bei.

Aber auch in den Wäldern der nördlichen Breiten, in Kanada wie in Sibirien, überwiegen schon heute die kahlgeschlagenen Flächen die Wiederaufforstung. Die Wälder Sibiriens leiden auch zunehmend an Schadstoffbelastungen vornehmlich aus Industrieabgasen.

Im Lauf des kommenden Jahrhunderts werden unter der für natürliche Anpassung viel zu schnellen Klimaänderung — so wir diese nicht rechtzeitig abbremsen und begrenzen — auch die Wälder der gemäßigten und borealen, d.h. nördlichen, subpolaren Breiten zunächst im Klimastress, zusätzlich noch geschädigt durch Schadstoffeinträge wie sauren Regen und Schwermetalle und durch erhöhte Belastung mit UV-Bestrahlung und durch erhöhte Windeinwirkung zusammenbrechen. Dies würde in diesem Zeitraum zu einem weiteren Anstieg des Kohlendioxidgehaltes der Atmosphäre führen, die Treibhauserwärmung entsprechend verstärken.

Durch die Klimaänderungen, speziell den zu erwartenden Temperaturanstieg in polaren Zonen, kann die über dem Nordpolargebiet schwimmende Eisdecke im Lauf des kommenden Jahrhunderts langsam wegschmelzen; auch dies kann ebenso wie die Verminderung des Salzgehaltes von Meerwasser, dies bedingt durch zunehmendes Abschmelzen von Festlandeis, empfindliche Rückwirkungen auf die Meeresströme haben. Heute wird an dieser Eisdecke das Absinken kalten Meerwassers in die Tiefe des Ozeans bewirkt. Dadurch quillt an anderen Stellen des Ozeans nährstoffreiches Wasser aus der Tiefe an die Oberfläche und ermöglicht in diesen Gebieten reiches Wachstum von Phytoplankton, das erste Glied in der Nahrungskette der Meere. Ein Rückgang dieser Planktonbildung würde auch eine empfindlichen Minderung der aus den Meeren gefischten Nahrung für die Menschheit bedeuten.

Durch seine diversen Eingriffe in den Klimahaushalt bedroht der Mensch das paradiesische Treibhaus der grünen Erde , wobei sich allerdings die paradiesischen Zustände bei genauerem Hinsehen als das ständige Mühen jeder Art, sein Überleben gegenüber und auf Kosten der Überlebensbeschränkung vieler anderer Arten zu sichern, erkennen lassen.

Die Spezies Mensch mit derzeit $5\frac{1}{2}$ Milliarden Individuen zusammen mit den als Nutztieren gehaltenen mehreren Milliarden Rindern, Schafen und Schweinen sind gegenüber den natürlichen Tierarten übermächtig geworden. Wandeln wir aber das natürliche Gleichgewicht zwischen allen Arten von Lebewesen auf der Erde in ein Ungleichgewicht, und sei dies auch nur für eine entwicklungsgeschichtlich kurze Zeit von einigen Jahrzehnten bis Jahrhunderten, so riskieren wir damit die Vertreibung zumindest von uns selbst aus diesem Paradies Erde.

Zum einen übernutzen wir die grüne Erde, zum andern belasten wir Luft, Wasser und Böden beständig mit Schadstoffen vor allem aus der Verbrennung fossiler Brennstoffe ([WOR 92] weitere Details dazu in Kapitel 2.2.3), aus unbotmäßiger Überdüngung landwirtschaftlich genutzter Böden und durch Deponien von (Gift-) Müll. Allein durch Deponien sind schon mehrere Prozent der Gesamtfläche unseres Landes so verseucht, daß sie nur noch mit hohem Aufwand saniert werden können. Hinzu kommen auch noch die Risiken von Belastungen z.B. mit radioaktiven Schadstoffen im Fall eines großen Kernkraftwerkunfalls (Beispiel Tschernobyl).

So groß diese Bedrohung für uns heute ist, so bietet sie uns aber noch eine Chance:
Zum einen können wir durch umweltverträgliche Ausschöpfung aller technischen Möglichkeiten den Einsatz von Energie generell und speziell den Einsatz fossiler Brennstoffe zur Deckung unserer diversen Bedürfnisse beträchtlich reduzieren, damit den Ertrag klimarelevanter Spurengase, vor allem von Kohlendioxid, in die Atmosphäre entsprechend vermindern. (Eine qualitative und quantitative Übersicht all dieser Möglichkeiten ist Inhalt des nächsten Kapitels.)

Zum anderen können wir vielleicht die Natur unterstützen, sich an die bereits unvermeidlich gewordenen klimatischen Veränderungen rechtzeitig und das heißt schneller als es ihr natürlicherweise möglich wäre, ohne Zusammenbrüche von Ökosystemen anzupassen, beispielsweise indem wir Wälder in den gemäßigten und nördlichen Breiten rechtzeitig mit neuen, dem veränderten Klima gemäßen Baumarten verjüngen und beispielsweise indem wir die landwirtschaftliche Nutzung in allen Klimazonen der Erde wieder ökologisch verträglich, damit langzeitstabil gestalten. Wenn wir dies mit bestmöglichem Verständnis der komplexen Zusammenhänge des natürlichen Wachstums, und das heißt mit Bescheidenheit und Respekt vor der Natur versuchen, so könnten wir Aussicht auf Erfolg haben.

Alle Eingriffe des Menschen in die Natur kommen aus seiner Absicht, sich von natürlichen Beschränkungen und Bedrohungen zu befreien, sich Vorteile, mehr Annehmlichkeiten, ein besseres Leben zu verschaffen:

Mit dem Eindeichen des fruchtbaren Schwemmlandes im Mündungsgebiet von Euphrat und Tigris schon vor mehr als 6000 Jahren begann der Mensch durch gezielte Landwirtschaft in großem Maßstab dem Boden mehr abzugewinnen als dieser dem Menschen natürlicherweise gab. Dies mag man wohl als Erfolg sehen, auch wenn der Mensch seither in ständiger Ausweitung seiner landwirtschaftlichen Aktivitäten durch unbotmäßige Übernutzung der Böden seinen Erfolg

1.3. Zunehmende Bedrohung der Umwelt

schließlich zu seinem eigenen Nachteil ins Gegenteil verkehrt.

Ähnlich mag man die Erfindungen von Dampfmaschine und Verbrennungsmotor zusammen mit der Entdeckung und Ausbeutung der fossilen Brennstoffe beurteilen. Jede Technik, jede naturwissenschaftliche Erkenntnis können wir zu unserem Nutzen aber — vor allem im Übermaß — auch zu unserm Schaden gebrauchen. In jedem Fall stellt sich die Frage, ob wir Wissen und Technik mit Maßen dauerhaft und umweltverträglich zu nutzen lernen, oder ob es uns letztlich wie dem Fischer und seiner Frau aus Grimms Märchen ergeht, die sich nicht rechtzeitig bescheiden konnten.

Wie wir aus der Entwicklung des Menschen bis zur industriellen Revolution vor etwa 200 Jahren ablesen können, kann die Erde ohne Technik in großem Maßstab höchstens eine halbe bis eine Milliarde Menschen auf Dauer tragen, nicht aber 5 und mehr Milliarden.

Dies im Gedächtnis werden in Kapitel 2 alle Möglichkeiten für ausreichende und umweltverträgliche Energieversorgung der Menschheit erörtert.

1.3.4 Kosten für den Erhalt der Umwelt

Die negativen Auswirkungen der Eingriffe des Menschen in die Natur haben zur Vermeidung bzw. zur Behebung von Schäden für die Allgemeinheit sogenannte externe Kosten zur Folge. Diese Kosten müssen vom Menschen entweder jetzt oder aber später wohl oder übel getragen werden. Dabei gilt die bewährte Regel, daß vorbeugende Vermeidung von Schäden weit billiger zu stehen kommt als nachträgliche Behebung von Schäden, welche unter Umständen unbezahlbar hoch werden kann.

Quantifiziert werden können dabei selbst im Prinzip nur die Kosten für materielle Schäden, nicht aber die Kosten für immaterielle Schäden wie beispielsweise der Rückgang der Artenvielfalt in Fauna und Flora. In der Realität können selbst die Kosten für Vermeidung oder Behebung materieller Schäden nur in Einzelfällen abgeschätzt werden und selbst dies oft nur sehr ungenau. Trotzdem wird nachfolgend ein Überblick der Schätzungen externer Kosten skizziert [PRO 92], dies im Vergleich zum jährlichen Bruttosozialprodukt sowohl in Deutschland als auch weltweit (s. Tabelle 1.4).

Aus diesem Vergleich mag der Leser wenigstens einen Anhalt gewinnen, welche finanziellen Belastungen wir heute und bzw. oder künftig tragen müssen.

Schaden bzw. Maßnahmen zur Vermeidung u. Behebung	Region	Externe Kosten
Eindämmung von Klimaänderungen gem. Klima-Konvention (Rio 1992)	weltweit	über mehrere Jahrzehnte 3 bis 4% des weltw. BSP[3]
Minderung Kohlendioxid-Emission um bis zu 80% bis etwa 2050	Deutschland	über etwa 6 Jahrzehnte 1 bis 2% BSP entspr. 20 bis 40 Mrd. DM/Jahr
Schäden durch Schadstoffbelast.: menschliche Gesundheit Wälder Bauten	Deutschland	1 bis mehrere Mrd.DM/Jahr 1 bis 9 Mrd. DM/Jahr ca. 4 Mrd. DM/Jahr
zum Vergleich: jährliche Kosten z. Deckung d. Primärenergiebedarfs	Deutschland	ca. 4% BSP entspr. ca. 80 Mrd. DM/Jahr
Sanierung Uranabbaugebiet der Wismut AG (ehem. DDR)	Deutschland	min. 10 bis 20 Mrd. DM
1 Kernreaktorunfall m. größtmöglichem Schadensausmaß (Umsiedlung v. 1 bis 2 Mio. Menschen, 100 000 zusätzliche Krebstote innerhalb einiger Jahrzehnte)	wo immer	Größenordnung 1 000 Mrd. DM

Tabelle 1.4: *Externe Kosten von Umweltbelastungen (grobe Schätzwerte)*

---

[3] Bruttosozialprodukt

Kapitel 2:
Möglichkeiten einer ausreichenden und umweltverträglichen Energienutzung

2.1 Landwirtschaftliche Erträge zur Deckung unseres Bedarfs an Nahrung

2.1.1 Wirkungsgrad und Ergiebigkeit der Photosynthese von Biomasse

Beim Wachstum von Pflanzen, der sogenannten Photosynthese von Biomasse aus den Grundstoffen Kohlendioxid und Wasser unter Energiezufuhr durch eingestrahltes Sonnenlicht werden davon etwa 5 Prozent chemisch in Form des sogenannten Brennwertes der gebildeten Pflanzenstoffe gespeichert.

Auf den ersten Blick mag dieser Wirkungsgrad der Energiespeicherung gering erscheinen. Dennoch stellt er eine Meisterleistung der Natur dar, auf dem goldenen Mittelweg zwischen bestmöglicher, dies aber entsprechend langsamer Energienutzung und schnellstmöglichem Pflanzenwachstum das Optimum zu erzielen.

Auf dem Land der Erde wächst dabei jährlich neue Biomasse mit einer Gesamtmenge an gespeichertem Kohlenstoff von etwa 60 Milliarden Tonnen (siehe auch Tabelle 1.3). Eine entsprechend große Menge wird jährlich wieder durch Verwesung, durch mikrobielle Zersetzung, zu Kohlendioxid umgewandelt und an die Luft zurückgegeben. Die Grenzen für dieses Pflanzenwachstum werden dabei durch klimatische Bedingungen, durch Verfügbarkeit von Wasser und von meist mineralischen Nährstoffen aus den Böden gesetzt.

Vom auf die Landflächen der Erde einfallenden Sonnenlicht wird nur ein kleiner Teil, etwa 4 Prozent, für die Photosynthese benötigt. Ebenso wird nur ein kleiner Teil, etwa ein Zwölftel, des in der Luft verfügbaren Kohlendioxids jährlich in pflanzlichen Kohlenstoff umgewandelt (und eine gleichgroße Menge jährlich durch mikrobiellen Abbau von Biomasse wieder als Kohlendioxid freigesetzt).

Dies alles vor Augen kann man wohl annehmen und zum Teil auch wissenschaftlich belegen, daß sich die Gesamtmenge an jährlicher Pflanzenneubildung über die ganze Erdkugel summiert auch unter den absehbaren klimatischen Veränderungen nicht wesentlich verändern wird.

2.1.2 Potential landwirtschaftlich nutzbarer Flächen auf der Erde und darauf wachsender Biomasse

Von den 150 Millionen km² Landflächen der Erde sind derzeit noch etwa 40 Millionen km² bewaldet. Knapp 70 Millionen km² sind weitere Grünflächen, von welchen alle klimatisch für Pflanzenwachstum begünstigten Zonen, das sind etwa 50 Millionen km², heute bereits fast vollständig vom Menschen landwirtschaftlich genutzt werden. Dabei wird auf einem großen Teil dieser Flächen durch intensive Landwirtschaft der Erde ein Mehrfaches der Erträge abgerungen, die natürlicherweise wachsen würden.

Zur Deckung ihres Nettobedarfs an Nahrung brauchen die $5\frac{1}{2}$ Milliarden Menschen eine Menge an Energie, die dem Brennwert von nur etwa 2 Prozent der jährlich neuwachsenden Pflanzen auf der Erde entspricht. Wir Menschen können aber selbst vom pflanzlichen Teil unserer Nahrung, meist Getreide, Früchte und Gemüse, nur einen Teil der Nahrungspflanzen nutzen. Für den Anteil unserer Nahrung an Fleisch und Tierprodukten, vornehmlich Milchprodukten, benötigen unsere Haustiere etwa die 10fache Menge dessen an Energie in Form von Pflanzenfutter, was uns an Energie im Tierprodukt dann wiederum als Nahrung zur Verfügung steht. Insgesamt verfüttern so die Menschen zusammen mit ihren Nutztieren schon heute mindestens die Hälfte der auf allen zugänglichen Flächen jährlich anwachsenden Biomasse.

2.1.3 Erträge in Relation zum Energieaufwand in Land- und Viehwirtschaft

Durch Züchtung ertragreicher Sorten, künstliche Düngung, wo nötig und möglich künstliche Bewässerung und künstliche Schädlingsbekämpfung konnten die landwirtschaftlichen Erträge im Laufe dieses Jahrhunderts um ein Vielfaches gesteigert werden. Inzwischen hat man mit den gesamten Methoden in vielen Regionen die Grenze des Möglichen erreicht.

In Ländern wie beispielsweise Deutschland führte der Übergang zur Agroindustrie zu einer Ertragssteigerung im landesweiten Mittel um insgesamt einen Faktor 3. Diese beträchtliche Ertragssteigerung bedurfte aber auch einer etwa gleich

2.1. Deckung unseres Bedarfs an Nahrung

großen Steigerung des Energieeinsatzes in der Landwirtschaft, direkt in Form von Kraftstoffen und elektrischer Energie, indirekt zur Herstellung von Kunstdünger, Pflanzenschutzmitteln und Maschinen. Insgesamt blieb dabei der Bruttobrennwert der Summe aller landwirtschaftlichen Erträge immer etwa das Dreifache des Bruttoeinsatzes an Energie.

Angesichts der zur Begrenzung von weltweiten Klimaänderungen notwendigen Reduktion der Nutzung fossiler Brennstoffe sollte auch im Bereich der Landwirtschaft künftig der Energieeinsatz etwas sparsamer gestaltet werden.

2.1.4 Wie viele Menschen kann die Erde künftig ernähren?

Von der Fläche der heutigen Wälder abgesehen stehen dem Menschen auf den Landflächen der Erde maximal ca. 50 Millionen km^2 Grünflächen zur Verfügung. Bei derzeit 5.5 Milliarden Menschen stehen im Prinzip jedem Menschen im Mittel knapp 10 000 m^2, also ein Areal von 100 × 100 m^2, ein Hektar, als landwirtschaftlicher Garten für seine Ernährung, direkt über Pflanzennahrung, indirekt über die zu fütternden Haustiere, zur Verfügung.

Auf guten Böden wie z.B. in Deutschland kann man von einem km^2 landwirtschaftlicher Nutzfläche im Mittel 500 Menschen ernähren; man braucht hier für die Ernährung eines Menschen also nur etwa 2 000 m^2 Boden. Auf mageren tropischen Savannenböden kann man heute oft nicht mehr als etwa 20 Menschen pro km^2 ernähren; man braucht hier für die Ernährung eines Menschen also ein Areal von bis zu 50 000 m^2.

Würden künftig alle Menschen auf der Erde sich ausschließlich von Pflanzen und deren Früchten ernähren, so könnte die Erde vielleicht dreimal mehr Menschen tragen als derzeit. Aber diese Möglichkeit ist wohl sehr realitätsfern.

Würden landwirtschaftliche Erträge durch neuartige Methoden noch weiter gesteigert werden können, dies dauerhaft und umweltfreundlich, so könnte dadurch Nahrung für vielleicht einige weitere Milliarden von Menschen verfügbar gemacht werden. Allerdings mag man zumindest in Zweifel ziehen, ob der Mensch sowohl mit seinen heute praktizierten Methoden zu Ertragssteigerungen weit über das natürliche Maß hinaus, als auch mit neuartigen Methoden überhaupt die Natur, die sich durch Mutation und Selektion immer und überall optimal an alle Gegebenheiten angepaßt hat, langfristig und umwelterhaltend eines Besseren belehren kann.

Würde auch noch ein wesentlicher Teil der heutigen Wälder in den Tropen und in den gemäßigten Breiten gerodet — bezüglich Klimaschutz und Erhalt der Artenvielfalt extrem bedenklich — und nachfolgend landwirtschaftlich genutzt werden, so könnte dadurch wiederum Nahrung für vielleicht einige wenige weitere Milliarden von Menschen erzeugt werden.

Viele der heutigen landwirtschaftlichen Praktiken und der genannten heutigen Möglichkeiten scheinen zwar kurzfristig, über Jahre bis Jahrzehnte, sehr ergiebig zu sein, auf längere Sicht aber können sie sich als Bumerang erweisen, können Erträge rückläufig sein, kann die Umwelt drastisch beeinträchtigt werden.

An dieser Stelle sei noch einmal darauf verwiesen, daß inzwischen bereits etwa ein Viertel aller landwirtschaftlich genutzten Flächen auf der Erde mehr oder minder stark geschädigt ist, daß inzwischen jährlich etwa 1 Prozent aller landwirtschaftlich genutzten Flächen durch Erosion vollständig unbrauchbar wird.

Wir sollten wohl davon ausgehen, daß die Menschen ihr Verhalten, ihre Nahrungsgewohnheiten nicht schnell ändern werden, daß die erhofften weiteren wissenschaftlichen Fortschritte im Bereich der Landwirtschaft — so sie überhaupt realisiert werden können — dann auch bald wiederum an natürliche Grenzen stoßen werden, daß trotz weltweitem bestmöglichem Bemühen um Eindämmung von Klimaveränderungen klimatische Veränderungen von spürbarem Ausmaß nicht mehr vermieden werden können. Diese zu erwartenden Klimaänderungen werden aller Voraussicht nach in vielen Ländern, vor allem in den heutigen Entwicklungsländern innerhalb der kommenden Jahrzehnte eine Verminderung der Ernteerträge in der Größenordnung von etwa 10 Prozent zur Folge haben. Denkbar wäre natürlich noch eine mehr oder minder künstliche Synthese von Nahrungsmitteln, dies unter entsprechendem Aufwand an Energie. Doch werden wohl gerade dort, wo Hunger herrscht, allein schon die technischen und finanziellen Möglichkeiten für solche unnatürlichen Lösungen nicht gegeben sein. All dies vor Augen müssen wir wohl annehmen, daß die Erde nicht mehr viel mehr Menschen, auf längere Sicht eher weniger Menschen als heute tragen können wird.

2.2 Energie in Form von Wärme, Elektrizität, Treibstoffen

Über den Bedarf an Nahrung hinaus brauchen wir zur Befriedigung unserer vielfältigen Bedürfnisse

2.2. Energie in Form von Wärme, Elektrizität, Treibstoffen

- in den privaten Haushalten,
- in den öffentlichen Einrichtungen,
- in Gewerbe und Industrie,
- im Verkehr

Energie in Form von

- Raumwärme (bei typischer Heizwärmetemperatur von 40 bis 100 °C),
- Prozesswärme (bei typischer Temperatur von 400 bis zu einigen 1 000 °C),
- Licht,
- Energie zum Betrieb von Geräten,
- Energie zum Antrieb von Verkehrsmitteln wie Kraftfahrzeuge, Bahn, Flugzeuge, Schiffe.

Diese sogenannte Nutzenergie ist der für die Bedürfnisse des Verbrauchers genutzte Anteil der ihm zur Verfügung stehenden sogenannten Endenergie.

Diese wiederum muß aus Quellen von Primärenergie über Umwandlung, Speicherung und Transport von Energie dem Verbraucher verfügbar gemacht werden.

Der derzeitige Bedarf an Primärenergie und die Deckung dieses Bedarfs aus den diversen Quellen wurde bereits in Kapitel 1.2 dargestellt (s. Abbildung 1.9 und Abbildung 1.10).

Im Folgenden werden bei allen quantitativen Energieangaben für Deutschland diese angesichts der derzeitigen raschen Änderungen der relevanten Größen für die neuen Bundesländer immer auf das Gebiet der alten Bundesländer beschränkt. Langfristig mag man hoffen, daß sich die hier relevanten Größen z.B. von Energiebedarf und Deckungsmöglichkeiten in den alten und neuen Bundesländern gemäß ihrer Bevölkerungsanteile von etwa 4 zu 1 summieren werden.

Im folgenden Bild ist der tatsächliche Fluß von Primärenergie über Endenergie zu Nutzenergie zur Deckung des Energiebedarfs in der Bundesrepublik Deutschland (alte Bundesländer) für das Jahr 1990 aufgezeigt (s. Abbildung 2.1).

Wie man dem Energie-Flußbild entnehmen kann, wird zur Umwandlung von Primärenergie in die benötigten Formen von Endenergie etwa ein Drittel des

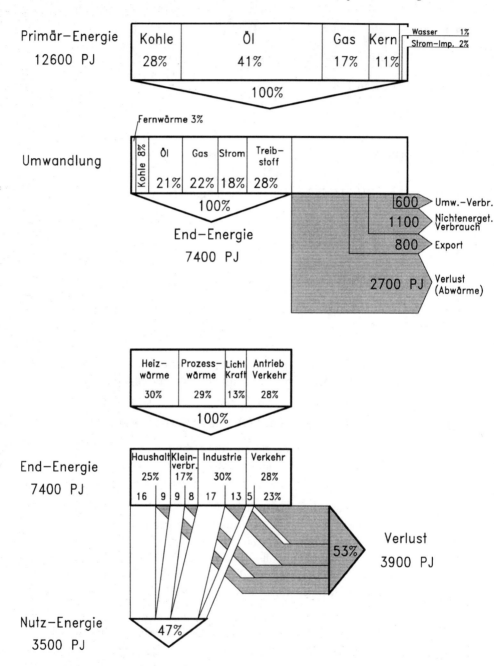

Abbildung 2.1: Energie–Fluß BR Deutschland (alte Bundesländer 1990)

primären Energie-Einsatzes benötigt. Von den verbleibenden zwei Dritteln dient nur etwa eine Hälfte dem Verbraucher als benötigte Nutzenergie; die andere Hälfte geht bei der Nutzung verlustig. Dabei ist hier aber anzumerken, daß nur ein Teil der hier als Verlust ausgewiesenen Energie durch effizientere Nutzung vermeidbar wäre, ein Teil ist naturgesetzlich bedingt unvermeidbar.

Die Aufteilung der Endenergie in Deutschland (alte Bundesländer 1990) zum einen nach den verschiedenen Energieträgern zum anderen nach den verschiedenen Energieformen auf die einzelnen Verbrauchergruppen ist der Tabelle 2.1 zu entnehmen:

	Haushalt	Kleinverbraucher öff.Einrichtungen	Industrie	Verkehr	Gesamt
Kohle	60	24	501	–	585
Holz	35	–	4	–	39
Öl	738	551	285	2050	3624
Gas	587	270	799	–	1656
Fernwärme	81	65	39	–	185
Strom	359	316	624	41	1340
Gesamt	1860	1226	2252	2091	7429
Raumwärme	1397	580	207	2	2186
Prozesswärme	314	289	1576	–	2179
Licht	33	75	35	3	146
Antrieb	116	282	434	2086	2918
Gesamt	1860	1226	2252	2091	7429

Tabelle 2.1: *Aufteilung der Endenergie in Deutschland (alte Bundesländer, 1990) nach Sektoren (alle Zahlenangaben in Einheiten von PJ)*

2.2.1 Übersicht über Quellen, Umwandlung, Speicherung und Transport von Energie

Alle uns heute bekannten Energiequellen sind:

- Fossile Brennstoffe: Kohle, Erdöl, Erdgas,
- Holz, Pflanzen, organische Abfälle,
- Sonnen-Einstrahlung,
- Wärme, gespeichert in Luft, Wasser, Boden und tiefer Erdkruste,

- Wind,

- Wasserkraft, zu gewinnen aus Seen und Eis, Fallwasser, Fließwasser, Meeresströmungen und Meereswellen,

- Kernenergie aus Spaltung schwerer Atomkerne und Fusion leichter Atomkerne.

Energie–Träger	Reichweite	Aufwand bzw. Verlust an Energie (über Reichweite)
Fossile Brennstoffe: (Kohle, Erdöl, Erdgas*)	beliebig	vernachlässigbar
Wärme (Heißwasser)	etwa 50 km	mehrere Prozent
elektr.Strom über Fernleitung: HV–Wechselspannung HV–Gleichspannung	Größenordnung: 1000 km 10 000 km	einige Prozent einige Prozent
Wasserstoff (gasförmig, flüssig)	beliebig	einige Prozent

Tabelle 2.2: *Transport von Energie*
(* *Erdgasverluste durch Leitungsleckagen in Deutschland kleiner als 1 %, in Rußland derzeit schätzungsweise 20 bis 50 %*)

Unserem inzwischen weitreichenden Verständnis der Natur und ihrer Gesetzmäßigkeiten zufolge können wir nicht darauf hoffen, noch weitere Energiequellen, und dies auch noch bald, aufzuspüren.

In den folgenden Abbildungen 2.2 – 2.6 sind für die verschiedenen Primärenergien die jeweiligen Möglichkeiten für die Umwandlung von Primärenergie in Endenergie zusammen mit den Umwandlungswirkungsgraden, d.h. dem Verhältnis von erzielter Endenergie zu aufgewendeter Primärenergie, skizziert [Hei 83].

Abbildung 2.2: *Umwandlung von Energie und Umwandlungswirkungsgrade*
   a)*Nutzung von Brennstoffen über Verbrennung*

$\longrightarrow$

2.2. Energie in Form von Wärme, Elektrizität, Treibstoffen

a) Prinzip:

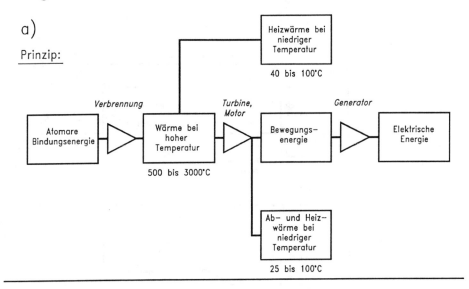

Spezialfälle:

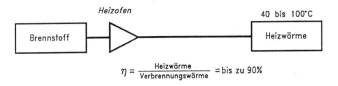

$$\eta = \frac{\text{Heizwärme}}{\text{Verbrennungswärme}} = \text{bis zu } 90\%$$

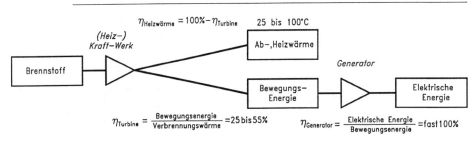

$$\eta_{\text{Turbine}} = \frac{\text{Bewegungsenergie}}{\text{Verbrennungswärme}} = 25 \text{ bis } 55\% \qquad \eta_{\text{Generator}} = \frac{\text{Elektrische Energie}}{\text{Bewegungsenergie}} = \text{fast } 100\%$$

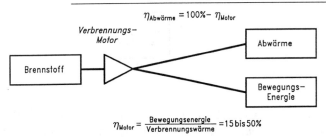

$$\eta_{\text{Motor}} = \frac{\text{Bewegungsenergie}}{\text{Verbrennungswärme}} = 15 \text{ bis } 50\%$$

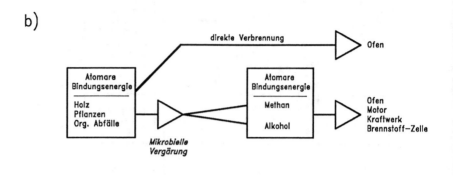

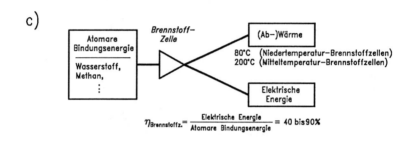

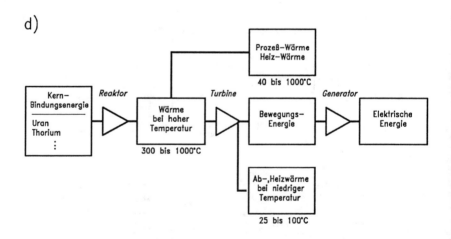

Abbildung 2.3: b)Nutzung von Holz, Pflanzen, organischen Abfällen c)Nutzung von Gas über Brennstoffzellen d)Nutzung von Atomkernenergie

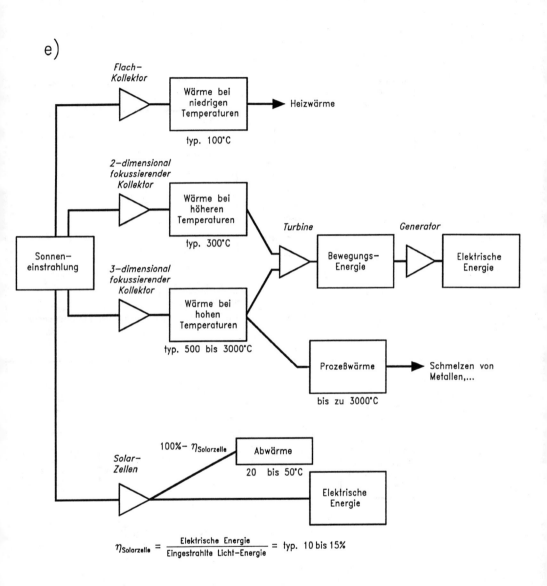

Abbildung 2.4: e)Nutzung von Sonneneinstrahlung

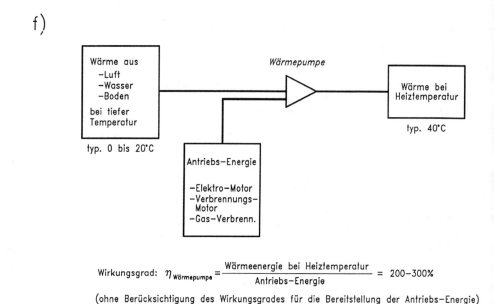

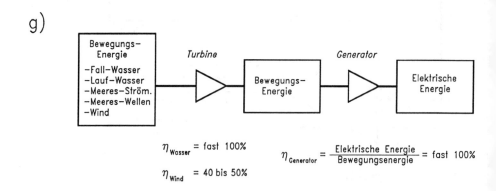

Abbildung 2.5: f)Nutzung von Wärme aus Luft, Wasser, Boden über Wärmepumpen g)Nutzung von Wasserkraft und Windenergie

2.2. Energie in Form von Wärme, Elektrizität, Treibstoffen

h)

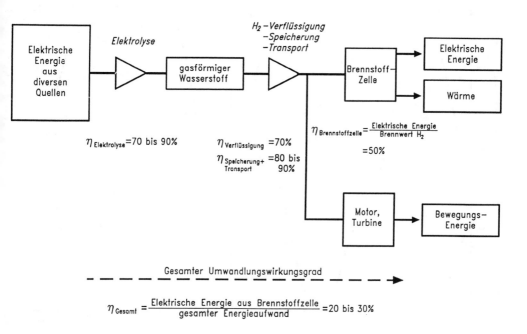

Abbildung 2.6: h)Nutzung von Wasserstoff

Die genannten Prozesse der Umwandlung von Primärenergie zu Endenergie bzw. Nutzenergie in den gebrauchten Energieformen sind natürlich nicht nur nach dem jeweiligen Umwandlungswirkungsgrad bzw. der Effizienz der so ermöglichten Energienutzung zu beurteilen, sondern auch nach ökologischen Kriterien wie resultierende oder vermiedene Umweltbelastung, nach ökonomischen Kriterien wie z.B. der Wirtschaftlichkeit im Vergleich der Nutzung verschiedener Energiequellen und schließlich auch nach sozialen Kriterien wie z.B. Schaffung und Sicherung von Arbeitsplätzen.

Die Zuführung von Endenergie zum Verbraucher ist für die verschiedenen Energieträger mit unterschiedlich großem Aufwand bzw. Verlusten an Energie verbunden. Entsprechend ist die Reichweite für den Energietransport beschränkt. Eine diesbezügliche Übersicht ist Tabelle 2.2 zu entnehmen.

Während elektrische Energie über Fernleitungen bei entsprechender Hochspannung über ganze Kontinente ohne drastische Verluste transportiert werden kann, entsprechend Kraftwerke in weiter Ferne von unseren Ballungsräumen von uns

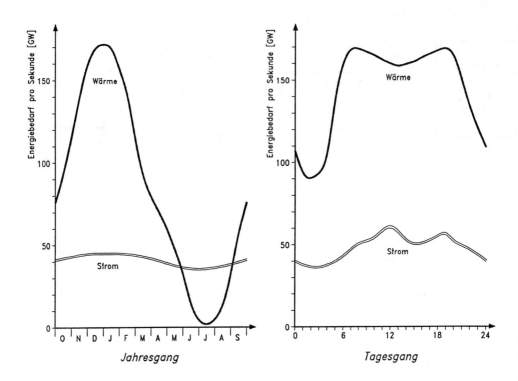

Abbildung 2.7: Leistungsbedarf an Heizwärme und Strom in Deutschland (alte Bundesrepublik), Jahresgang und Tagesgang im Dezember

genutzt werden können, kann Heizwärme, z.B. aus Heizkraftwerken, nur über sehr begrenzte Distanzen dem Verbraucher zugeführt werden.

Um den zeitlich stark schwankenden Bedarf des Verbrauchers an Endenergie in Form von Wärme, elektrischer Energie (s. Abbildung 2.7) und Treibstoffen möglichst energieeffizient zu decken, dies aus den am günstigsten verfügbaren Energiequellen, welche ihrerseits mit zeitlichen Schwankungen der Verfügbarkeit von Energie behaftet sein können, ist eine Energiespeicherung wünschenswert. Diese wiederum ist für die verschiedenen Formen an Endenergie mit unterschiedlich hohem Aufwand bzw. Verlusten an Energie verbunden. Dies beschränkt die Speichermöglichkeit für einige Energieformen drastisch (s. Tabelle 2.3).

Energie- Form	Energie- Menge	Speicher-Art	Speicher- Dauer	Energie −Aufwand bzw. −Verlust
Heizwärme typ. Temp. 80 °C	klein	Warmwasser in isolierten Behältern	beschränkt auf wenige Tage	große Verluste
	groß	Warmwasser z.B. in unterird. Kavernen	saisonal: über viele Monate	Verluste klein Aufwand mäßig
mechanische Energie	klein	Schwungrad	Stunden bis Tage	Aufwand mäßig
	groß	Speicher für Stau- bzw. Pump-Wasser	beliebig	Aufwand mäßig
elektrische Energie	klein	Batterien	beliebig	E−Aufwand etwa gleich groß wie gespeicherte E−Menge
	groß	nur indirekt: z.B. Pump- od. Wasser-Speicher	beliebig	Aufwand mäßig
		z.B. über Wasserstoff (flüssig)	beliebig	E−Aufwand ca. die Hälfte der zu speich. el. Energie
Treibstoffe fossil	beliebig	Tank, Kavernen	beliebig	Aufwand klein
Wasserstoff	groß	flüssig in isol. Behältern	bis zu Monaten	Aufwand bzw. Verlust mäßig

Tabelle 2.3: Speicherung von Energie

2.2.2 Verfügbarkeit von Primärenergie

Die quantitativen Angaben über die Potentiale der verschiedenen Primärenergiequellen in diesem Kapitel sind den Berichten "Energie und Klima", herausgegeben von der Enquete–Kommission "Vorsorge zum Schutz der Erdatmosphäre" des 11. Deutschen Bundestages, [EnK 90], entnommen, in welchen 50 wissenschaftliche Institutionen im Auftrag der Kommission die Potentiale aller Energiequellen einschließlich der Energie-Einsparung durch effizientere Energienutzung erarbeitet bzw. zusammengestellt haben. Für die Erstellung der Potentiale all der Primärenergiequellen, deren Nutzung in der Öffentlichkeit oft strittig diskutiert werden, wurden jeweils mindestens zwei Institutionen mit unterschiedlichem Hintergrund von der Enquete-Kommission beauftragt. In allen Fällen deckten sich die entsprechenden Resultate zur gleichen Primärenergiequelle innerhalb vernünftiger, unvermeidlicher Ungenauigkeiten.

Bei Angaben über Energiepotentiale sind zu unterscheiden:

- theoretische Potentiale,

- technische Potentiale (für einen bestimmten Zeitpunkt, unter Zugrundelegung aller verfügbaren Techniken, ohne Berücksichtigung von Wirtschaftlichkeit),

- gesamtwirtschaftliche Potentiale (unter Einschluß aller, auch der externen Kosten für alle Energiequellen),

- einzelwirtschaftliche Potentiale (ohne Berücksichtigung externer Kosten),

- Erwartungspotentiale (für einen bestimmten Zeitpunkt).

Diese Unterscheidung wird zum prinzipiellen Verständnis hier am Beispiel des Potentials der Solarwärme in Deutschland als Heizwärme in der kalten Jahreszeit kurz skizziert:

- Theoretisches Potential der jährlichen Sonneneinstrahlung auf das Gebiet der Bundesrepublik Deutschland:

    $P_{theor.}$ = Einstrahlung pro m² und Jahr × Fläche von Deutschland
    = 1000 kWh/m² · Jahr × 357 000 km²
    = $3.6 \cdot 10^{14}$ kWh/Jahr = 1 300 000 PJ/Jahr
    ≈ 600 × jährlicher Bedarf an Heizwärme in Deutschland

- Technisches Potential unter Berücksichtigung der verfügbaren Flächen für Gemeinschaftsanlagen von Solarwärmekollektoren und für saisonale Speicher von Warmwasser und unter Berücksichtigung der Wirkungsgrade für Kollektor- und Speichersysteme, das alles ohne Rücksicht auf den Kostenaufwand für den Bau dieser Anlagen einschließlich des benötigten Nahwärmeverteilungsnetzes:

    $P_{techn.}$ ≈ 550 PJ/Jahr
    = 25% × jährlicher Bedarf an Heizwärme in Deutschland

2.2. Energie in Form von Wärme, Elektrizität, Treibstoffen

- Gesamtwirtschaftliches Potential unter Berücksichtigung des Energie- bzw. Kostenaufwandes für die konkurrierenden fossilen Energieträger, externe Kosten für Klima- und Umweltschutz mit eingeschlossen:

    $P_{gesamtwirt.}$ ≈ 50 PJ/Jahr (derzeit)
    ≈ 2.5% × jährlicher Bedarf an Heizwärme in Deutschland

- Einzelwirtschaftliches Potential in Konkurrenz zu fossilen Brennstoffen ohne Berücksichtigung deren externer Kosten:

    $P_{einzelwirt.}$ = 0 (derzeit)

- Erwartungspotential z.B. für die Zeit um das Jahr 2005 (in der Hoffnung, daß bis zu diesem Zeitpunkt alle Energieträger mit den vollen, also auch externen Kosten belastet werden):

    $P_{erwartet}$ (im Jahr 2005) ≈ $P_{gesamtwirt}$ (derzeit)

Dieses drastische Fallbeispiel mag verdeutlichen, wie wichtig es ist, bei Angaben über Energiepotentiale auch die zugrundeliegenden Voraussetzungen zur Kenntnis zu nehmen.

Die verschiedenen Primärenergieträger sind bezüglich ihrer Nutzung neben der bloßen Verfügbarkeit natürlich auch zu beurteilen nach:

ökonomischen Werten, wie z.B. Kosten und Import(-un-)abhängigkeit,

ökologischen Werten, wie z.B. resultierenden oder vermeidbaren Umweltbelastungen,

sozialen Werten, wie z.B. der Zumutbarkeit von Risiken.

Die oft konträr erscheinenden Werte sind gegeneinander abzuwägen.

Nachfolgend werden die Verfügbarkeiten der verschiedenen Primärenergiequellen aufgezeigt. Die Angaben über die weltweiten, das heißt über alle Länder und Kontinente summierten Vorräte an Primärenergien, an Ergiebigkeit von Primärenergie-Quellen, verdecken natürlich die Tatsache, daß in einzelnen Ländern und Regionen

- manche Primärenergien überhaupt nicht oder aber für den eigenen Bedarf nicht ausreichend verfügbar sind,

- manche bislang reichlich ergiebigen Primärenergie-Quellen schon sehr bald erschöpft sein können.

In der gegenwärtigen Lage von Weltwirtschaft und Welthandel können selbst bei im weltweiten Mittel reichlich vorhandenen Primärenergien gleichwohl in einzelnen Ländern und Regionen Versorgungsengpässe auftreten.

Den Angaben über die Vorräte an Primärenergien vorangestellt ist in Tabelle 2.4 eine Übersicht des Primärenergiegehalts bzw. Heiz- oder Brennwerts der verschiedenen Primärenergieträger, bezogen auf das Gewicht bzw. auf andere charakterisierende Mengenangaben.

Energieträger	Kohlenstoff-gehalt	Brennwert	Freisetzung von Kohlendioxid kg CO_2/kWh Brennwert
Brennholz	50%	4.1 kWh/kg	—
Brenntorf	60%	4.0 kWh/kg	0.4
Braunkohle	70%	2.3 kWh/kg	0.4
Steinkohle	85%	8.14 kWh/kg	0.33
Erdgas	85%	9.0 kWh/m^3	0.19
Erdöl	85%	11.7 kWh/kg	0.29
Biogas	60%	6.5 kWh/m^3	—
Wasserstoff gasförmig	—	3 kWh/m^3	—
flüssig	—	33 kWh/kg 2.3 kWh/l	—
Sonnen-Einstrahlung (in Deutschland)		1 bis 4 $\frac{kWh}{m^2 \cdot Tag}$	
Wind (mittl.Geschwind. 10 m/s) (typ. für dtsch. Nordseeküste)		12 $\frac{kWh}{m^2 \cdot Tag}$	
Wasser (1 m^3, Fallhöhe 100 m)		0.27 kWh	
Natur-Uran (Energie des Anteils von 0.7% ^{235}U)		150 000 kWh/kg	

Tabelle 2.4: Primärenergiegehalt bzw. Brennwert der verschiedenen Energieträger

2.2. Energie in Form von Wärme, Elektrizität, Treibstoffen

Verfügbarkeit der fossilen Brennstoffe Kohle (Tabelle 2.5), Erdöl (Tabelle 2.6), Erdgas (Tabelle 2.7), Torf

Bei den entsprechenden quantitativen Angaben wird unterschieden zwischen
Reserven, das sind entdeckte, gesicherte, derzeit wirtschaftlich abbauwürdige Vorräte, und
Ressourcen, das sind bislang nicht erkannte und gesicherte, aufgrund von Extrapolation bisheriger Explorationen unter Nutzung vorliegender geologischer und künftiger produktionstechnischer Informationen derzeit geschätzte Vorräte. Diese Schätzwerte werden sich entsprechend der Erkenntnisse mit der Zeit ändern.

Torf wird derzeit nur in wenigen Ländern prospektiert und genutzt. Die größten Torfreserven bzw. -ressourcen stellt etwa die Hälfte der Böden der borealen Wälder ($\frac{1}{2}$ x 1000 Mio. ha) dar mit einem Kohlenstoffgehalt von ca. 300 t $\frac{C}{ha}$. Daraus resultieren Ressourcen an Brenntorf von ca. 150 Gt C bzw. ca. 4000 EJ.

Bilanz dieser sicheren und geschätzten Vorräte an fossilen Brennstoffen:
Derzeit verbraucht die Menschheit an fossilen Brennstoffen jährlich eine Menge, zu deren Bildung die Natur mehrere Millionen Jahre benötigt hat.

Kohle (1989)	weltweit	BR Deutschland
Reserven (siehe Vorräte)	20 000 EJ bzw. 1 000 Gt	Steinkohle 700 EJ Braunkohle 300 EJ
Vergleich derzeit: Jahresförderung	100 EJ bzw. 5 Gt	Steinkohle 2.3 EJ Braunkohle 1 EJ
zeitliche Reichweite bezogen auf derzeitige Förderleistung	200 Jahre	300 Jahre
Ressourcen geschätzte zusätzliche Vorräte	200 000 EJ 10 000 Gt	

Tabelle 2.5: Vorräte an Kohle (weltweit und in Deutschland)

Erdöl (1989)	weltweit	BR Deutschland
Reserven (siehe Vorräte)	5 200 EJ bzw. 125 Gt_{oe}	2.5 EJ 60 Mt_{oe}
Vergleich derzeit: jährliche Förderung jährlicher Verbrauch	120 EJ 120 EJ bzw 3 Gt_{oe}	0.16 EJ 4.5 EJ
zeitliche Reichweite bezogen auf derzeit. Förderleistung	40 Jahre	16 Jahre
Ressourcen geschätzte zusätzliche Vorräte	2 300 EJ 55 Gt_{oe}	7 EJ
zusätzl., nicht konvent. Erdöl-Vorräte:		
Schweröle	8 000 EJ bzw. 190 Gt_{oe}	
Teersände	17 000 EJ bzw. 400 Gt_{oe}	
Schieferöl	120 000 EJ 3 000 Gt_{oe}	

Tabelle 2.6: *Vorräte an Erdöl (weltweit und in Deutschland)*

Weltweit in bisherigem Umfang verbraucht würden die Vorräte an

Kohle noch viele 100 Jahre, an
Erdöl (nicht konventionelle Vorräte mit einbezogen) mindestens einige 100 Jahre, an
Erdgas etwa 200 Jahre reichen.

Die Klimabelastung durch steigenden Kohlendioxidgehalt der Atmosphäre vor Augen ist nur zu hoffen, daß die Menschheit trotz der großen Vorräte schon bald ihren Verbrauch an fossilen Brennstoffen drastisch vermindern wird.

2.2. Energie in Form von Wärme, Elektrizität, Treibstoffen

Erdgas (1989)	weltweit	BR Deutschland
Reserven (sichere Vorräte)	4 000 EJ bzw. 100 Tm^3	10 EJ bzw. 270 Gm^3
derzeit: jährliche Förderung	70 EJ	0.63 EJ
jährlicher Verbrauch	70 EJ bzw. 2 Tm^3	2 EJ
zeitliche Reichweite bezogen auf derzeitige Förderung	60 Jahre	16 Jahre
Ressourcen (geschätzte zusätzl. Vorräte)	8 000 EJ bzw. 200 Tm^3	15 EJ

Tabelle 2.7: *Vorräte an Erdgas (weltweit und in Deutschland)*

Verfügbarkeit an Kernbrennstoffen Uran (Tabelle 2.8) und Thorium

In der Natur sind als mögliche Kernbrennstoffe die langlebigen, radioaktiven Schwermetalle Uran und Thorium vorhanden. In fast jeder Art Erde und Gestein sind pro Tonne ca. 1 bis 5 g Uran und ca. 3 bis 20 g Thorium, meist in Form von Oxiden, enthalten. Auch Meerwasser enthält pro Kubikmeter ca. 3 mg Uran.

Als abbauwürdige Lagerstätten für Uran (und Thorium) werden heute nur Gesteinsformationen mit einem Gehalt von ca. 1 bis 5 kg dieser Schwermetalle pro Tonne Gestein angesehen.

Natururan besteht zu 99.3 Prozent aus dem nicht direkt spaltbaren Isotop $^{238}_{92}U$ und zu 0.7 Prozent aus dem spaltbaren Isotop $^{235}_{92}U$. Die Energieangaben in Tabelle 2.8 beziehen sich auf den "Brennwert" des spaltbaren Uran–Isotops $^{235}_{92}U$

Kernbrennstoffe in Nuklearwaffen

Derzeit sind **ca. 1 100 t** (USA 500 t, GUS 600 t) hochangereichertes Uran (94% U–235) und **ca. 230 t** (USA 100 t, GUS 130 t) Plutonium in Kernwaffen

	Natur–Uran
Reserven (sichere Vorräte) mit Urangehalt von mind. 3 kg/t Gestein	3. Mio. t bzw. 1 600 EJ
derzeitiger **Bedarf** pro Jahr weltweit zum Betrieb von Kernkraftwerken mit elektr. Gesamtleistung von 270 GW (200 t Natur–Uran pro 1 GW_{el} Leistung, pro Jahr)	55 000 t bzw. 30 EJ
zeitliche Reichweite bezogen auf derzeitigen Bedarf	ca. 50 Jahre
Ressourcen (geschätzte zusätzl. Vorräte) mit Urangehalt von mind. 3 kg/t Gestein	2 Mio. t bzw. 1 000 EJ
von mind. 1 kg/t Gestein	20 Mio. t bzw. 10 000 EJ
von mind. 0.1 kg/t Gestein	2 000 Mio. t bzw. 1 Mio. EJ

Tabelle 2.8: *Weltweite Vorräte an Uran*

vorhanden. Davon sollen gemäß abgeschlossener Verträge (SALT I, SALT II, TACT.WAR–HEADS–Agreement) ca. 75% abgerüstet werden.

Bei einem jährlichen Bedarf an ca. 640 kg U–235 für den Betrieb eines 1 GW_{el} – Kern-KW und derzeit weltweit 430 KKW mit 325 GW_{el}, daraus resultierend ein weltweiter Bedarf von 200 t U–235 könnten mit obigem Material (entsprechend verdünnt mit Natururan zu z.B. 3% U–235 angereichertem Kernbrennstoff) weltweit alle Reaktoren für ca. 5 Jahre mit U–235 und 1 Jahr mit Plutonium, also insgesamt 6 Jahre lang, betrieben werden.

Verfügbarkeit von Solarenergie

Zum theoretischen Potential an Solarenergie:

Die auf die Erde außerhalb der Lufthülle einfallende Sonneneinstrahlung beträgt im jahreszeitlichen Mittel senkrecht zur Einstrahlungsrichtung 1372 Watt pro

2.2. Energie in Form von Wärme, Elektrizität, Treibstoffen

m² (dies ist die sogenannte "Solarkonstante"), insgesamt $1.75 \cdot 10^{17}$ Watt auf die Erdkugel. Dabei schwankt die Höhe der Sonneneinstrahlung jährlich periodisch bedingt durch die elliptische Umlaufbahn der Erde um die Sonne. Am sonnennächsten Bahnpunkt, bei uns auf der Nordhalbkugel etwa zur Zeit der Wintersonnenwende, ist die Einstrahlung um knapp 7 Prozent höher als am sonnenfernsten Bahnpunkt, bei uns etwa zur Zeit der Sommersonnenwende. Des weiteren schwankt die Sonnenabstrahlung zum Teil periodisch innerhalb von Jahren bzw. Jahrzehnten, zum Teil stochastisch, um bis zu einigen Promille.

Die Sonneneinstrahlung ist praktisch die einzige Energiequelle

- für die Heizung im Treibhaus Erde,
- für den Wasserkreislauf,
- für das Leben auf der Erde.

Dagegen sind sowohl der globale Wärmefluß aus dem Erdinneren an die Erdoberfläche von ca. $3 \cdot 10^{13}$ Watt als auch die globale Wärmefreisetzung durch menschliche Energienutzung von derzeit ca. $12 \cdot 10^{13}$ Watt vernachlässigbar klein. Die Aufteilung der Sonneneinstrahlung auf die verschiedenen Arten ihrer Umsetzung ist in Tabelle 2.9 skizziert.

Einstrahlung von der Sonne auf die Erde:

Die Sonneneinstrahlung wird nur zum Teil von der Erde absorbiert und in verschiedene Energieformen umgewandelt. Ca. 30% dieser einfallenden Leistung werden im wesentlichen in Wolken, in der Luft, aber auch an der Erdoberfläche reflektiert. In der Tabelle 2.10 ist der typische Reflexionsgrad, das ist das Verhältnis von reflektierter zu einfallender Stahlungsleistung, auch Albedo genannt, für Sonnenlicht an einigen Oberflächen angegeben.

Weiter wird von der einfallenden Strahlung schon in der Atmosphäre ein Anteil von ca. 19% absorbiert, der kurzwellige Anteil davon, im wesentlichen die Ultraviolettstrahlung, schon in der hohen Atmosphäre durch das Ozon.
Von der auf die Erde außerhalb der Lufthülle eingestrahlten Leistung erreicht im Mittel nur etwa die Hälfte die Erdoberfläche. Bei klarem, wolkenlosem Himmel beträgt die direkte Sonneneinstrahlung am Erdboden maximal etwa 1 kW pro m² (senkrecht zur Einstrahlrichtung).

Von dem Anteil des Sonnenlichts, der die Oberfläche erreicht, wird knapp eine Hälfte für Verdunstung von Wasser, vornehmlich über den warmen Meeren, gut eine Hälfte für Erwärmung von Erdboden und Oberflächenwasser der Meere,

Einstrahlung von der Sonne auf die Erde	
Leistung pro Fläche: 1372 W/m² (senkrecht zur Richtung der Einstrahlung) Gesamtleistung: $1.75 \cdot 10^{17}$ W Energie pro Jahr: $1.534 \cdot 10^{18}$ kWh $\equiv 100\%$	
davon	**prozentualer Anteil**
Reflexion an Wolken	20 ⎫
Luft	6 ⎬ 30%
Erdoberfläche	4 ⎭
Absorption an Wolken	3 ⎫ 19%
Luft	16 ⎭
Absorption an Erdoberfläche	51%
davon	für
im Meer	36% { 18% Verdunstung / 1% Photosynthese / 17% Erwärmung
am Land	15% { 3% Verdunstung / 1% Photosynthese / 11% Erwärmung
vergleichsweise Energiezufuhr: Wärme aus dem Erdinneren menschl. Energienutzung	ca. 0.02% der Einstrahlung von der Sonne ca. 0.007% der Einstrahlung von der Sonne

Tabelle 2.9: *Verteilung der Sonneneinstrahlung*

im Mittel nur etwa 1 Prozent für das Pflanzenwachstum verbraucht. Allerdings werden z.B. in Wäldern 10 bis 20 Prozent des auf die Bäume einfallenden Lichts für das Wachstum genutzt.

Die Erdoberfläche selbst ist in für uns überschaubaren Zeiten, abgesehen von jah-

2.2. Energie in Form von Wärme, Elektrizität, Treibstoffen

Oberfläche	Albedo in %
Wolken	20 – 70
Wasser	5 – 25 Äquator/Pol-Nähe
Schnee	30 – 70
Grünland	10 – 20
Wüste	30

Tabelle 2.10: Albedo

reszeitlichen Schwankungen, im Temperaturgleichgewicht; d.h. die Erde strahlt im zeitlichen und geographischen Mittel genau so viel Energie in den Weltraum wieder ab, und zwar in Form von Wärmestrahlung, wie sie aus der Sonnenstrahlung aufnimmt.

Der Mensch kann sich zur direkten Nutzung von Solarenergie für seine Bedürfnisse einen Teil der Sonneneinstrahlung abzweigen, zumindest einen Teil der 11 Prozent der Sonneneinstrahlung, die die Landflächen der Erde erwärmen. Dieses Angebot an Solarenergie von $11\% \times 1.534 \cdot 10^{18}$ kWh $= 1.7 \cdot 10^{17}$ kWh jährlich ist etwa 1 700 mal höher als der derzeitige jährliche Bedarf der Menschheit an Primärenergie von etwa 10^{14} kWh .

Bedenkt man aber des weiteren, daß nur ein Teil der Landflächen der Erde für Solarenergienutzung geeignet ist, daß davon wiederum der größte Teil Wälder und landwirtschaftlich genutzte Areale sind, so stehen für menschliche Solarenergienutzung letzlich nur einige wenige Prozent der Landflächen zur Verfügung. Damit beläuft sich das so eingeengte theoretische Potential der Solarenergie auf einen Wert im Bereich zwischen dem 10- bis 100fachen des derzeitigen jährlichen Bedarfs der Menschheit an Primärenergie.

Nun zum technisch und wirtschaftlich nutzbaren Potential der Solarenergie:

Dem Menschen bietet die Sonnenenergie Nutzungsmöglichkeiten z.B. durch

- Photosynthese von Biomasse (nachwachsende Rohstoffe) als Brennstoffe bzw. Grundstoffe zur mikrobiellen Umwandlung zu Biogas,

- Umwandlung von Licht (Direktstrahlung und Streulicht) in elektrische Energie mittels Solarzellen,

- Umwandlung von Licht mittels Kollektoren zu Wärme, bei vornehmlich Streulicht mittels Flachkollektoren zu (Heiz-) Wärme bei Temperaturen bis zu etwa 100 Grad Celsius, bei vornehmlich Direktstrahlung mittels fokussierenden Kollektoren zu Wärme bei Temperaturen von mehreren hundert bis zu mehreren tausend Grad Celsius, diese Wärme z.B. zum Betrieb von Dampfkraftwerken.

All diese Nutzungsmöglichkeiten werden durch die jahreszeitliche und tageszeitliche Variation der Intensität der Sonnenstrahlung auf die Erdoberfläche je nach der geographischen Breite mehr oder minder stark beeinflußt.

Für Orte mit einer geographischen Breite um 51^0, einem mittleren Wert für die Bundesrepublik Deutschland, ist die Sonneneinstrahlung wegen der Neigung der Achse der Eigenrotation der Erde gegen die Achse der Umlaufbahn der Erde um die Sonne im Winter bis zu einem Faktor 3.4 kleiner als im Sommer (s. Abbildung 2.8). Die ebenfalls durch die genannte Achsenneigung bedingte jahreszeitliche Variation der Tageslänge und der Länge des vom Licht zu durchquerenden Weges durch lichtabsorbierende Luft erhöhen diesen Faktor auf einen Wert von ca. 5. Die somit jahreszeitlich und tageszeitlich variierende Sonneneinstrahlung auf Orte in der BRD ist in Abbildung 2.8 b, c dargestellt.

Des weiteren hängt die Nutzungsmöglichkeit von klimatischen Bedingungen, vor allem von der Häufigkeit der Bewölkung, damit dem Verhältnis von direkt eingestrahltem Sonnenlicht zu Streulicht ab. In Deutschland erreichen uns übers ganze Jahr gleichermaßen etwa zwei Drittel des Lichts in Form von diffuser Streustrahlung, nur etwa ein Drittel in Form von Direktstrahlung. Direktstrahlung dominiert hingegen in äquatornahen Trockengebieten, in geographischen Breiten zwischen etwa 35^0 Nord und 35^0 Süd.

Für die Nutzung von Solarenergie in äquatornahen, sonnenscheinreichen Regionen in großen Anlagen sowohl mittels Solarzellen als auch mittels Dampfkraftwerken, diese mit Wärme aus fokussierenden Kollektoren versorgt, wird das technische Potential nur an Hand von Fallbeispielen skizziert.

Die Sonnenlichteinstrahlung in Deutschland beträgt ca. 1000 kWh pro m^2 Bodenfläche und Jahr. Davon wird der Löwenanteil innerhalb von etwa 2 000 Stunden (von insgesamt 8 760 Stunden eines Jahres) eingestrahlt, dies mit starken jahreszeitlichen Schwankungen zwischen ca. 4 kWh pro m^2 und Tag im Sommer und ca. 1 kWh pro m^2 und Tag im Winter. Zwei Drittel des eingestrahlten Lichts erreicht uns in Form von diffusem Streulicht.

Nachfolgend werden die technischen und (gesamt–) wirtschaftlichen Potentiale der verschiedenen Arten von Nutzung der Sonnenenergie in Deutschland angegeben (s. Tabelle 2.11).

2.2. Energie in Form von Wärme, Elektrizität, Treibstoffen

	wirtsch. Potential (realisierbar bis 2005)	techn. Potential (als wirtsch. Pot. evtl. realisierbar bis 2050)
für Heizwärme/Jahr: Solarkollektoren (Warmwasser) Solare Nahwärme (Heizung) nachwachsende Rohstoffe	3 bis 17 PJ ca. 40 PJ ca. 15 bis 30 PJ	180 bis 370 PJ ca. 400 PJ ca. 100 bis 200 PJ
derzeit Bedarf an Wärme/Jahr (bis zu Temp. v. 150 °C)	ca. 3 200 PJ	
für elektr. Energie/Jahr: Solarzellen nachwachsende Rohstoffe	— 5 bis 10 TWh	10 bis 60 TWh 10 bis 20 TWh
derzeit Bedarf an el. Energie/Jahr (Brutto-Stromerzeugung)	ca. 440 TWh entspr. 1 600 PJ	

Tabelle 2.11: *Technische und wirtschaftliche Potentiale der Solarenergie in der (alten) BR Deutschland.*

Zu Tabelle 2.11 über die technischen und wirtschaftlichen Potentiale der Nutzung von Solarenergie in Deutschland einige Erläuterungen:

- Solarwärme-Flachkollektoren, z.B. auf Hausdächern für Warmwasserbereitung installiert, können vom eingestrahlten Licht etwa 60 Prozent in nutzbare Wärme, diese bei Temperaturen von etwa 60 °C bis 100 °C, umwandeln. Wegen der hohen Wärmeverluste bei kleinerem Speichervolumen ist die Wärmespeicherung bei Anlagen von wenigen m² Kollektorfläche auf wenige Tage beschränkt.
Bislang existieren in Deutschland Flachkollektoranlagen mit einer Gesamtmenge an Wärmegewinnung pro Jahr von etwa 0.3 PJ.

- Für saisonale Heizwärmespeicherung, also Wärmesammlung insbesondere während des Sommers und Nutzung dieser Wärme vornehmlich im Winter, sind nur größere Anlagen (z.B. für die Versorgung einer Kommune über ein Nahwärmenetz) energetisch wirtschaftlich. Als Beispiel seien die relevanten Größen einer schwedischen Pilotanlage genannt:
Mit 6 000 m² Kollektorfläche und 16 000 m³ Warmwasserspeicher (in unter

Kapitel 2. Möglichkeiten

a)

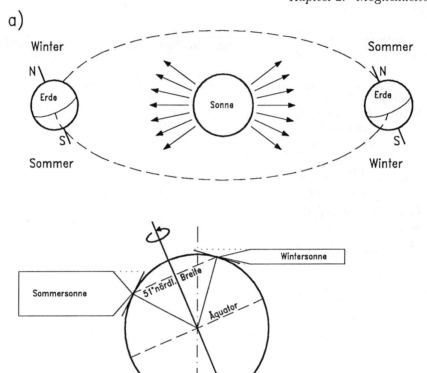

b)

c)

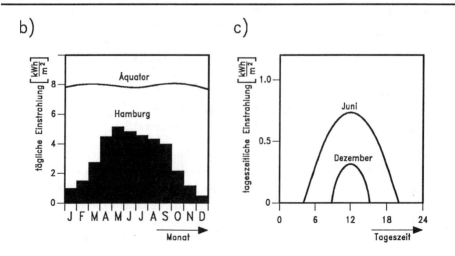

2.2. Energie in Form von Wärme, Elektrizität, Treibstoffen

irdischen Kavernen im wasserdichten, wärmeisolierenden Granitgestein) werden pro Jahr 8 TJ an Solarenergie (einem Brennwert von 260 000 l Heizöl entsprechend) gewonnen, dies zu einem Preis von etwa 15 DPf pro kWh Wärme.

Ähnliche, bislang noch nicht existierende solare Nahwärme–Kollektor Speicher Verteileranlagen in Deutschland — typischerweise in Gegenden fernab von Kraftwerken, also ohne die Möglichkeit von Fernwärmenutzung — könnten bei einer typischen Größe von z.B. 100 × 100 m^2 Kollektorfläche jährlich 20 TJ Heizwärme, ausreichend für eine Siedlung von ca. 1000 Personen, verfügbar machen.

Bis zum Jahr 2005 könnten günstigstenfalls vielleicht ca. 2 000 Anlagen dieser Art Heizwärme in Höhe von ca. 40 PJ (entsprechend ca. 1 Prozent des derzeitigen Heizwärmebedarfs in Deutschland), bis zur Mitte des kommenden Jahrhunderts schätzungsweise bis zu 20 000 Anlagen mit einem Flächenbedarf von insgesamt brutto ca. 1000 km^2 verfügbar gemacht werden.

- Solarzellen wandeln Licht mit einem realen Wirkungsgrad von etwa 10 bis 15 Prozent in elektrische Energie um.
  Derzeit beläuft sich — mangels Fertigung in sehr großen Stückzahlen — der Energie–Aufwand zum Bau von Solarzellenanlagen (alle dazu notwendigen Komponenten miteingeschlossen) noch auf ein Mehrfaches des jährlichen Energiegewinnes (einem realen Preis, also ohne Rücksicht auf mögliche Verbilligung und Subvention, von etwa 1000 DM pro m^2 Solarzellenmodul entsprechend). Erst bei Großserienanfertigung ist eine Degression des Energieaufwands bzw. der Herstellungskosten auf minimal schätzungsweise 300 DM pro m^2 Solarzellenmodul zu erwarten.

  In Deutschland könnten zum Beispiel Solarzellenmodule, dezentral auf 100 bis 600 km^2 Dachflächen — letzteres entspricht in etwa der Gesamtfläche aller für Bestückung mit Solarzellen geeigneten Dachflächen — installiert, über das ganze Jahr gemittelt etwa 10 bis 60 TWh an elektrischer Ener-

Abbildung 2.8: *a) Sonneneinstrahlung auf 51^0 nördlicher Breite b) Tägliche Einstrahlung am Äquator unter 90^0, in Hamburg auf Flächen 45^0 nach Süden geneigt c) Tageszeitliche Variation der Einstrahlung bei unbewölktem Himmel auf Erdoberflächen in 51^0 nördlicher Breite*

←

gie liefern. Dabei würde allerdings der Löwenanteil an Energieabgabe auf weniger als 20 Prozent der Zeit beschränkt sein.

- Nachwachsende Rohstoffe, also Holz sowie einjährige Pflanzen, können sowohl direkt als Brennstoff als auch indirekt umgewandelt zu flüssigen oder gasförmigen Brenn- und Treibstoffen genutzt werden.

Potential an nachwachsendem Holz in Deutschland:

Deutschland (alte Bundesländer) ist zu ca. 30%, also auf ca. 7.4 Millionen ha Fläche bewaldet. Bei normalem Einschlag — notwendig zur Verjüngung des Waldes und zur rechtzeitigen Anpassung an klimatische Veränderungen durch entsprechende Wiederaufforstung mit geeigneten Baumarten — von ca. 5 m^3 Holz pro ha und Jahr, entsprechend 2 t Holz pro ha und Jahr mit einem Brennwert von 30 GJ, könnte neben der schon teilweise praktizierten Verbrennung der Restholzabfälle von ca. 0.7 t pro ha und Jahr zumindest ein kleiner Teil , beispielsweise 20 Prozent des eingeschlagenen Holzes als Brennstoff in Heizkraftwerken genutzt werden. Für diesen hypothetischen Anteil von 20% ergibt sich ein Primärenergiepotential von ca. 40 PJ, welches in Kraftwerken zu 4 TWh elektrische Energie, entsprechend 1 Prozent des derzeitigen jährlichen Bedarfs, umgewandelt werden könnte.

Potential an Biomasse nachwachsender einjähriger Pflanzen:

Schnell wachsende Pflanzen können jährlich Erträge von 10 bis 30 t trockener Biomasse entsprechend 4 bis 12 t Öl äquivalenter Energie bzw. 160 bis 480 GJ Primärenergie pro ha liefern (vergleichsweise beliefen sich die Ernteerträge im bundesdeutschen Mittel im Jahre 1990 auf einen Brennwert von etwa 100 GJ pro ha).

Um diese Erträge zu gewinnen, bedürfte es eines Energie–Aufwandes in der Landwirtschaft, der sich in Deutschland auf insgesamt 10 bis 30 Prozent der geernteten Primärenergie belaufen würden. (Der Mittelwert, also das Verhältnis des gesamten direkten und indirekten Energieaufwandes in der Landwirtschaft zum Brennwert aller landwirtschaftlichen Erträge in Deutschland, beläuft sich derzeit auf etwa 30 Prozent.)

Von allen ölhaltigen Pflanzen liefert Raps mit etwa 1.2 t Öl pro ha und Jahr, entsprechend 48 GJ Brennwert des (Raps-)Öls, die ergiebigsten Erträge an Öl. Allerdings steht diesem Primärenergie–Ertrag ein landwirtschaftlicher Energieaufwand von etwa 30 GJ gegenüber.

Beim Einsatz von (trockener) Biomasse als Brennstoff zur Stromerzeugung in Deutschland könnte man bei einer mittleren Ernte von 12 t trockener Biomasse

2.2. Energie in Form von Wärme, Elektrizität, Treibstoffen

pro ha und Jahr mit einem Brennwert von 200 GJ Primärenergie und gezielter Nutzung von 0.5 bis 1 Millionen ha, entsprechend 4 bis 8 Prozent der derzeit landwirtschaftlich genutzten Fläche in Deutschland (alte Bundesländer) bzw. ca. 2 bis 4 Prozent der Fläche der Bundesrepublik Deutschlands Biomasse mit einem gesamten Brennwert von 1 bis 2 Prozent des derzeitigen Bedarfs an Primärenergie ernten, und bei ausschließlichem Einsatz dieser Ernte zur Stromerzeugung elektrische Energie in Höhe von ca. 10 bis 20 TWh jährlich entsprechend ca. 2 bis 4 Prozent des derzeitigen Bedarfs an elektrischer Energie gewinnen.

Bei der Nutzung nachwachsender Brennstoffe in Heizkraftwerken könnte Wärme als Prozesswärme und Abwärme als Heizwärme — wie in Tabelle 2.11 ausgewiesen — genutzt werden.

Fallbeispiele für technische Potentiale von Solarenergiegewinnung in äquatornahen Trockengebieten:

In äquatornahen Trockengebieten, in niedrigen geografischen Breiten bis zu etwa 35^0, beläuft sich die Sonneneinstrahlung auf 6 bis 8 kWh pro m^2 Bodenfläche und Tag, übers Jahr insgesamt auf 2 000 bis 3 000 kWh pro m^2, der größte Teil der Einstrahlung innerhalb von etwa 8 Stunden pro Tag.

1. Fallbeispiel: *Solarzellen–Anlage*
zur Gewinnung von elektrischer Energie (mit einem Wirkungsgrad von 10 Prozent) und Nutzung dieser Energie zur Gewinnung von Wasserstoff über Elektrolyse (mit einem Gesamtwirkungsgrad einschließlich Verflüssigung, Speicherung und Transport von ca. 50 Prozent):
Bei einer Einstrahlung von 2 500 kWh pro m^2 und Jahr könnten aus einer Nettofläche an Solarzellen von 460 km^2 jährlich 25 Millionen m^3 Flüssigwasserstoff (etwa 100 Ladungen von Großtankschiffen mit einem Ladevermögen von 250 000 m^3) gewonnen werden.
Diese Menge an Wasserstoff hat (bei einem Brennwert von Flüssigwasserstoff von 8 400 KJ pro Liter) einen Gesamtbrennwert von etwa 200 PJ, dies entspricht dem Brennwert in Höhe von 10 Prozent des derzeitigen jährlichen Bedarfs an fossilen Treibstoffen im Verkehrssektor in Deutschland (alte Bundesländer).
Die Investitionskosten alleine für die Solarzellen würden sich beim erwarteten Minimalpreis von 300 DM pro m^2 Solarzellenmodul auf etwa 140 Mrd. DM belaufen.

2. Fallbeispiel: *Thermisches Solarkraftwerk*
zur Stromerzeugung zur Deckung des Spitzenbedarfs an elektrischer Energie — bedingt durch Bedarf für Kühlung und Klimatisierung — während der Zeit mit hoher Sonneneinstrahlung, dies am Beispiel eines existierenden Kraftwerks in Kalifornien mit einer elektrischen Spitzenleistung von 340 MW:

Die Gewinnung von Solarwärme bei einer Temperatur von 390 °C geschieht über zweidimensional fokussierende Parabolrinnen–Reflektoren (à 6 m Durchmesser und 100 m Länge). Die Nettokollektorfläche beträgt knapp 2 km², die Fläche des Kollektorfeldes etwa 12 km². Die Investitionskosten betrugen (1990) etwa 1 Mrd. DM.

Verfügbarkeit an Energie aus Holzabfällen und anderen organischen Abfällen

Holzabfälle und alle weiteren Abfälle aus organischem Material können entweder direkt über Verbrennung oder, soweit möglich, indirekt über bakterielle Fermentierung zu Biogas (gegebenenfalls auch über Pyrolyse zu Öl) umgewandelt und als solches über Verbrennung in Heizanlagen, Kraftwerken und Motoren zu Wärme und elektrische Energie überführt genutzt werden.

Das in Deutschland (alte Bundesländer, 1990) verfügbare Potential ist nachfolgend aufgelistet (s. Tabelle 2.12).

Nutzung der Wasserkraft

Im Wasserkreislauf von Verdunstung, Niederschlag und zum Teil Strömung des Wassers über Gefälle zurück auf Meeresniveau kann die *kinetische Energie des strömenden und über Gefälle fallenden Wassers*, die ohne menschliche Eingriffe über Reibung letztlich in Wärme umgesetzt wird, über Turbinen und Generatoren als mechanische und elektrische Energie verfügbar gemacht werden.

In bergigen Gebieten stellen Flußläufe mit meist relativ geringen Wassermengen aber großem Gefälle — ohne natürliche oder künstliche Wasserspeicherung — jahreszeitlich oft stark schwankende Leistungspotentiale dar. Weniger stark schwanken dagegen zumeist die großen Flußläufe, ausgezeichnet durch große Wassermengen bei relativ kleinem Gefälle.

Wegen der schnellen Schaltbarkeit von Wasserturbinen eignet sich Wasserkraft, besonders aus natürlichen und künstlichen Wasserspeichern, hervorragend zur Deckung von meist kurzzeitigen Lastspitzen im elektrischen Leistungsbedarf. Die Leistungsabgabe von Wasserkraftwerken liegt je nach verfügbarer Wasserleistung im Bereich von kW bis mehreren GW.

Die theoretischen, technischen und derzeitigen wirtschaftlichen Potentiale für Deutschland (alte Bundesländer) und für die Welt insgesamt sind nachfolgend tabelliert (s. Tabelle 2.13).

2.2. Energie in Form von Wärme, Elektrizität, Treibstoffen

Material	Nutzung	techn. mögl.	1990 (genutzt)	2005 (erwartet)	2050 (erwartet)
Holz (Abfälle)	Verbrennung	100	1	40	60
Stroh (Überschuß)	Verbrennung	100	1	20	100
Methan (bei Förderung von Steinkohle freiwerdend)	Verbrennung	120	40	80	—
Müll	Verbrennung Biogas	75	9 —	10 20	10 40
Gülle u. Mist	Biogas	60	0.002	30	60
Grünabfälle	Biogas	15		5	10
Abwasser Klärschlämme	Biogas	30	0.2	20	30
gesamt		**500**	**51**	**225**	**310**
diese Potentiale können genutzt werden als:	Heizwärme			130	210
	elektr. Energie			60	100
zum Vergleich: derzeitiger Bedarf an: (alte Bundesländer)	Heizwärme (bis 150 °C)			3 200 PJ	
	elektr. Energie			1 600 PJ	

Tabelle 2.12: *Verfügbarkeit an Energie aus Holzabfällen und anderen organischen Abfällen (alte Bundesländer, 1990) (Potentiale in PJ)(Die Zahlen stellen grobe Schätzwerte dar mit typischen Unsicherheiten von etwa 30%)*

In Deutschland wird Wasserkraft derzeit zu 85% über ca. 300 Laufwasserkraftwerke und zu 15% über ca. 40 Speicher- und Pumpspeicherkraftwerke genutzt und deckt damit ca. 5% des Bedarfs an elektrischer Energie. Dieses Potential ist nur noch geringfügig zu erhöhen. Dabei wird noch nicht berücksichtigt, daß sich im Rahmen der zu erwartenden klimatischen Veränderungen sowohl das Ausmaß als auch die zeitliche Verteilung der Niederschläge als auch das Verhältnis von Regen zu Schnee ändern kann, daß dadurch aller Voraussicht nach der Wasserabfluß stärkere zeitliche Schwankungen aufweisen wird. Zeitliche Schwankungen könnten z.B. durch Schaffung weiterer Wasserspeicherseen und Talsperren gemildert werden.

Der Ausbau und das Aufstauen von Flußläufen zur Wasserkraftnutzung kann

	theoret.Potential		techn.Potential		wirtsch.Potential (zur Zeit genutzt)	
	max. Leist. GW	Energie TWh/a	max. Leist. GW	Energie TWh/a	max. Leist. GW	Energie TWh/a
Welt (Schätzung)	5 000	20 000	1 200	5 000	200	800
Deutschland (BRD 1989)		100	7.6	24	6.7	21 (74 PJ)

Tabelle 2.13: *Theoretische, technische und derzeit wirtschaftlich genutzte Potentiale an Energie aus Wasserkraft*

aber zu hohen, oft nicht tolerierbaren Umweltbelastungen führen wie z.B. Veränderung des Grundwasserspiegels, Erhöhung der Verdunstung, Bildung von Methan durch anaerobe Zersetzung von überstauter Biomasse. Dies setzt dem weltweiten Ausbau der Wasserkraftnutzung sehr enge Grenzen.

Weitere Möglichkeiten der Nutzung von Wasserkraft sind zumindest im Prinzip gegeben durch Nutzung von

- Gezeitenenergie,
  also der Wasserstandsschwankungen des Tidenhubs in dafür günstig liegenden Flußmündungsbecken mit Tidenhüben von mehreren Metern (Bislang ist weltweit nur ein Gezeitenkraftwerk, dieses an der Rance–Mündung in Frankreich, mit einer Maximalleistung von 240 MW in Betrieb; weitere Vorschläge für weltweit einige weitere Dutzend Kraftwerke mit einer Gesamtleistung bis zu einigen 100 GW wurden bislang nicht realisiert.),

- Energie der Meereswellen
  (Ausreichende mechanische Festigkeit und Korrosionsschutz der benötigten großen, weiträumigen, auf hoher See schwimmenden Anlagen stellen bislang zu hohe Hürden dar.),

- Energie von Meeresströmungen
  (In seinem Kerngebiet zwischen den Inseln der Karibik weist der Golfstrom auf einer Breite von 50 km und einer Tiefe von etwa 120 m eine Geschwindigkeit von ca. 2 m/s auf. Dies entspricht einer Strömungsleistung von ca. 24 GW. Eine Nutzung solcher Meeresströmungen z.B. über Turbinenantrieb ist zwar denkbar, aber allein aus ökologischen Gründen wohl kaum zu verantworten.),

2.2. Energie in Form von Wärme, Elektrizität, Treibstoffen

- Grönlandschmelzwasser
  (Die Eisfläche Grönlands beträgt ca. 1.5 Millionen km² und erreicht Höhen über 3 km. Die Vorstellung ist, das ablaufende Schmelzwasser zu sammeln und über Wasserkraftwerke an der Grönländischen Küste mit insgesamt einem theoretischen Potential von ca. 500 GW zu nutzen. Die Energie könnte gegebenenfalls in Form von Flüssigwasserstoff zum Verbraucher transportiert werden.),

- Salzgehaltsgradienten zwischen Fließ- und Meerwasser an Flußmündungen mittels Osmose
  (Beispielsweise beläuft sich das entsprechende theoretische Potential an der Mündung des Rheins in die Nordsee auf ca. 1 GW. Allein die unvermeidliche Befrachtung des Flußwassers mit Schwebestoffen aller Art stellt eine Realisierung eines Osmose–Kraftwerks, bei der Wasser durch semipermeable Wände diffundieren müßte, vor unüberwindlich erscheinende Probleme.).

Nutzung der Windkraft

Ca. 2 Prozent der Sonneneinstrahlung werden über Verdunstung und Erwärmung in Windenergie umgewandelt.
Nutzbar ist diese Energie im Bereich von Windgeschwindigkeiten von ca. 5 bis 20 m/s. Mit dieser Stärke bläst der Wind vornehmlich in den Küstenregionen überall auf der Erde, dies in diesen Gebieten in etwa 30 bis 80 Prozent der Zeit.

Windenergie kann während dieser Zeit mittels Windflügelturbinen in mechanische Rotationsenergie und anschließend mittels Generatoren in elektrische Energie umgewandelt werden.

Dabei sind im zeitlichen Mittel, je nach Größe der Windgeneratoren, im Leistungsbereich von etwa 100 kW bis 1 MW bis zu etwa 6 MW_{el} pro km² Bodenfläche für die Aufstellung dieser Anlagen zu erzielen.

Das technische Potential für Windenergienutzung wird im weltweiten Mittel auf etwa 20 000 TWh pro Jahr geschätzt; diese Energiemenge entspricht im zeitlichen Mittel dem Doppelten des derzeitigen weltweiten Bedarfs an elektrischer Energie.

In Deutschland ist Windenergienutzung auf die Küstengebiete und Mittelgebirge beschränkt.

Das technische Potential wird bei einer Installation von etwa 10 000 Windturbinen mit einer Maximalleistung von 1 MW_{el} pro Anlage, dies auf einer Fläche von insgesamt 800 km² (entsprechend 10% der gesamten ausreichend mit Wind

überstrichenen Fläche), auf ca. 12 TWh elektrische Energie pro Jahr geschätzt. Davon sollten bis zum Jahr 2005 bis zu etwa 4 TWh pro Jahr wirtschaftlich realisierbar sein (vergleichsweise der derzeitige jährliche Bedarf an elektrischer Energie in Deutschland ca. 440 TWh/a).
Wie weit das technische Potential der Windenergie tatsächlich realisiert werden kann hängt nicht zuletzt von diversen Umweltaspekten ab. Hier kann nur eine maßvolle Erprobung letztlich die heute noch offenen Probleme klären.

Wärme aus Luft, Wasser, Boden

Wärme kann in wenigen Regionen auf der Erde direkt aus Tiefen von etwa 1 bis 3 km aus natürlichen Wärmequellen in Form von Heißdampf mit typischen Temperaturen um etwa 200^0 Celsius, in Form von Warmwasser mit typischen Temperaturen um etwa 70^0 Celsius gewonnen werden.

Weltweit wird mit Heißdampf aus natürlichen Quellen derzeit elektrische Energie mit einer Leistung von ca. 6 GW (zum Vergleich : mittlerer weltweiter Betrag ca. 2 300 GW) erzeugt. (Allerdings können — wie in Einzelfällen erkennbar — diese natürlichen Quellen bei intensiver Nutzung nach wenigen Jahrzehnten erlahmen bzw. erlöschen.)
In Deutschland wird natürliches Heißwasser aus Quellen und Tiefbohrungen vornehmlich in Thermalbädern genutzt. Das verfügbare Heißwasser–Potential beläuft sich grob geschätzt auf einige Promille unseres Bedarfs an Heißwasser.

Im Prinzip ist auch eine künstliche Wärmeentnahme durch Einpressen und Erhitzen von Wasser in Tiefbohrungen möglich, wie bislang in wenigen, kurzeitigen Versuchen erprobt. Allerdings lassen sowohl der hohe benötigte Aufwand als auch Umweltbelastungen, bedingt durch starke Salzbefrachtung des Heißwassers, diese Möglichkeit wenig aussichtsreich erscheinen.

Die größte, meist übersehene Beschränkung bei dieser Methode ist in der geringen Wärmeleitfähigkeit von Gestein begründet: Um dem Gestein schnell größere Mengen an Wärme zu entziehen, bedarf es einer großen Gesteinsoberfläche, welche durch Sprengung des Gesteins in der angebohrten Tiefe erreicht werden kann. Durch Wärmeentnahme wird dieses Gestein aber viel schneller abgekühlt als es durch Wärmezufluß aus dem benachbarten Gestein wieder erwärmt werden kann.

Wärmeentnahme über längere Zeit bedarf also ständiger, aufwendiger Neubohrungen. Dadurch dürfte voraussichtlich der dafür benötigte Energieaufwand den Wärmegewinn übersteigen.

2.2. Energie in Form von Wärme, Elektrizität, Treibstoffen

Heizwärme kann auch indirekt über Entnahme von Wärme aus Oberflächen- und Grundwasser, Böden und Luft bei meist niedrigen Temperaturen mittels Wärmepumpen auf das benötigte Temperaturniveau von typischerweise 40 °C gepumpt verfügbar gemacht werden. Das Verhältnis von so bereitgestellter Wärme zum Energieaufwand für den Betrieb der Wärmepumpen erreicht im zeitlichen Mittel etwa den Faktor 3.
In Deutschland wird das bis zum Jahr 2005 realisierbare wirtschaftliche Potential dieser Heizwärmegewinnung auf etwa 100 PJ, das technische vielleicht langzeitlich realisierbare Potential auf mehrere hundert PJ geschätzt (zum Vergleich: derzeitiger Heizwärmebedarf ca. 2 200 PJ).

Kernfusion

Die Fusion der leichtesten Atomkerne, z.B. der Wasserstoff-Isotope, zu Helium ist der Grundprozess des Feuers aller Sterne.

Was die Vorräte auf der Erde an den Fusionsbrennstoffen Deuterium und Tritium betrifft, so ist Deuterium im Wasser der Weltmeere in praktisch unerschöpflicher Menge vorhanden; Tritium könnte aus den reichen Vorräten an Lithium für den Bedarf über tausende von Jahren in Fusions- und Kernspaltungsreaktoren erbrütet werden.

Die technische Realisierung der Kernfusion ist auf der Erde bislang nicht gelungen. Angesichts der noch zu lösenden technischen Probleme und des absehbaren nötigen Aufwands an Zeit und an Finanzmitteln könnte uns Fusionsenergie — wenn überhaupt — frühestens in der zweiten Hälfte des kommenden Jahrhunderts verfügbar werden. Sie wird somit im Zeitraum der nächsten Jahrzehnte für den nötigen Übergang zu einer weltweit umweltentlastenden Energieversorgung nicht zur Verfügung stehen.

Bilanz der Potentiale aller erneuerbarer Energiequellen in Deutschland zur Deckung des künftigen Bedarfs an Heizwärme und an elektrischer Energie

Faßt man alle erneuerbaren Energiequellen zusammen, so ergeben sich beträchtliche Potentiale sowohl an Heizwärme als auch an elektrischer Energie.

Bei gleichbleibender Höhe der Bevölkerung in Deutschland könnte, heutige Lebensweise vorausgesetzt, durch effizientere Nutzung der Bedarf an Heizwärme im Lauf mehrerer Jahrzehnte auf etwa die Hälfte des heutigen Bedarfs gesenkt werden.

	bis zum Jahr 2005	bis zum Jahr 2050
Solarwärme	ca. 2%	ca. 20%
nachwachsende Rohstoffe	ca. 1%	ca. 6%
organische Abfälle	ca. 3%	ca. 6%
Wärme aus Luft, Wasser, Boden	ca. 4%	ca. 10%
insgesamt	**ca. 10%**	**ca. 42%**

Tabelle 2.14: *Potential an Heizwärme, bezogen auf den Bedarf im Jahr 1990*

Potential an elektrischer Energie, bezogen auf den Bedarf im Jahr 1990:

	bis zum Jahr 2005	bis zum Jahr 2050
Solarzellen	–	ca. 5%
nachwachsende Rohstoffe	ca. 2%	ca. 4%
organische Abfälle	ca. 3%	ca. 6%
Wasser	ca. 6%	ca. 6%
Wind	ca. 1%	ca. 3%
insgesamt	**ca. 12%**	**ca. 24%**

Tabelle 2.15: *Potential an elektrischer Energie bezogen auf den Bedarf im Jahr 1990*

Bei gleichbleibender Höhe der Bevölkerung in Deutschland und heutiger Lebensweise wird der künftige Bedarf an elektrischer Energie selbst bei effizientester Energienutzung, bedingt durch eine weiter anhaltende Verlagerung des Bedarfs von Wärme auf Strom bei der Güterproduktion, wohl kaum wesentlich unter den heutigen Bedarf sinken.

Im Lauf mehrerer Jahrzehnte könnte also der Bedarf an Heizwärme weitgehend aus erneuerbaren Energiequellen, der Rest durch Nutzung der Wärme von Kraftwerken gedeckt werden.

Hingegen werden alle erneuerbaren Energiequellen zusammen voraussichtlich bestenfalls ein Viertel unseres Bedarfs an elektrischer Energie in den kommenden Jahrzehnten decken können. Dies mag man für einen beschränkten Zeitraum hinnehmen müssen. Auf lange Sicht jedoch sollte sich die Menschheit langsam daran gewöhnen, den natürlichen Vorratskammern nicht mehr zu entnehmen als im gleichen Zeitraum wieder verfügbar wird.

2.2.3 Bereitstellung und Umwandlung von Energie (Primärenergie $\longrightarrow$ Endenergie)

Derzeit wird unser Bedarf an Nutzenergie, also an Heizwärme, Licht, Energie zum Antrieb von Geräten und Verkehrsmitteln, Energie zur Herstellung von Gütern aller Art fast ausschließlich aus folgenden Endenergieträgern gedeckt:

- Kohle

- Flüssige Treib- und Brennstoffe (Benzin, Diesel- und Heizöl)

- Gasförmige Treib- und Brennstoffe (Erdgas, Biogas)

- Elektrische Energie

- Nah- und Fernwärme (Warmwasser)

Umweltbelastungen, vornehmlich Eingriffe in das Klima durch Verstärkung des Treibhauseffektes, aber auch Schadstofffreisetzung bei der Verbrennung fossiler Brennstoffe machen weltweit eine drastische Minderung der Nutzung fossiler Brennstoffe, heute noch unsere Hauptenergiequelle, erforderlich.

Dies muß notwendigerweise, ungeachtet der möglichen Minderung des Energiebedarfs dank effizienterer Nutzung, zu einer verstärkten Nutzung nicht fossiler Energiequellen führen.

Beim möglichen Import von Energie aus solchen Quellen, z.B. von Energie aus Solarkraftwerken in äquatornahen Gebieten, könnte zur Überbrückung der großen Distanzen, aber auch zum notwendigen Ausgleich zwischen den zeitlich unterschiedlichen Strukturen von Sonneneinstrahlung und Endenergiebedarf, zur Energiespeicherung, vielleicht als weiterer, sekundärer Endenergieträger

- Wasserstoff (gasförmig und flüssig, über Zerlegung von Wasser mittels elektrischer Energie gewinnbar)

dienen. Die benötigten Umwandlungen von Primärenergie zu den verschiedenen Endenergie-Trägern unterliegen naturgesetzlichen Beschränkungen. Diese lassen sich mittels Energie-Wirkungsgraden und Energie-Erntefaktoren quantifizieren.

Energie-Wirkungsgrade und Energie-Erntefaktoren

Energie-Erhaltung

Erzeugung von Energie in einer bestimmten Erscheinungsform kann nur durch entsprechende Verminderung von Energie in einer anderen beliebigen Erscheinungsform geschehen. Insgesamt kann also Energie weder erzeugt noch vernichtet werden, die Gesamtenergie bleibt immer erhalten.

Elektrische Energie kann z.B. unter Verminderung der potentiellen Energie eines Pumpspeichersees erzeugt werden, Wärme z.B. unter Verminderung der gespeicherten chemischen Energie eines Brennstoffs.

Die Erhaltung von Energie ist ein Naturgesetz, das auf Erfahrung beruht, und das bislang innerhalb einer Meßgenauigkeit von etwa 1 Teil auf 10 Millionen Teile in jeder Hinsicht bestätigt worden ist.

Beschränkung der Energie-Umwandlung

Energie hat bei jeder Umwandlung die Tendenz, aus einer geordneten, konzentrierten, hochwertigen Form in eine weniger geordnete, weniger konzentrierte, weniger wertige Form überzugehen.

Dies läuft nach dem gleichen Naturgesetz ab, wie z.B. Duftmoleküle — aus einer Parfümflasche gesprüht — sich umgehend möglichst auf den gesamten verfügbaren Raum verdünnt verflüchtigen, wie z.B. ein Bündel schön parallel gepackter Mikadostäbchen beim Wurf immer in einen weit weniger dicht gepackten und weit weniger geordneten Zustand zerfällt.

Die Umwandlung von Energie in einem geordneten Zustand, z.B. gerichtete Bewegungsenergie eines Fahrzeugs, gespeicherte Energie, gerichtete Lichtstrahlung, in Energie eines ungeordneten Zustands, z.B. Wärme, diffuse Strahlung, ist vollständig möglich. So kann beispielsweise beim Abbremsen eines Autos seine kinetische Energie vollständig in Reibungswärme seiner Reifen und der Straßendecke umgewandelt werden. Dagegen ist die Umwandlung von Energie aus ungeordneter Form in eine geordnete Form nur beschränkt möglich. So kann beispielsweise die Wärme von heißem Wasserdampf in einer Kraftwerksturbine nur zu einem Teil in Turbinenarbeit und weiter über einen Generator in elektrische Energie umgewandelt werden. Der andere Teil der Wärme des Heißdampfes wird dabei unvermeidlich in (Ab-)Wärme mit niedrigerer Temperatur transformiert.

Energie in konzentrierter, geordneter Form kann wegen seiner höheren Nützlichkeit ein größerer Wert zugeordnet werden als einer gleichen Menge Energie in weniger konzentrierter, weniger geordneter Form.

2.2. Energie in Form von Wärme, Elektrizität, Treibstoffen

So ist ein wohlgebündelter Laserlichtstrahl einer bestimmten Energiemenge von vielfältigerer Nützlichkeit als die gleiche Energiemenge diffusen Streulichts; so ist der Wärmeinhalt einer bestimmten Menge kochend heißen Wassers von größerem Wert als der gleichgroße Wärmeinhalt verteilt auf eine entsprechend größere Menge lauwarmen Wassers.

Die naturgesetzliche Beschränkung der Energieumwandlung kann quantitativ gefaßt werden:

Für den Kreislauf einer idealen Wärmekraftmaschine (also z.B. einer idealen Dampfmaschine oder eines idealen Automotors ohne die im Prinzip vermeidbaren Verluste durch unvollständige Isolation und durch Reibung) (s. Abbildung 2.9) ergibt sich ein *Wirkungsgrad der Energieumwandlung* von Wärme hoher Temperatur in Arbeit, dies unter unvermeidlicher Bildung von (Ab-)Wärme bei tieferer Temperatur wie folgt:

$$\text{Wirkungsgrad} = \frac{\text{geleistete Arbeit}}{\text{aufgenommene Wärme bei hoher Temperatur}}$$

$$= \frac{\text{Wärme(hohe Temp.)} - \text{(Ab-)Wärme (tiefere Temp.)}}{\text{Wärme (hohe Temperatur)}}$$

$$= \frac{\text{hohe Temperatur} - \text{tiefere Temperatur}}{\text{hoheTemperatur}}$$

Die genannten Temperaturen sind bei dieser Gesetzmäßigkeit vom absoluten Temperatur-Nullpunkt (entsprechend − 273.16 °C) aus zu sehen.

Der Wirkungsgrad ist also umso größer, je höher die absolute Temperatur bei der Wärmezufuhr zur Wärmekraftmaschine und je niedriger die absolute Temperatur bei der Abgabe von Abwärme ist. Dem höchstmöglichen Wirkungsgrad von 1, d.h. der vollständigen Umwandlung von Wärme in Arbeit sehr nahe kommen könnte man — zumindest theoretisch — beim Betrieb einer Wärmekraftmaschine im Weltall bei einer Temperaturspanne zwischen der vom Brenner vorgegebenen hohen Temperatur und der Umgebungstemperatur im Weltall, welche nur knapp 3 Grad über dem absoluten Nullpunkt liegt. Den möglichen Temperaturniveaus sind in der Technik natürliche Grenzen gesetzt, so z.B. bei üblichen Dampfkraftwerken mit

Dampftemperatur = (527 + 273) °Celsius = 800 Kelvin

und

Abwärmetemperatur = (27 + 273) °Celsius = 300 Kelvin

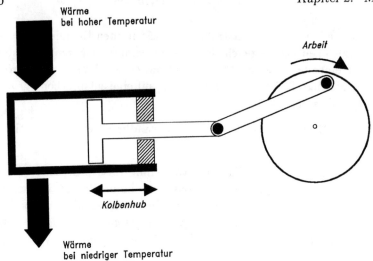

Abbildung 2.9: Prinzip einer idealen Wärmekraftmaschine (Dampfmaschine oder Verbrennungsmotor)

Daraus resultiert ein idealer, d.h. maximaler, zumindest im Prinzip möglicher Wirkungsgrad (η):

$$\eta_{\text{ideal}} = \frac{800K - 300K}{800K} = 0.625 \text{ bzw. } 62.5\%$$

Im Realfall wird bei obigen Temperaturen ein realer Wirkungsgrad

$$\eta_{\text{real}} \approx 0.4 \text{ bzw. } 40 \text{ Prozent}$$

erreicht. Die restlichen 60 Prozent der Heißdampfwärme werden in Wärme hier mit einer Temperatur von etwa 27 °C transformiert.

In umgekehrter Richtung, also unter Zufuhr von Arbeit, kann die Wärmekraftmaschine als Wärmepumpe zur Transformation von Wärme aus einem Reservoir bei tiefer Temperatur zu Wärme auf einem Niveau höherer Temperatur betrieben werden. Das gleiche wie vorher zugrundeliegende Naturgesetz führt hier zu einem zumindest im Idealfall sehr vielversprechenden Wirkungsgrad wie folgt:

$$\text{Wirkungsgrad} = \frac{\text{verfügbar gemachte Wärme bei hoher Temperatur}}{\text{geleistete Arbeit}}$$

2.2. Energie in Form von Wärme, Elektrizität, Treibstoffen

$$= \frac{\text{Wärme bei hoher Temperatur}}{\text{Wärme b. hoher Temp.− aufgenommene Wärme b. tiefer Temp.}}$$

$$= \frac{\text{hohe Temperatur}}{\text{hohe Temperatur − tiefe Temperatur}}$$

Gemäß diesem Wirkungsgrad für den Idealfall wird mit einer (idealen) Wärmepumpe, die Wärme aus kalter Winterluft von z.B. 0 °C aufnimmt, ca. 8 mal mehr (ungeordnete) Energie in Form von Heizwärme bei einer Temperatur von 40 °C verfügbar als man an (geordneter) Energie für den Betrieb der Wärmepumpe aufzubringen hat:

$$\eta_{\text{ideal}} = \frac{(40+273)K}{(40+273)K - (0+273)K} = 8$$

Soweit hier die allgemeine Diskussion des Wirkungsgrads für die Umwandlung von Energien aus einer Form in eine andere.

Energie–Erntefaktor

Ebenso wichtig wie der naturgesetzlich fixierte Wirkungsgrad für eine Energie–Umwandlung ist der technisch bedingte Energie–Erntefaktor. Hierunter versteht man das Verhältnis der durch Gewinnung bzw. Umwandlung mittels einer Anlage dem Verbraucher verfügbar gemachten Energiemenge bestimmter Form, dies summiert über die Lebensdauer der entsprechenden Anlage wie z.B. eines Kraftwerks oder eines Solarwärmekollektors zu dem benötigten Aufwand an Energie verschiedener Formen für Bau, Unterhalt und Betrieb der Anlage und gegebenenfalls auch für Vermeidung bzw. Behebung externer Schäden (s. dazu Kapitel 1.3 und Abbildung 2.12).

Zum Beispiel ergibt sich der Energie–Erntefaktor ε eines Kohlekraftwerks folgendermaßen:

ε = (abgebene elektr. Energie während der Lebensdauer des Kraftwerks)
: (Energieaufwand zu Bau + Unterhalt + Betrieb (Kohle) des Kraftwerks während seiner Lebenszeit)

Eine Energiequelle ist — von Ausnahmen abgesehen — letztlich nur dann von Wert, wenn man zu ihrer Nutzung deutlich weniger Energie aufwenden muß als man aus der Quelle Energie vergleichbarer Nützlichkeit gewinnen kann.

Nachfolgend sind zum einen der Energieaufwand zur Herstellung einiger Werkstoffe, zum anderen der Energie–Aufwand pro Kostenaufwand für verschiedene Produkte tabellarisch zusammengestellt (s. Tabelle 2.16 und 2.17).

Werkstoff	Energie–Aufwand
Stahlblech	7 kWh/kg
Aluminiumblech	70 kWh/kg
Zement	1 kWh/kg
Glasflaschen (neu)	3 kWh/kg
Glasflaschen (aus 50% Altglas)	2 kWh/kg
Papier (gebleicht)	22 kWh/kg
Papier (aus 100% Altpapier)	5 kWh/kg
Kunststoffe	20 kWh/kg

Tabelle 2.16: *Energie–Aufwand zur Herstellung einiger Werkstoffe aus ihren Rohstoffen [nach Spr 89]*

Produkt	Energie–Aufwand
Landwirtschaft	4 kWh/DM
Eisen und Stahl	12 kWh/DM
Aluminium	17 kWh/DM
Zement	6 kWh/DM
Chemie	5 kWh/DM
Maschinen	2 kWh/DM
Fahrzeuge	3 kWh/DM
Kunststoffe	3 kWh/DM
Hoch– und Tiefbau	2 kWh/DM
Dienstleistungen	1 kWh/DM
Primär–Energie–Aufwand in der BR Deutschland pro Brutto–Inlandsprodukt	2 kWh/DM

Tabelle 2.17: *Energie–Aufwand pro Kostenaufwand für verschiedene Produkte (Schätzung gültig für das Jahr 1986) [nach Spr 89]*

So kann man beispielsweise abschätzen, daß der Energie–Aufwand zum Bau eines Mittelklasse–PKW etwa gleich groß ist wie der Energie–Aufwand bzw. Treibstoff-

2.2. Energie in Form von Wärme, Elektrizität, Treibstoffen

bedarf zum Fahren dieses Autos über 150 000 km.

Würde man dieses Auto durch Einsatz von Aluminium statt Stahl als Leichtfahrzeug bauen, so würde man den Treibstoffverbrauch — für 150 000 Fahrkilometer — um etwa die Energiemenge vermindern, die man als Mehrbedarf zur Herstellung von Aluminium statt Stahl benötigen würde.

Für alle nachfolgend beschriebenen Anlagen zur Umwandlung von Primärenergie aus den unterschiedlichen Quellen und Bereitstellung von Endenergie der benötigten Form werden zur Übersicht tabellarisch zusammengestellt

- die relevanten Umwandlungs-Wirkungsgrade und die zugehörigen Energie-Erntefaktoren, letztere gegebenenfalls mit Berücksichtigung externer Kosten (s. Tabelle 2.19),

- die für die Bereitstellung einer bestimmten Menge an Endenergie, hier exemplarisch an elektrischer Energie, nötigen Mengen an Primärenergie-Einsatz (s. Tabelle 2.18).

Dampfkraftwerke, Gas- und Dampf-Kombikraftwerke, Heizkraftwerke

Das Prinzip dieser Kraftwerke ist, Verbrennungswärme von hoher Temperatur mit bestmöglichem Wirkungsgrad in elektrische Energie umzuwandeln. Dabei wird naturgesetzlich bedingt — wie im vorhergehenden Kapitel geschildert — zumeist der überwiegende Teil der Wärme von hoher Temperatur zu Wärme von wesentlich niedrigerer Temperatur transformiert. Diese Wärme geht entweder als Abwärme verlustig oder kann gegebenenfalls noch als Heizwärme genutzt werden.

Mutter dieser Technik ist die *Dampfmaschine*, im 18. Jahrhundert erfunden, damals zunächst mit einem Wirkungsgrad von nur wenigen Prozent zum mechanischen Antrieb von Pumpen, Webstühlen, Maschinen, Lokomotiven und Dampfschiffen eingesetzt. Erst gegen Ende des vorigen Jahrhunderts gewann diese Technik auch Bedeutung zum Antrieb von Generatoren zur Erzeugung von elektrischer Energie.

Heutige modernste *Kondensations-Dampfkraftwerke* erreichen einen Wirkungsgrad für die Erzeugung von elektrischer Energie von etwa 40 Prozent, dies bei einer maximalen Temperaturspreizung zwischen ca. 540 °C Dampftemperatur am Turbineneintritt (nach oben beschränkt durch Korrosion von Stahl bei höheren

Umwandlungs-Anlage	Umwandlungs-Form		realer Umwandlungs-Wirkungsgrad (typ.Werte)	Energie-Ernte-Faktor (typ.Werte)
Dampfkraftwerk	Wärme (540 °C)	→ el.Energie	40%	8 (4)
Dampfheiz-kraftwerk	Wärme (540°C)	→ el.Energie + Heizw. (80°C)	35% + (20 bis 50)%	12 (6)
motor. Blockheiz-KW	Wärme	→ el.Energie +Heizw.	42% + 47%	6 (3)
Gas – Dampf Kombi-KW	Wärme (1 000°C)	→ el.Energie	50%	8 (4)
Biogas-Reaktor	Materie (organisch) Biogas	→ Biogas → el.Energie +Wärme	50% +40%	3
Kohle-verflüssigung	Kohle	→ Treibst.	50%	
Ölraffinerie	Erdöl	→ Treibst.u. Schweröl	90%	
Solarstrahlung				
Flachkollektor	Solarstr.	→ Heizw.	50%	4
2 dim. fokuss. Kollektor-KW	Wärme (360°C)	→ el.Energie	30%	3
3 dim. fokuss. Kollektor-KW	Wärme (500°C)	→ el.Energie	35%	3 (Ziel)
Aufwind-Solar-KW	Wärme	→ el.Energie	einige %	2 bis 3 (Ziel)
Solarzellen-Anlagen	Licht	→ el.Energie	10%	4 (Ziel)
Wasserkraft	mech. E.	→ el.Energie	90%	10 bis 20
Windenergie	mech. E.	→ el.Energie	40%	8
Kernspalt-LWR	Wärme (320° C)	→ el.Energie	30%	7 (4)
Kernspalt-HTR	Wärme (800°C)	→ el.Energie	50%	7
Kernfusion	Wärme	→ el.Energie	?	?
Wasserstoff-Erzeugung (Elektrolyse)	el.Energie	→ Wasserst.	70%	etwa 2 (Ziel)

2.2. Energie in Form von Wärme, Elektrizität, Treibstoffen

Umwandlungs-Technik		real. Umw. Wirk. Grad*	Primär-Energie-Einsatz		
Art	Größe		zeitlich verfügbar	benötigte Primär-Energie Art	[PJ]
Dampf-KW	1 Anlage à 1 GW	38%	8 000 h/a	Steinkohle 2.6 Mio. t	76 PJ
Gas- u. Dampf-KW	1 Anlage à 1 GW	50%	8 000 h/a	1.5 Mio. t SKE 0.5 Mrd. m^3 Gas	58 PJ
2-dim.fokuss. Solar-KW	3 Anl. à 350 MW (5 km^2 Koll.Fl.)	30%	1 500 h/a m.W.Sp.** 8 000 h/a	Solarstrahlung	18 PJ 100 PJ
3-dim.fokuss. Solar-KW	3 Anl. à 350 MW 5 km^2 Koll.Fl.	35%	3 000 h/a m.W.Sp.** 8 000 h/a	Solarstrahlung	34 PJ 90 PJ
Solarzellen	in D : 10 Mill.m^2 Äq.nah: 5 Mill.m^2	10%	1 500 h/a	Solarstrahlung	54 PJ
Wasser-KW	1 GW Gesamtleist. (belieb.Anl.Größe)	90%	9 000 h/a	Wasserkraft	40 PJ
Wind-KW	2 000 Anl. à 500 kW	40%	3 000 bis 7 000 h/a	Wind	30 PJ 60 PJ
Biogas-KW	1 000 Anl. à 1 MW	50%	8 000 h/a	Biomasse (6 Mio.t trocken)	60 PJ
Kern-KW LRW	1 Anl. à 1 GW	30%	8 000 h/a	Natur-Uran 200t	100 PJ
Kern-KW HTR	5 Anl. à 200 MW	50%	8 000 h/a	Natur-Uran 200 t	60 PJ

Tabelle 2.18: Einsatz verschiedener Primärenergie–Träger und entsprechender Umwandlungstechniken zur Erzeugung von elektrischer Energie mit einer Leistung von 1 GW$_{el}$ ($\hat{=}$ 2% derzeit Bedarf in D) über 8 000 Stunden/Jahr ($\hat{=}$ 90% der Zeit) bzw. über die beschränkte Zeit der Primärenergie–Verfügbarkeit (* = realer Umwandlungswirkungsgrad, ** = mit Wärmespeicher).

Tabelle 2.19: Wirkungsgrade und Energie–Erntefaktoren für verschiedene Anlagen (Werte für Energie–Erntefaktoren in Klammern schließen Berücksichtigung externer Kosten mit ein)

←

Temperaturen) und ca. 30 °C am Turbinenauslaß (nach unten beschränkt durch die Umgebungstemperatur bzw. die Temperatur des verfügbaren Kühlwassers).

Entnimmt man die Abwärme zur Nutzung als Heizwärme bei einer dafür nötigen Temperatur von z.B. 90 °C, so kann man zwar — zumindest im Prinzip — die gesamte Verbrennungswärme nutzen, dies aber dann entsprechend der geringeren Temperaturspreizung unter Verminderung des Wirkungsgrades für die Erzeugung von elektrischer Energie auf etwa 35 Prozent.

Die Verbrennungstemperatur liegt dabei je nach Art von Brenner und Brennstoff zwischen etwa 700 °C und 1 000 °C.

Um die Arbeitsfähigkeit der angebotenen Wärme zwischen Verbrennungstemperatur und Abwärmetemperatur möglichst vollständig ausnützen zu können, damit den höchstmöglichen Wirkungsgrad für die Umwandlung zu elektrischer Energie zu erzielen, wird seit wenigen Jahren in sog. *Gas- und Dampf-Kombikraftwerken* (GUD-Kraftwerken) der üblichen Dampfturbine eine Gasturbine zur Nutzung der heißen Verbrennungsgase zwischen der Verbrennungstemperatur von ca. 1 000 °C und der Heißdampftemperatur (von ca. 540 °C) vorgeschaltet. Damit kann der Wirkungsgrad für die Erzeugung elektrischer Energie bei kleinstmöglicher Abwärmetemperatur auf etwa 52 bis 55 Prozent angehoben werden.

Dieser Wert wird bei Befeuerung der Gasturbinen mit Erdgas erreicht. Nutzt man als Brennstoff primär Kohle, welche zur Ermöglichung des Antriebs einer Gasturbine vor der Verbrennung vergast wird, so reduziert sich der reale Wirkungsgrad für die Bereitstellung elektrischer Energie bedingt durch den benötigten Energieaufwand für die Kohlevergasung auf etwa 44 bis 48 Prozent.

Typische Leistungsgrößen von Gas- und Dampfturbinen liegen im Bereich einiger MW_{el} bis einige 100 MW_{el}.

Zur lokalen Deckung des Bedarfs an elektrischer Energie und vor allem zur kombinierten Bereitstellung von Heizwärme und elektrischer Energie mit (Block-) Heizkraftwerken im Leistungsbereich einiger kW_{el} bis einiger MW_{el} werden zum Betrieb der Generatoren vornehmlich mit Gas oder Dieselöl befeuerte Motoren eingesetzt mit Wirkungsgraden für die Erzeugung elektrischer Energie von ca. 40 Prozent.

Derzeit werden in Deutschland (alte Bundesländer) ca. 64 Prozent unseres Bedarfs an elektrischer Energie aus Verbrennungs-Kraftwerken gedeckt, mit folgenden Brennstoff-Anteilen:

- Kohle — 51%

2.2. Energie in Form von Wärme, Elektrizität, Treibstoffen

- Heizöl — 3%
- Erdgas — 7%
- sonst. Brennstoffe — 3%

Die Zahl der Verbrennungskraftwerke in den verschiedenen Leistungsbereichen mit ihrem Anteil an der Bereitstellung elektrischer Energie sind nachfolgend tabelliert (s. Tabelle 2.20).

Zahl der Kraftwerke	Leistungsbereich(el.)	Abgabe el.Energie pro Jahr
ca. 80	größer 200 MW	ca. 200 TWh
ca. 200	10 bis 200 MW	ca. 20 TWh
ca. 300	1 bis 10 MW	ca. 4 TWh
ca. 600	unter 1 MW	ca. 1 TWh

Tabelle 2.20: *Verbrennungskraftwerke in Deutschland*

Nun zum Energie–Erntefaktor dieser Anlagen:

Definiert man den Energie–Erntefaktor als das Verhältnis von erzeugter Energie innerhalb einer angenommenen Lebensdauer der Anlage von 25 Jahren bei einer jährlichen Betriebszeit von 6000 Stunden zum Aufwand an Primärenergie für den Bau der Anlage, sowie für den Betrieb und die Brennstoffversorgung während 25 Jahren, so kommt man unter Zugrundelegung einer Energie zu Kostenrelation gemäß der Tabelle 2.17 im vorhergehenden Abschnitt zu folgenden, groben Schätzwerten:

Für große Kraftwerke

mit Braunkohle, Importkohle, Erdöl oder Erdgas als Brennstoff
(dabei Energieanteil anteilig für Bau : Betrieb : Brennstoff wie 1 : 1 : 2)

Energie–Erntefaktor = 8

mit heimischer Steinkohle als Brennstoff
(dabei Energieaufwand anteilig für Bau : Betrieb : Brennstoff wie 1 : 1 : 5)

Energie–Erntefaktor = 4

Nutzt man die Kraftwerke nicht nur zur Erzeugung von elektrischer Energie sondern auch noch zur Abgabe von Heizwärme und berücksichtigt man diese entsprechend bei der Definition des Energie–Erntefaktors, so erhöht sich dieser im Idealfall jahreszeitlich gleichbleibender Nutzung von elektrischer Energie und Heizwärme etwa um einen Faktor 2, im Realfall um einen Faktor 1.5.

Für kleine, motorisch betriebene Heizkraftwerke ist der Energie-Erntefaktor bei einer angenommenen Motorlebensdauer von 10 Jahren nur etwa halb so groß wie bei Großkraftwerken (natürlich kann die tatsächliche Lebensdauer durch ständige Wartung mit entsprechendem Aufwand wesentlich verlängert werden.).

Würde man bei der Abschätzung von Energie-Erntefaktoren für fossil befeuerte Kraftwerksanlagen auch noch den benötigten Aufwand an Kosten bzw. Energie für Vermeidung und Behebung externer, z.B. klimatischer Schäden berücksichtigen, so würde dies zu einer Reduktion der Energie-Erntefaktoren mindestens um etwa einen Faktor 2 führen.

Umweltbelastungen durch Schadstoffe aus der Verbrennung fossiler Brennstoffe

Um eine umweltverträgliche Nutzung von Verbrennungskraftwerken jeglicher Art zu erreichen, müssen alle dabei auftretenden Umweltbelastungen auf ein tolerierbares Maß beschränkt werden. Umweltbelastungen entstehen sowohl beim Bau der Anlagen als auch in alle Sektoren der Nutzungskette, angefangen von der Gewinnung und Aufbereitung der Brennstoffe, über den Transport der Brennstoffe, den Betrieb der Kraftwerke, der Entsorgung der Schadstoffe, Abfälle und Abwärme bis schließlich hin zur letztendlichen Beseitigung der ausgedienten Anlage

Abgesehen von der notwendigen drastischen Minderung der Emission von Kohlendioxid, damit generell einer entsprechenden Minderung der Verbrennung fossiler Brennstoffe, sei hier nur beispielhaft auf einige hier typische Umweltbelastungen hingewiesen: Landschaftseingriffe und weiträumige Grundwasserabsenkungen im Braunkohletagebau, Freisetzung von Methan bei der Förderung von Steinkohle, Freisetzung von Schadgasen wie z.B. Schwefel- und Stickoxiden bei der Verbrennung, Beseitigung der Abfälle aus Verbrennung und Reinigung von Rauchgas.

Viele der aus dem Betrieb der Kraftwerke resultierenden Belastungen können bei großen Kraftwerksanlagen wirkungsvoller und ökonomischer reduziert werden als bei kleinen Anlagen. Das Ausmaß der notwendigen, in unserem Land zumeist auch durchgeführten Maßnahmen zur ausreichenden Beschränkung von Umweltbelastungen bedingt spürbare Minderungen sowohl der effektiven Umwandlungswirkungsgrade um bis zu einige Prozentpunkte als auch der Energie-

2.2. Energie in Form von Wärme, Elektrizität, Treibstoffen

Erntefaktoren durch Steigerung der Bau- und Betriebskosten um typischerweise etwa 10 bis 20 Prozent.

Bei der Verbrennung fossiler Brennstoffe werden zunächst unvermeidbar Schadstoffe erzeugt. Hierzu — der Vollständigkeit halber — ein kurzer Überblick der Schadstoffemissionen bei der Verbrennung fossiler Brennstoffe in allen Einsatzbereichen (s. Tabelle 2.21):

	Kohlendioxid	Stickoxide	Schwefeldioxid	Kohlenmonoxid	flüchtige Kohlenwasserstoffe	Staub
Gesamtmenge (in Mill. Tonnen)	700	2.6	1.0	8.2	1.5	0.3
Kraft-Fernheiz-Werke	36%	13%	34%	1%	1%	8%
Industrie	20%	10%	44%	16%	9%	53%
Kleinverbraucher	7%	1%	5%	1%	1%	2%
Haushalte	13%	3%	9%	7%	3%	8%
Verkehr: Straße	19%	63%	5%	72%	81%	22%
Bahn, Wasser, Luft	5%	10%	3%	3%	5%	7%

Tabelle 2.21: *Schadstoffemission bei der Verbrennung von fossilen Brennstoffen in Deutschland (alte BL/1990)*

Die Hauptemissionsquellen von Stickoxiden, flüchtigen Kohlenwasserstoffen und Kohlenmonoxid liegen im Verkehrssektor. Die Hauptemissionsquellen von Schwefeldioxid sind fossil befeuerte Kraftwerke und industrielle Feuerungen.

In jedem Fall werden bei der Verbrennung durch Oxidation des Luftstickstoffs Stickoxide erzeugt, und zwar umso mehr Stickoxide je höher die Verbrennungstemperatur.

In Kraftwerken werden bei der Verbrennung von Kohle und Öl zum einen durch Oxidation des im Brennstoff enthaltenen Schwefels Schwefeldioxid, zum anderen durch unvollständige Verbrennung Kohlenwasserstoffe und Kohlenmonoxid

Schadgase	Jahr 1980	1990	2000
Stickoxide	94%	Def. 100%	70%
Schwefeldioxid	190%	Def. 100%	60%
sonstige Schadgase	100%	Def. 100%	50%

Tabelle 2.22: *Entwicklung der Schadgasemission in Deutschland seit 1980, prognostiziert bis zum Jahr 2000, relativ zu den Emissionen 1990.*

erzeugt. Durch Techniken verschiedener Art, wie sie heute eingesetzt werden, kann die Emission von Schwefeldioxid um bis zu 95%, die Emission von Stickoxiden und anderen Schadgasen um etwa 75% vermindert werden.

Bei Kraftfahrzeugen wird die Schadgasemission wegen der vergleichsweise höheren Verbrennungstemperaturen bis zu etwa 3 000 Grad bei Ottomotoren von Stickoxiden dominiert. Bedeutsam ist aber auch die Freisetzung von Kohlenwasserstoffen und Kohlenmonoxid durch unvollständige Verbrennung.

Durch katalytische Reinigung der Abgase, wie heute z.B. bei Benzinmotoren praktiziert, kann zumindest während stetiger Fahrweise bei warmem Motor die Emission aller Schadgase um bis zu etwa 90% vermindert werden.

Beim heutigen Stand der Technik und bei weitgehender Nutzung dieser ist unter der Annahme, daß der Energiebedarf insgesamt wie auch in den einzelnen Verbrauchersektoren in den kommenden Jahren sich nicht wesentlich ändern wird, eine weitere Reduktion der Schadstoffemissionen bei der Verbrennung fossiler Brennstoffe bis zum Ende dieses Jahrhunderts insgesamt um etwa 30 bis 50 Prozent, wie nachfolgend tabelliert (s. Tabelle 2.22), zu erwarten ([UBA 89]).

Angesichts der Notwendigkeit zum Erhalt der Umwelt die Schadstoffemissionen weltweit baldmöglichst um mindestens eine Größenordnung, also auf höchstens 10 Prozent der heutigen Emissionen zu senken, ist dieses Ziel ungeachtet der Nutzung aller Rückhaltetechniken nur durch eine zusätzliche, drastische Minderung der Nutzung fossiler Brennstoffe zu erreichen.

Kraft–Wärme–Kopplung

Es ist naheliegend beim Betrieb der im vorangegangenen Abschnitt besprochenen Wärmekraftwerke sowohl die erzeugte elektrische Energie als auch die unvermeid-

2.2. Energie in Form von Wärme, Elektrizität, Treibstoffen

liche Abwärme, diese als Heizwärme möglichst vollständig zu nutzen. Dabei teilt sich bei den (großen) Turbinenkraftwerken die Verbrennungswärme auf elektrische Energie und auf Heizwärme im Verhältnis von etwa 1 : 2, bei den (kleinen) Motorkraftwerken im Verhältnis von etwa 1 : 1 auf. Eine vollständige Kraft- und Wärmenutzung setzt allerdings einen zeitlich konstant bleibenden Bedarf des Verhältnisses von elektrischer Energie zu Heizwärme voraus, wobei das Verhältnis beider Energieformen dem kraftwerksseitigen Angebot entsprechen, dieses zumindest nicht übersteigen sollte.

Leider variiert dieses Bedarfsverhältnis, wie in Abbildung 2.7 in Abschnitt 2.2.1 dargestellt, sowohl tageszeitlich als auch vor allem jahreszeitlich beträchtlich. Während es im Winter dem kraftwerksseitigen Angebot nahekommt, übersteigt im Sommer der Bedarf an elektrischer Energie den Heizwärmebedarf gewaltig.

Da eine Speicherung von Heizwärme über Monate wegen des dazu nötigen (Energie-) Aufwandes bislang nicht praktikabel ist, wird so die mögliche Ausnutzung von Kraft–Wärme–Kopplung entsprechend eingeschränkt.

Eine weitere Einschränkung kann dadurch bedingt werden, daß elektrische Energie über Hochspannungsleitungen über tausend Kilometer und mehr mit vernachlässigbar kleinen Verlusten von nur wenigen Prozent vom Kraftwerk zum Verbraucher transportiert werden kann, daß jedoch der Transport von Heizwärme in Fernwärmeleitungen wegen der praktisch unvermeidbaren Wärmeverluste auf maximal etwa 50 km beschränkt ist, dementsprechend innerhalb dieser Distanz genutzt werden müßte.

In der Bundesrepublik Deutschland wurden 1987 in Verbrennungskraftwerken insgesamt 4 070 PJ Verbrennungswärme freigesetzt, davon 1 415 PJ in elektrische Energie umgewandelt. Von den verbleibenden 2 655 PJ Abwärme wurden in der Industrie 276 PJ, über das öffentliche Fernwärmenetz 176 PJ, also insgesamt 17 Prozent der Abwärme als Heizwärme genutzt.

Bei optimaler Kraft–Wärme–Kopplung — in einem heute noch hypothetischen Kraftwerkspark von zentralen Großanlagen und dezentralen Kleinanlagen, räumlich optimal an die Siedlungsdichte und Bedarfsdichte in Deutschland angepaßt (siehe dazu Abschnitt 2.2.6) — könnte man von der eingesetzten Verbrennungswärme (in fossil und nuklear befeuerten Kraftwerken) etwa 40 Prozent als elektrische Energie und weiter etwa 20 Prozent, also ein Drittel der Abwärme, als Heizenergie nutzen.

Dies ist als Richtwert für die optimale Kraft–Wärme–Kopplung in Hinblick auf minimalen Bedarf fossiler Brennstoffe in Heizkraftwerken insgesamt zu verstehen. Natürlich kann man dabei in einzelnen Kraftwerksanlagen einen höheren Nutzungsgrad der Verbrennungswärme erreichen, dies aber immer zu Lasten eines weniger günstigen Nutzungsgrades anderer Kraftwerke.

Der Energieaufwand für Bau und Betrieb von kommunalen Fernwärmenetzen amortisiert sich energetisch bei Nutzung moderner Materialien und Verlegetechniken je nach Größe, Art und Dichte des zu versorgenden Siedlungsgebietes innerhalb weniger Jahre.

Derzeit ist Fernwärme im allgemeinen teurer als Heizwärme über Verbrennung von Erdgas und Erdöl direkt am Ort des Verbrauchers. Dies ist bedingt durch die relativ niedrigen Brennstoffpreise, welche zum einen noch nicht die externen Kosten für Behebung bzw. Vermeidung resultierender Umweltbelastungen enthalten, welche zum anderen auch nicht danach differenziert sind, ob Verbrennungswärme hoher Temperatur nur zu Heizwärme niedriger Temperatur "verdünnt" wird, oder ob auch die entsprechend hohe Qualität Wärme hoher Temperatur zur entsprechend möglichen Umwandlung in andere Energieträger hoher Qualität, wie z.B. elektrischer Energie, genutzt wird.

Entsorgung von Kohlendioxid

Zur Entsorgung des vom Menschen in die Atmosphäre vornehmlich durch Verbrennung fossiler Brennstoffe eingebrachten Kohlendioxids gibt es zumindest im Prinzip zwei Wege:

a) Eine zusätzliche Aufforstung von heute unbewaldeten Flächen, damit eine zusätzliche Fixierung von Kohlendioxid als Kohlenstoff im Holz.

b) Rückhalt des Kohlendioxids bei der Verbrennung fossiler Brennstoffe und dauerhafte Deponierung.

Zum ersten Weg:
In unseren Wäldern werden zumindest in den ersten Jahrzehnten des starken Wachstums noch junger Bäume jährlich etwa 1 bis 2 Tonnen Kohlenstoff pro ha Waldfläche in Form von Holz eingebaut und gespeichert (in Ausnahmefällen schnell wachsender Baumsorten sogar 5 bis 10 Tonnen Kohlenstoff pro ha und Jahr) [Enq 93].

Wollte man die vom Menschen durch Verbrennung fossiler Brennstoffe weltweit derzeit freigesetzte Menge an Kohlendioxid in Höhe von 6 Mrd. t Kohlenstoff pro Jahr vollständig durch zusätzliches Pflanzenwachstum fixieren, so müßte man bei einem globalen Mittelwert von 3 Tonnen Kohlenstoffixierung pro Hektar und

2.2. Energie in Form von Wärme, Elektrizität, Treibstoffen

Jahr dazu eine derzeit nicht bewaldete Fläche von ca. 20 Millionen km^2, also fast die Hälfte der weltweiten, derzeit nicht bewaldeten Grünflächen der Erde neu aufforsten, nach dem Aufwachsen der Bäume diese fällen und konservieren, die Fläche erneut aufforsten.

Für Wieder- bzw. Neuaufforstung wären zumindest im Prinzip

- in tropischen Breiten etwa 1 bis 2 Mio. km^2,
- in gemäßigten Breiten etwa 1 Mio. km^2,
- in nördlichen Breiten etwa 0.5 bis 1 Mio. km^2,
- insgesamt also etwa 3 Mio. km^2

geeignete Landflächen verfügbar [Enq 93]. Durch Aufforstung dieser Flächen könnte man also Kohlendioxid in Höhe von etwa 15 Prozent der durch Verbrennung fossiler Brennstoffe weltweit jährlich freigesetzten Menge wieder einbinden und vorübergehend speichern.

Angesichts der Tatsache, daß derzeit jährlich ca. 200 000 km^2 der Tropenwälder abgebrannt werden, davon nur ca. 10 000 km^2 wieder aufgeforstet werden, erscheint eine zusätzliche Aufforstung in skizziertem Umfang völlig illusionär.

Zum zweiten Weg:
Ein Rückhalt von Kohlendioxid bei der Verbrennung fossiler Brennstoffe ist wegen des hohen Aufwands, wenn überhaupt, dann nur an Orten mit großen Verbrennungsmengen, also bei großen Kraftwerken vorstellbar. Das beträfe derzeit etwa 20 Prozent der insgesamten weltweiten Nutzung fossiler Brennstoffe.

Während eine Reduktion der Emission von Stickoxiden um jeweils etwa 80 Prozent beim Betrieb von Kraftwerken technisch praktikabel ist und dabei eine Erhöhung des Primärenergie-Einsatzes bzw. eine Verminderung des effektiven Kraftwerk-Wirkungsgrades um jeweils ein bis einige Prozent erfordert, wäre eine Minderung der Kohlendioxid-Freisetzungen wesentlich aufwendiger:
Theoretischen Abschätzungen zur Folge — noch ohne praktische Erprobung — sollte eine weitgehende Minderung der Emission von Kohlendioxid eine Erhöhung des Primärenergie-Einsatzes bzw. eine Verminderung des effektiven Wirkungsgrades von Kraftwerken je nach Art des Kohlendioxid-Rückhalts um etwa 20 bis 50 Prozent des jeweiligen Wertes ohne Rückhalt von Kohlendioxid erforderlich machen.

Dabei werden im wesentlichen zwei Möglichkeiten des Rückhaltes von Kohlendioxid diskutiert:

- eine Absorption des Kohlendioxids des Rauchgases bei einer Temperatur von 30 °C in einem Lösungsmittel (Monoäthanolamin), mit nachfolgender Austreibung des Kohlendioxids bei einer Temperatur von 150 °C und Zuführung in eine Deponie,

- eine Kohlevergasung vor der Verbrennung, also eine Umwandlung von Kohle in ein Gemisch von Wasserstoff und Kohlenmonoxid vorausgesetzt, könnte zunächst in einer katalytischen Reaktion (Eisen–Chrom–Legierung als Katalysator) bei ca. 400 °C durch Zufuhr von Wasserdampf das Kohlenmonoxid zu Kohlendioxid aufoxidiert werden, das so gebildete Kohlendioxid unter hohem Druck in einem Lösungsmittel (Selexol) gelöst werde. Anschließend könnte das gelöste Kohlendioxid bei Normaldruck wieder ausgasen und einer Deponie zugeführt werden.

Zur Deponierung von Kohlendioxid werden derzeit wiederum zwei Möglichkeiten diskutiert:

- Einpressen in leere Erdgasfelder (dies sollte eine dauerhafte Deponierung ermöglichen)

- Verflüssigung und Ausfrieren des Kohlendioxid bei einer Temperatur von etwa −80 °C; danach Versenkung der CO_2–Eisblöcke in große Ozeantiefen (dies sollte eine Deponierung für etwa 500 bis 3 000 Jahre, der Umwälzdauer des Meerwassers zwischen Tiefen und Oberflächen der Ozeane entsprechend, bieten).

Angesichts des verhältnismäßig hohen Aufwandes für einen CO_2–Rückhalt bei Kraftwerken erscheint z.B. eine Minderung des Bedarfs an elektrischer Energie und an Wärme durch effizientere, sparsamere Energie–Nutzung und eine Verlagerung zu nicht fossilen Energieträgern wesentlich wirkungsvoller, umweltfreundlicher und billiger zu sein.

Kohlevergasung

Unter Kohlevergasung versteht man die unter Druck und hoher Temperatur und unter Zuführung eines Vergasungsmittels (z.B. Wasserstoff, Wasserdampf) erfolgende Umwandlung von Kohle zu Synthesegasen (CO/H_2–Gemische) und/oder Methan. Die resultierenden Gasgemische, deren Hauptbestandteile von den Prozessbedingungen und der Wahl des Vergasungsmittels abhängen, bieten bessere

2.2. Energie in Form von Wärme, Elektrizität, Treibstoffen 125

und vielfältigere Einsatzmöglichkeiten (bessere Dosierung, Antrieb von Wärmepumpen o.ä.) als die ursprüngliche Kohle und sind, weil z.B. im allgemeinen besser entschwefelbar, umweltfreundlicher in der Handhabung. Diese Technologie bietet außerdem die Möglichkeit, tiefliegende, nicht konventionell abbauwürdige Kohlevorkommen vor Ort zu vergasen (in-situ-Vergasung).

Man unterscheidet drei verschiedene Formen der Kohlevergasung unter Zugabe von Wasserdampf unter hohem Druck und bei hoher Temperatur, nämlich:

- die Erzeugung von Wasserstoff,

- die Erzeugung von Synthesegas, einem Gemisch aus Kohlenmonoxid und Wasserstoff,

- die Erzeugung von Methan.

Für all diese Reaktionen beläuft sich bei den heute üblichen Verfahren das Verhältnis von Brennwert des erzeugten Gases zum Brennwert der eingesetzten Kohle für die Umwandlung und die dafür benötigte Prozesswärme auf etwa 65 Prozent.

Kohleverflüssigung

Grundprinzip bei der Verflüssigung von Kohle zu Kraftstoffen wie Benzin und Methanol ist die Aufspaltung der vielatomigen Moleküle der Kohlebestandteile (bis zu $5 \cdot 10^5$ Atome pro Molekül) und die anschließende Anlagerung von Wasserstoff an die Bruchstücke.

Dafür gibt es verschiedene Verfahren sowohl zur direkten Kohleverflüssigung als auch zur indirekten Gewinnung über Kohlevergasung und anschließende Verflüssigung des Synthesegases. In jedem Fall ist der Aufwand an Primärenergie zur Gewinnung der Kraftstoffe etwa gleich hoch wie der Heizwert der gewonnenen Kraftstoffe. Aus zwei Tonnen Steinkohle kann man also Benzin mit einem Brennwert von etwa einer Tonne Steinkohle gewinnen.

Ölraffinerie

Erdöl besteht fast ausschließlich aus flüssigen, mit Wasserstoff gesättigten Kohlenwasserstoffen mit mittleren Anteilen von etwa 87 Prozent Kohlenstoff, etwa

12 Prozent Wasserstoff und Beimengungen von Schwefel in der Größenordnung von 1 Prozent.

Die Aufgabe der Raffinerie besteht darin, das vorliegende Gemisch an Kohlenwasserstoffen hinsichtlich weiterer Verwendung in leichtflüssige Benzine, weniger leichtflüssige Heizöle bzw. Dieselöle, Schweröl und Bitumen zu zerlegen und dabei Kraftstoffe und Heizöle ausreichend zu entschwefeln.

Bei einer rein thermischen Fraktionierung liegt das Verhältnis der zu gewinnenden verschiedenen Kraftstoffe und Öl fest. Durch katalytisches Cracken und Zusatz von Wasserstoff läßt sich die Ausbeute an Benzin auf bis zu etwa 60%, Heiz- bzw. Dieselöl auf bis zu etwa 30% des eingespeisten Erdöls steigern.

Der Energieaufwand für die genannte Mineralölverarbeitung liegt je nach Verfahren zwischen etwa 6 und 10 Prozent des Heizwerts des eingesetzten Rohöls.

Gewinnung von Biogas

Aus ausreichend feuchten, organischen Abfällen jeglicher Art, wie z.B. Gülle, Mist, Fäkalien, Grünabfällen, Schlachtabfällen, Abwässern und Müll, kann von Bakterien in anaerober Fermentation, also unter Luft- und Lichtabschluß, Biogas erzeugt werden.

Diese Art Biogas besteht zumeist aus etwa zwei Dritteln Methan und einem Drittel Kohlendioxid und geringen Anteilen weiterer Gase wie z.B. Schwefelwasserstoff. Dieses Gas mit einem Brennwert von im Mittel 6.5 kWh pro m^3 kann nach Reinigung und Trocknung der Verbrennung in meist motorischen Kraftwerken zur kombinierten Erzeugung von elektrischer Energie und Wärme zugeführt werden.

Die Fermentation geschieht in sog. Faultürmen bei Temperaturen um 36 °Celsius und einer Verweildauer des Substrats zwischen 20 und 30 Tagen. Das ausgefaulte Substrat ist im allgemeinen als hochwertiger Dünger, besonders reich an Stickstoff, Phosphor und Kalium, in der Landwirtschaft nutzbar.

Zum Betreiben eines Biogasreaktors braucht man etwa 20 Prozent der Energie, die man dabei in Form von Biogas als Energieträger gewinnen kann.

Biogasmotoren werden typischerweise im Leistungsbereich von einigen 10 kW bis einige MW betrieben. Die mittlere Lebensdauer der Motoren liegt etwa bei 10 Jahren, die der Biogasreaktoren bei etwa 20 Jahren. Natürlich kann durch ständige Wartung mit entsprechendem Aufwand eine weit höhere Lebensdauer erzielt werden.

2.2. Energie in Form von Wärme, Elektrizität, Treibstoffen

Der relativ hohe Aufwand an Energie und Kosten für den Bau von Biogasanlagen erlaubt je nach Art und Größe der Anlage Energie-Erntefaktoren von etwa 2 bis 4, hier zum Vergleich mit anderen Kraftwerksanlagen wiederum definiert als das Verhältnis der über die mittere Lebensdauer der Anlage gewinnbaren mechanischen bzw. elektrischen Energie zum benötigten Aufwand an Primärenergie für Bau, Betrieb und Entsorgung der Anlage. Mit zunehmender Nutzung dieser Technik in unserem Land vor allem von größeren, lokalen und regionalen Gemeinschaftsanlagen sollte eine Erhöhung des Energie-Erntefaktors auf Werte von etwa 4 bis 6 möglich sein.

Um den wahren Wert und den vollen Nutzen einer Biogasanlage zu messen, sind zusätzlich noch sowohl der Wert des anfallenden hochwertigen Naturdüngers als auch die vermiedenen Kosten für eine anderweitige, umweltverträgliche Müllentsorgung zu berücksichtigen.

1990 waren in Deutschland erst mehrere Dutzend Biogasanlagen in Betrieb, meist zur Deckung eines Teils des Eigenbedarfs an elektrischer Energie. Aus 20 Anlagen wurde elektrische Energie in Höhe von etwa 1 Millionstel des derzeitigen Gesamtbedarfs ins öffentliche Netz eingespeist.

Wärme und elektrische Energie aus Solarstrahlung

Die Höhe der Sonneneinstrahlung mit den tageszeitlichen und jahreszeitlichen Schwankungen, dies in den verschiedenen geographischen Breiten auf der Erde, wurde in Abschnitt 2.2.2 (s. Abbildung 2.8) skizziert.

Über Absorption in *Flachkollektoren* kann das gesamte Sonnenlicht, sowohl Direktstrahlung als auch Streustrahlung, letztere bei uns dominant, in Heizwärme bei Temperaturen bis etwa 100 °C umgewandelt werden.

Über Absorption in *fokussierenden Kollektoren* kann das direkt eingestrahlte Sonnenlicht in Wärme mit Temperaturen von etwa 300 bis 600 °C konzentriert, diese Wärme dann in thermischen Kraftwerken über Turbinen und Generatoren in elektrische Energie umgewandelt werden.

Im Prinzip kann direkt eingestrahltes Sonnenlicht bei idealer, vollständiger Fokussierung zu Wärme mit der Temperatur der Lichtquelle, also der Sonnenoberfläche von etwa 5 500 °C konzentriert werden. Technisch realisiert wurden bisher "Solaröfen" z.B. zum Schmelzen hochreiner Metalle bei Temperaturen bis zu etwa 3 500 °C.

Schließlich kann das direkte und gestreute Sonnenlicht über Absorption in *Solarzellen* direkt in elektrische Energie umgewandelt werden.

Flachkollektoren sind im Prinzip Absorber, die das einfallende Sonnenlicht möglichst vollständig absorbieren und dabei entweder durch Abdeckung mit Glas oder durch Bedampfung mit bestimmten Absorbermaterialien selbst möglichst wenig Wärme wieder abstrahlen. Dem so aufgeheizten Absorber kann Wärme mittels einer Kühlflüssigkeit, die den Absorber in eingebetteten Rohrleitungen durchströmt, zur Nutzung als Heizwärme entzogen werden.

Bei einer für Deutschland typischen Einstrahlung von Sonnenlicht von etwa 1 000 kWh pro Quadratmeter und Jahr kann mit Flachkollektoren je nach ihrer Art Wärme in Höhe von 200 bis 500 kWh pro Quadratmeter Kollektorfläche und Jahr, dies bei typischen Temperaturen im Bereich zwischen 60 und 90 °C nutzbar gemacht werden. Bei kleinen Kollektoranlagen mit bestmöglicher Ergiebigkeit (meist zur Gewinnung von Warmwasser genutzt) belaufen sich die Investitionskosten derzeit auf ca. 1 300 DM pro m^2. Hierzu kommen die Kosten für einen Warmwasserspeicher von typisch 4 000 DM pro m^3 Speichervolumen.

Daraus resultiert — eine Anlagenlebensdauer von 25 Jahren vorausgesetzt — ein Energie-Erntefaktor von etwa 4.

Bei großen Flachkollektoranlagen mit saisonaler Heizwärmespeicherung (siehe das in Abschnitt 2.2.2 skizzierte Fallbeispiel) belaufen sich die Kollektorkosten nach Erprobungsstufen über mehrere Jahrzehnte inzwischen auf etwa 400 DM pro m^2, die Speicherkosten im Fall einer unterirdischen Kaverne im Gesteinsboden auf etwa 50 DM pro m^3 Speichervolumen.

Daraus resultiert —wiederum eine Anlagenlebensdauer von 25 Jahren vorausgesetzt — ein Energie-Erntefaktor von etwa 3 bis 4.

In Gebieten mit vorwiegend direkter Einstrahlung von Sonnenlicht, im äquatornahen Gürtel bis etwa 35° geographischer Breite und einer Einstrahlung im Bereich von 2 000 bis 3 000 kWh pro m^2 und Jahr kann Sonnenlicht in *thermischen Solarkraftwerken* in elektrische Energie umgewandelt werden.

In Abschnitt 2.2.2 ist als Fallbeispiel ein *thermisches Solarkraftwerk* mit *2-dimensional fokussierenden Parabolrinnen-Reflektoren* zur Gewinnung von Solarwärme bei etwa 390 °C skizziert (s. Abbildung 2.10 a). Dieses Kraftwerk in Kalifornien liefert elektrische Energie nur während der Zeit ausreichend hoher Sonneneinstrahlung, etwa 6 Stunden pro Tag, zur Deckung des Spitzenbedarfs an elektrischer Energie vornehmlich für Kühlung mittels Klimaanlagen.

Der Wirkungsgrad für die Umwandlung von eingestrahltem Sonnenlicht zu elektrischer Energie beläuft sich bei einer Nutzung von etwa 70 Prozent des Lichts als Wärme zum Betrieb der Kraftwerksturbine auf etwa 25 Prozent.

2.2. Energie in Form von Wärme, Elektrizität, Treibstoffen

Für dieses Kraftwerk — im Leistungsbereich bis zu einigen 100 MW — mit langjährig erprobter Technik ergibt sich ein Energie-Erntefaktor, definiert als das Verhältnis der erzeugten elektrischen Energie innerhalb der Anlagenlebensdauer zum Primärenergie-Aufwand für Bau und Betrieb der Anlage — eine Lebensdauer der Anlage von 25 Jahren angenommen — , von etwa 3.

Eine weitere, bislang in einigen wenigen, kleinen Pilotanlagen erprobte Möglichkeit für große Solarkraftwerke sind *thermische Solarturmanlagen* mit *3dimensional fokussierenden Lichtkollektoren* zur Gewinnung von Solarwärme bei einer Temperatur von z.B. etwa 560 °C.

Hier soll das Sonnenlicht in einem großen Kollektorfeld bestehend aus einer Vielzahl von einzelnen, lichtfokussierenden Kollektoren, welche ständig dem Sonnenstand nachgerichtet werden, auf einen Absorber in der Spitze des Turms, etwa 100 m hoch über dem Kollektorfeld konzentriert werden. Dem Absorber wird die Wärme über ein durchströmendes Kühlmittel, z.B. flüssiges Salz wie Natrium- und Kaliumnitrat bei einer Temperatur von 560 °C entnommen und einem Dampfkraftwerk zugeführt (s. Abbildung 2.10 b).

Für eine elektrische Leistungsabgabe des Kraftwerks von 200 MW, dies beschränkt auf etwa 6 Stunden pro Tag, bedarf es einer Netto-Kollektorfläche von etwa 1 km^2.

Der Wirkungsgrad für die Umwandlung von eingestrahltem Sonnenlicht zu elektrischer Energie beläuft sich bei einer Nutzung von etwa 70 Prozent des Lichts als Wärme zum Betrieb der Kraftwerksturbine auf etwa 30 Prozent.

Für ein Solarkraftwerk dieser Art — im Leistungsbereich bis zu einigen 100 MW- , wiederum mit Bereitstellung von elektrischer Energie während etwa 6 Stunden pro Tag, wird — eine weitere schrittweise Erprobung dieser Technik über einige Jahrzehnte vorausgesetzt — für den schließlich erreichten Bestfall aus heutiger Sicht ein Energie-Erntefaktor von etwa 3 prognostiziert.

Wollte man mittels der genannten Art elektrische Energie im Dauerbetrieb, im Prinzip also über 24 Stunden pro Tag, verfügbar machen, so müßte man während der Sonneneinstrahlung einen entsprechenden Teil der dann gewinnbaren Solarwärme speichern, z.B. in Form von heißem Thermoöl oder heißen, flüssigen Salzschmelzen (s. Kapitel 2.2.4) und während der dunklen Tageszeit das Kraftwerk mit der gespeicherten Wärme speisen.

Dies würde den Energieaufwand für den Bau des Solarkraftwerks um schätzungsweise etwa 50 Prozent erhöhen. Damit würde der erreichbare Energie-Erntefaktor für die Erzeugng elektrischer Energie um etwa ein Drittel gegenüber dem Wert ohne Wärmespeicher reduziert werden.

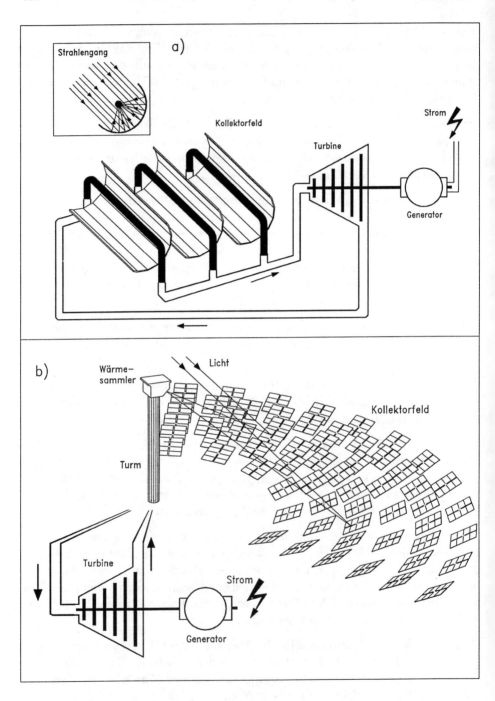

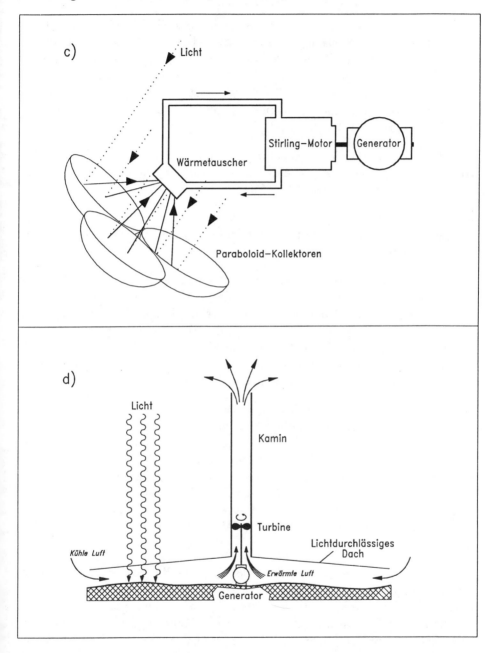

Abbildung 2.10: Energie aus Solarstrahlung:
a)Parabolrinnen–Anlage b)Solarturm–Anlage c)Parabolspiegel–Anlage
d)Aufwind-Solarkraftwerk

Ein weiterer Typ von Solarkraftwerken mit vergleichsweise kleiner Leistung bis zu etwa 100 kW sind *Parabolspiegel–Stirlingmotor–Anlagen*. Dabei wird das direkte Sonnenlicht mittels eines oder mehrerer bis vieler Parabolspiegelreflektoren auf einen Wärmeabsorber fokussiert, von dort die Wärme bei Temperaturen um etwa 300 °C mittels Gasen wie z.B. Luft oder Wasserstoff abgeführt, mit dem heißen Gas ein nach seinem Erfinder benannter Stirling–Heißluftmotor und darüber ein elektrischer Generator betrieben (s. Abbildung 2.10 c).

Der Wirkungsgrad für die Umwandlung von eingestrahltem Sonnenlicht zu elektrischer Energie beläuft sich bei einer Nutzbarmachung von etwa 70 Prozent des Lichts als Wärme zum Betrieb des Motors auf etwa 20 Prozent.

Auch diese Technik wird bislang erst in wenigen Pilotanlagen erprobt. Für den schließlich zu erreichenden Bestfall wird heute ein Energie–Erntefaktor von etwa 2 prognostiziert.

Auch bei diesem Solarkraftwerkstyp besteht die Möglichkeit, die Nutzungszeit durch Wärmespeicherung von ca. 6 Stunden auf 24 Stunden pro Tag auszudehnen. Beispielsweise kann Wasserstoff bei einer Temperatur um 300 °C aus einem Metallhydridspeicher ausgetrieben und in Drucktanks gespeichert werden. Während der dunklen Tageszeit kann dann der Wasserstoff wieder als Hydrid gespeichert werden, dies dann unter Wärmefreisetzung bei einer Temperatur um 200 °C, immer noch ausreichend zum Betrieb eines Heißluftmotors.

Schließlich ist hier auch noch das *Aufwind–Solarkraftwerk*, bislang nur in einer einzigen, relativ kleinen Pilotanlage erprobt, vorzustellen: Das Prinzip dieses Kraftwerktyps ist in Abbildung 2.10d skizziert. Das durch ein lichtdurchlässiges, weitflächiges Dach, wenige Meter über dem Boden über viele 1000 m^2 Fläche eingestrahlte Sonnenlicht erwärmt die Luft im überdachten Raum, bewirkt damit einen Anstieg des Luftdrucks. Dieser Überdruck kann sich über einen möglichst hohen Kamin — mehrere 100 m hoch — entspannen. Die damit verbundene Luftströmung durch den Kamin kann eine Windturbine und darüber einen elektrischen Generator betreiben.

Der Wirkungsgrad für die Umwandlung der eingestrahlten Sonnenenergie zu elektrischer Energie ist dabei im günstigsten Fall auf etwa 5 Prozent beschränkt. Bei Überdachung eines Areals von etwa 1 km Durchmesser und einem Aufwindturm von etwa 50 m Durchmesser und 500 m Höhe (zum Vergleich: die Höhe des höchsten Turms in Deutschland, des Turms des Ulmer Münsters beträgt 162 m) könnte man eine elektrische Leistung während der Einstrahlungszeit von etwa 5 MW gewinnen. Für den nach ausreichender technischer Entwicklung erreichbaren Bestfall wird ein Energie–Erntefaktor von etwa 2 bis 3 prognostiziert.

2.2. Energie in Form von Wärme, Elektrizität, Treibstoffen

Nachfolgend sind zur zusammenfassenden Übersicht die derzeit erreichten und nach ausgereifter Entwicklung künftig erreichbaren Energie-Erntefaktoren für die diversen Arten von Solarkraftwerken tabelliert (s. Tabelle 2.23).

Von allen Arten thermischer Solarkraftwerke ist bislang nur der Typ des 2dimensional fokussierenden Parabolrinnen-Farmkraftwerks in technisch ziemlich ausgereifter Form in wirtschaftlicher Nutzung.

Für alle anderen Technologien kann der Energie-Erntefaktor technisch ausgereifter Anlagen erst nach intensiver weiterer Erprobung und Verbesserung der entsprechenden Techniken beurteilt werden.

Solarzellen, über entsprechend große Flächen ausgebracht, könnten im Prinzip beliebig große Mengen an elektrischer Energie erzeugen, allerdings beschränkt auf die relativ kurze Zeit hoher Sonneneinstrahlung. Eine stetige Versorgung mit elektrischer Energie mittels Solarzellen (sogenannte Photovoltaik) setzt eine ausreichende Speicherung elektrischer Energie voraus. Eine direkte Speicherung in Batterien wird nach heutigem physikalischen Wissen energetisch wohl immer unwirtschaftlich bleiben. Die einzige, bislang erkennbare Möglichkeit der elektrischen Speicherung großer Mengen an elektrischer Energie stellen Pumpwasserspeicher dar, mit einem Energiebedarf für den Betrieb in Höhe von etwa 20 Prozent der zu speichernden elektrischen Energie.

Das Prinzip von Solarzellen ist, einfallendes Licht in zumeist Halbleiterdioden, heute vornehmlich monokristalline oder multikristalline, dünne Siliziumschichtzellen, direkt in elektrische Energie umzuwandeln mit Zellspannungen von etwa $\frac{1}{2}$ Volt.

Der Umwandlungswirkungsgrad von Sonnenlicht in elektrische Energie beträgt dabei im Idealfall etwa 25 Prozent, im technischen Realfall für Zellmodule etwa 10 bis 15 Prozent, für das Gesamtsystem etwa 10 Prozent. Das bedeutet, daß man pro m² Solarzellenfläche bei höchstmöglicher Sonneneinstrahlung von etwa 1 kW Lichtleistung etwa 100 Watt elektrische Leistung, bei uns über ein volles Jahr summiert etwa 100 kWh elektrische Energie erzielen kann, dies beschränkt auf etwa 20 Prozent der Zeit.

Für eine Einspeisung elektrischer Energie aus Solarzellen in das elektrische Netz bei uns ist eine Umwandlung des Gleichspannungsstroms aus Solarzellen auf eine 50 Hertz Wechselspannung von 240 Volt notwendig.

Der Kosten- bzw. Energie-Aufwand für Solarzellenanlagen beläuft sich pro m² Zellenfläche (entsprechend 100 Watt Peak-Leistung und 100 kWh elektrischer Energie über ein Jahr summiert) derzeit auf:

Art des Solar-Kraftwerks	ohne Wärmespeicher			
	Invest.-Kosten DM/kW$_{el}$	Strom-Kosten DM/kWh	Energie-Ernte-Faktor	Strom zeitl. verfügb. h/Tag
2dim.fokuss. Parabolrinnen-KW	6000 (5000)	0.2 (0.15)	2.5 (3)	6h
3dim.fokuss. Turm-KW	10000 (4000)	0.5 (0.15)	1 (3)	6h
3dim.fokuss. Parabol.-Koll. Stirling-M.	13000 (4000)	0.6 (0.26)	1 (2)	6h
Aufwind-KW	15000 (5000)	0.7 (0.2)	0.7 (2.5)	8h
	mit Wärmespeicher für 24 h Betrieb			
2dim.fokuss. Parabolrinnen-KW		(0.2)	(2)	24h
3dim.fokuss. Turm-KW		(0.25)	(2)	24h
3dim.fokuss. Parabol.-Koll. Stirling-M.		(0.35)	(1.5)	24h
Aufwind-KW		—	—	—

Tabelle 2.23: *Vergleich verschiedener Typen von Solarkraftwerken bezüglich Investitionskosten zum Bau der Anlage, resultierender Stromkosten und Energie–Erntefaktoren. Der Erntefaktor ist wiederum definiert als das Verhältnis von gewinnbarer elektrischer Energie während der Lebensdauer der Anlage, zum Aufwand an Primärenergie für Bau und Betrieb der Anlage (nach[DLR 92/Win90]) (Zahlenangaben ohne Klammern entsprechen derzeitigen Werten, Zahlenangaben in Klammern entsprechen heute prognostizierten künftigen Bestwerten nach ausreichender Erprobung der Technologien).*

2.2. Energie in Form von Wärme, Elektrizität, Treibstoffen

für das Solarzellen-Modul	DM	1 000.-
für die mechanische Tragstruktur	DM	300.-
für den Wechselrichter	DM	200.-
insgesamt	DM	1 500.-

Dies entspricht einem Energie-Aufwand von etwa 3 000 kWh Primärenergie.

Bei Großserienfertigung, welche innerhalb weniger Jahrzehnte erreicht werden könnte, hofft man die Kosten und damit den benötigten Energieaufwand reduzieren zu können, wiederum pro m^2-Zellenfläche, im Bestfall auf:

für das Solarzellen-Modul	DM	200.-
für die Tragkonstruktionen	DM	50.-
für den Wechselrichter	DM	50.-
insgesamt	DM	300.-

Dies würde einem Aufwand an Primärenergie von etwa 600 kWh entsprechen.

Setzt man eine Lebensdauer der Anlagen von 25 Jahren voraus, so würde daraus ein Energie-Erntefaktor, also das Verhältnis insgesamt gewonnener elektrischer Energie zum Aufwand an Primärenergie für den Bau der Anlage, von etwa 4 resultieren.

Windkraftwerke

Im Idealfall eines freistehenden Windrades mit horizontaler Welle, einer Windströmung senkrecht zur Rotorfläche und einer Umlaufgeschwindigkeit der Flügelspitzen des Windrades wesentlich höher als die Windgeschwindigkeit könnten etwa 60 Prozent der auf die vom Rotor überstrichenen Fläche auftreffenden Windenergie in Rotationsenergie des Rotors und über einen Generator in elektrische Energie umgewandelt werden. Der verbleibende Teil der Windenergie wird benötigt, die Luft hinter dem Rotor wegströmen zu lassen, damit der Wind nicht zum Stillstand kommt.

Im Realfall heute meist ein- bis dreiblättriger Windräder mit horizontaler Achse wird ein Umwandlungswirkungsgrad bis zu etwa 40 Prozent erreicht (vergleichsweise hatte eine alte Windmühle mit ihren Holzflügeln einen Wirkungsgrad von etwa 15 Prozent).

Die Windgeschwindigkeit nimmt in Bodennähe mit steigendem Abstand vom Boden im allgemeinen zu. Die Leistung eines Windrades ist proportional der vom Rotor überstrichenen Fläche, damit proportional dem Quadrat der Rotorflügellängen. Andererseits steigt der Aufwand für den Bau eines ausreichend stabilen Windkraftwerkes mindestens mit der 3. Potenz der Turmhöhe und Rotorflügellänge. Dies setzt letztlich eine obere Grenze für die Leistungsgröße von Windenergiekonvertern.

Die wirtschaftlichste Leistungsgröße, also der größtmögliche Energie-Erntefaktor von Windkonverteranlagen liegt bei heute ausgereifter Technik im Bereich mehrerer 100 kW maximaler Leistungsabgabe. Sowohl größere als auch kleinere Anlagen sind aufwendiger.

Beispielsweise ergibt sich für einen Windkonverter mit einem Rotordurchmesser von 40 Metern bzw. einer Maximalleistung von etwa 500 kW bei 2 500 Benutzungsstunden pro Jahr und einer heute meist zugrunde gelegten Lebensdauer von 15 Jahren ein Energie-Erntefaktor, wieder definiert als insgesamt abgegebene elektrische Leistung zum Aufwand an Primärenergie für den Bau der Anlage, von etwa 8.

Wasserkraftwerke

Im Prinzip kann die Bewegungsenergie strömenden und fallenden Wassers beim Durchströmen von Wasserrädern bzw. heute zumeist von Turbinen vollständig in mechanische Rotationsenergie und über einen angekoppelten Generator in elektrische Energie umgewandelt werden. Diese Bewegungsenergie ist bei strömendem (Fluß-) Wasser der Durchflußmenge und dem Quadrat der Strömungsgeschwindigkeit (meist einige Meter pro Sekunde), bei fallendem Wasser (aus Stau- und Speicherseen) der Durchflußmenge und der Fallhöhe (meist im Bereich von etwa 10 m bis mehreren 100 m) proportional.

Im Realfall werden Umwandlungswirkungsgrade der Turbinen bis zu etwa 90 Prozent erreicht. Die Maximalleistung einzelner Turbinen liegt im Bereich einiger kW bis zu fast 1 GW.

Der Investitionsaufwand für den Bau von Wasserkraftanlagen liegt pro installierter Leistung von 1 kW derzeit für kleine Anlagen in einem breiten Bereich um etwa 9 000 DM, für große Anlagen in einem Bereich um etwa 4 000 DM. Bei einer (meist zugrundegelegten rechnerischen) Lebensdauer der Anlage von 40 Jahren resultiert für die Anlage im Dauerbetrieb daraus ein Energie-Erntefaktor zwischen 10 (für kleine Anlagen) und 20 (für große Anlagen, dies aber ohne Berücksichtigung externer Kosten).

2.2. Energie in Form von Wärme, Elektrizität, Treibstoffen

Kernkraftwerke — Kernspaltung

Prinzip der Kernspaltung:

Die schwersten natürlichen Atomkerne leiden an Übergewicht. Im Uran-Atomkern können die 235 Kernbausteine, 92 elektrisch geladene Protonen und 143 elektrisch neutrale Neutronen, durch Kernkräfte gerade noch, etwa kugelförmig geballt, zusammengehalten werden. Gelegentlich, im statistischen Mittel über viele Urankerne nach der mittleren Lebensdauer eines Kerns von einigen Milliarden von Jahren, zerplatzt ein Urankern in zwei etwa gleichschwere Bruchstücke, deren Kernbausteine sich gleich wieder kugelförmig zusammenballen, wobei zwei bis drei Neutronen als freie Einzelgänger übrig bleiben. In einem Kilogramm Uran, das aus etwa $25 \cdot 10^{23}$ Atomen besteht, zerplatzen pro Sekunde etwa 10 Millionen Kerne.

Beim Zerplatzen werden die Bruchstücke auseinandergeschleudert, im umgebenden Material schnell abgebremst, wobei so die Bewegungsenergie der Bruchstücke in Reibungswärme umgewandelt wird. Diese Wärme wird bei der forcierten Kernspaltung in Kernreaktoren genutzt, z.B. durch Umwandlung in elektrische Energie.

Um gezielt so ausreichend Wärme zu gewinnen, muß die Kernspaltung forciert, also die Zahl der Kernzerfälle künstlich wesentlich erhöht werden. Dies kann erreicht werden, wenn ein freies Neutron aus einem Kernzerfall, nach Stößen mit geeigneten leichten Atomkernen, sog. Moderatorkernen, abgebremst, genügend langsam auf einen noch heilen Urankern trifft, dabei von diesem eingefangen werden kann. Dabei allerdings überlädt sich dieser Kern und zerbricht innerhalb von Sekundenbruchteilen bis Sekunden in zwei etwa gleich schwere Bruchstücke und wiederum einige wenige freie Neutronen: Die Kettenreaktion von Kernspaltungen ist so zum Laufen gebracht.

Bei allen Typen von Kernreaktoren stabilisiert sich die Kettenreaktion im ungestörten Betrieb natürlicherweise, also ohne Zutun des Menschen: Eine zufällige Intensivierung der Kettenreaktion bewirkt eine erhöhte Wärmefreisetzung, führt zu einer Erhöhung der Temperatur von Kernbrennstoff, Moderator und Kühlmittel. Deren Dichte vermindert sich entsprechend der thermischen Ausdehnung. Dadurch sinkt unter anderem die Trefferwahrscheinlichkeit der Neutronen, damit die Intensität der Kettenreaktion. Beim Unterschreiten der durch mehr oder minder tiefes Eintauchen von Neutronenabsorberstäben in den Reaktorkern einstellbaren Intensität der Kettenreaktion, damit der Temperatur im Reaktor, erhöht sich die Dichte der Reaktormaterialien, die Neutronentrefferwahrscheinlichkeit steigt wieder.

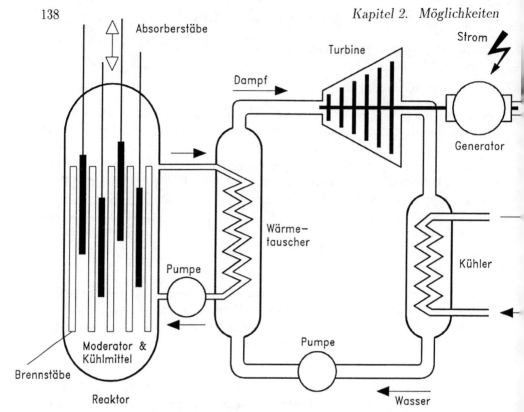

Abbildung 2.11: Prinzip des Aufbaus eines Kernkraftwerkes

Prinzip eines Kernkraftwerkes

Der prinzipielle Aufbau eines Kernkraftwerkes ist im Folgenden skizziert (s. Abbildung 2.11):

Die den Kernbrennstoff enthaltenden Brennstäbe werden im Reaktorgefäß von einem Kühlmittel umströmt, das die bei der Kernspaltung letztlich freigesetzte Wärme abführt. Über einen Wärmetauscher wird die Wärme im allgemeinen zur Erzeugung von Heißdampf zum Betrieb eines üblichen Dampfturbinen–Generators genutzt.

Im Fall der in Deutschland üblichen Leichtwasser–Reaktoren dient das Kühlmittel Wasser gleichzeitig als sogenannter Moderator zur Abbremsung der bei der Kernspaltung freigesetzten schnellen Neutronen auf die zum Auslösen weiterer Kernspaltungen nötigen thermischen Geschwindigkeiten.

Charakteristische Größen eines in Deutschland typischen Leichtwasser–Reaktors:

- Thermische Leistung: 3.5 GW

2.2. Energie in Form von Wärme, Elektrizität, Treibstoffen

- Temperatur des Kühlmittels bei Verlassen des Reaktors: 320^{0}C

- Elektrische Leistung: 1.2 GW

- Brennstoff-Inventar: 100 t Uran, bei welchem der relative Anteil an "brennbarem" Uran–Isotop U–235 vom natürlichen Wert von 0.7 Prozent auf 3 Prozent angereichert wurde.

- Jährlicher Brennstoffbedarf bei einer typischen Nutzungsdauer von 80 Prozent der Zeit: ca. 1 Tonne Uran–Isotop U–235. Dies entspricht ca. 33 Tonnen angereicherten Urans bzw. 200 Tonnen Natururans.

Kostenaufwand und Energie–Erntefaktor eines Leichtwasser–Reaktors mit 1.2 GW elektrischer Leistung:

Die Baukosten betragen derzeit etwa 6 Mrd. DM, einem Primärenergie–Aufwand von etwa 14 Mrd. kWh entsprechend. Bei einer angenommenen Lebensdauer von etwa 25 Jahren beläuft sich der Primärenergie–Aufwand für Brennstoffbereitstellung auf 8 Mrd. kWh, für den Betrieb des Reaktors auf 2 Mrd. kWh, für Entsorgung und Endlagerung von Brennmaterial und Reaktor auf ca. 5 Mrd. kWh.

Daraus ergibt sich der Energie–Erntefaktor, wieder definiert als das Verhältnis erzeugter elektrischer Energie zu Primärenergie–Aufwand für Bau, Betrieb und Entsorgung des Kraftwerks, zu etwa 7.

Derzeit (1989) sind weltweit in 30 Ländern für kommerzielle Stromerzeugung 430 Kernkraftwerke in Betrieb mit einer installierten elektrischen Leistung von 325 GW. Daraus werden 17 Prozent des weltweiten Strombedarfs gedeckt. Weitere 110 Kernkraftwerksblöcke mit einer Leistung von 100 GW sind im Bau. In Deutschland sind 21 Kraftwerksblöcke mit einer installierten Leistung von 24 GW in Betrieb und decken etwa 31 Prozent unseres derzeitigen Strombedarfs.

Der derzeit kommerziell meist genutzte und mit Abstand sicherste aller genutzten Typen ist der *Leichtwasser–Reaktor*. Beim Normalbetrieb liegt die Belastung durch Freisetzung radioaktiver Stoffe selbst in nächster Nähe des Reaktors weit unter der natürlichen Radioaktivität aus Luft, Wasser und Boden.

Mögliche Umweltbelastungen bei einem großen Kernkraftwerksunfall werden im nächsten Kapitel einzeln dargestellt.

Der *wassergekühlte, graphitmoderierte Reaktortyp*, nur in der GUS genutzt, ist technologisch vergleichsweise einfach zu realisieren, birgt aber die Gefahr in sich, daß beim Verlust des Kühlmittels Wasser, z.B. durch einen Rohrbruch,

Reaktor-Typ	Anreicherung von Uran-235 im Brennstoff	Moderator	Kühl-mittel	Beispiel für Benutzer-Länder
Leichtwasser	3%	Wasser	Wasser	D,CH,F,S, FS,USA,J,GUS...
Schwerwasser	0.7%	Schwer-Wasser	Schwer-Wasser	Canada, Indien Korea, Pakistan
Gas-Graphit	3%	Graphit	Kohlendioxid	UK, F
Wasser-Graphit	2%	Graphit	Wasser	GUS (Tschernobyl)
Brut-Reaktor	18%	–	Natrium	F, UK, GUS
Hochtemperatur-Reaktor	10 bis 93 %	Graphit	Helium	D (nur 1 Test-R. u. 1 stillgel.komm.R.)

Tabelle 2.24: *Übersicht über verschiedene Reaktor-Typen*

die Kettenreaktion der Kernspaltung noch intensiviert weiterlaufen kann (sog. Leistungsexkursion), was wiederum zur Überhitzung und Knallgasbildung, bei dessen Entzündung zur Explosion führen kann, wie dies beispielsweise beim Reaktorunfall in Tschnobyl geschehen ist. Da bei den bestehenden Reaktoren dieser Art auch noch eine äußere, druckfeste Schutzhülle fehlt, wurde beim genannten Unfall, einer Kette von Reaktor-Leistungsexkursion, chemischer Explosion und nachfolgendem Graphitbrand über mehrere Tage, Radioaktivität von etwa $2 \cdot 10^{18}$ Bequerel (Definition siehe Anhang 3: Radioaktivität), etwa 4 Prozent der im Reaktor enthaltenen radioaktiven Stoffe in die Atmosphäre bis in ca. 1 200 m Höhe geschleudert und weitestgehend in einigen Gebieten mit einer Gesamtfläche von etwa 5 000 km² in Entfernungen bis zu mehreren hundert km von Unfallort niedergeregnet. Aus den mit radioaktivem Niederschlag hochverseuchten Gebieten mußten etwa 400 000 Menschen evakuiert werden.

Im sogenannten *Brutreaktor* wird nicht der im natürlichen Uran nur mit 0.7 Prozent vorhandene Anteil des Uran-Isotops Uran-235 als primärer Brennstoff genutzt, sondern vielmehr Plutonium. Beim Betrieb des Reaktors wird Plutonium aus dem Uran-Isotop Uran-238 erbrütet, das selbst nicht als Brennstoff tauglich ist, aber 99.3% des natürlichen Urans ausmacht. Auf diese Weise kann das eingesetzte Natururan praktisch vollständig zu Kernbrennstoff umgewandelt

2.2. Energie in Form von Wärme, Elektrizität, Treibstoffen

und als solcher benutzt werden, vorausgesetzt der Brennstoff wird wiederaufgearbeitet bzw. das Plutonium aus dem den Reaktor umhüllenden Brut–Uranmantel extrahiert.

Zur Entnahme der Wärme aus dem Reaktor wird als Kühlmittel im relevanten Temperaturbereich mehrerer hundert Grad meist flüssiges Natrium benutzt.

Zur Sicherheit des Betriebs von Brutreaktoren: Auch beim Brutreaktor können spontane Änderungen der Kernspaltungsrate — zumindest in einem weiten Bereich — durch mehrere reaktorspezifische Abhängigkeiten von der Reaktortemperatur selbständig stabilisiert werden.

Der "schnelle" Brutreaktor ist jedoch nicht generell gegen eine Leistungsexkursion bis schließlich hin zu einer Nuklearexplosion geschützt, da hier die Kernspaltung durch schnelle Neutronen, wie sie direkt beim Kernzerfall verfügbar werden, bewirkt wird. Im Unterschied dazu wird im Leichtwasser–Reaktor die Kernspaltung durch thermische Neutronen herbeigeführt, d.h. durch Neutronen die nach ihrer Freisetzung bei einem Kernzerfall erst durch Stöße mit Moderatoratomkernen ausreichend abgebremst worden sind. Deshalb müssen Brutreaktoren mit einer weit größeren Redundanz an Sicherheitsvorkehrungen zur automatischen Abschaltung und Kühlung eines Reaktors bei Leistungsexkursionen ausgerüstet werden als dies bei "thermischen" Reaktoren notwendig ist.

Beim *Hochtemperatur–Reaktor* wird Wärme im Temperaturbereich zwischen 800 und 1 000^0 Celsius erzeugt. Möglich wird dies durch Einbetten des Reaktorbrennstoffs, hochangereichertes Uran-235, in entsprechend temperaturbeständiges keramisches Material. Die Wärmeabfuhr geschieht über durchströmendes Heliumgas.

Die hohe Temperatur der verfügbaren Wärme eröffnet zusätzlich zur Erzeugung von elektrischer Energie vielfältige Nutzungsmöglichkeiten als Prozesswärme.

Zur Betriebssicherheit: Der Hochtemperatur–Reaktor, wie in Jülich erfolgreich langjährig erprobt, ist zumindest für Module mit einer elektrischen Leistung von maximal etwa 200 MW der einzige bislang erprobte Reaktortyp, der betriebsmäßig inhärent sicher ist, bei welchem also in jedem möglichen Schadensfall die Kettenreaktion selbständig erlischt, wobei die Nachwärme ohne Eingriffe von außen und ohne Beschädigung des Reaktors natürlich über Wärmeleitung und Wärmestrahlung nach außen abgeführt wird, alles ohne Freisetzung von Radioaktivität in nennenswertem Umfang.

Bedingungen für umweltverträgliche Nutzung

Eine umweltverträgliche Nutzung von Kernenergie setzt sowohl eine Minimierung des Risikos als auch eine Begrenzung des maximal möglichen Schadensausmaßes eines Unfalls auf ein tolerables Maß voraus. Dies gilt für die gesamte Betriebskette von der Förderung der Uranerze, über die Aufbereitung der Brennstoffe und den Reaktorbetrieb bis hin zur Entsorgung radioaktiver Abfälle und ausgedienter Reaktormaterialien.

Als Beispiel für eine mustergültige, umweltverträgliche Förderung von Uranerzen kann das — inzwischen aus wirtschaftlichen Gründen geschlossene — Uranbergwerk im Schwarzwald genannt werden (die radioaktive Belastung der Bergarbeiter konnte, überwacht mit "maßgeschneiderten" Meßgeräten, immer deutlich unterhalb des gesetzlichen Toleranzwertes gehalten werden. Das Umfeld des Bergwerks wurde völlig frei von radioaktiven Abfällen jeglicher Art gehalten.). Als Gegenbeispiel für eine kriminell umweltgefährdende Uranförderung darf wohl die inzwischen ebenfalls geschlossene Grube Wismut in der ehemaligen DDR genannt werden (hier wurden die Arbeiter mit Radioaktivität in gesundheitsschädigendem Ausmaß, häufig mit Todesfolge, belastet. Die radioaktiven Abfälle wurden — Wind und Wasser frei zugänglich — an der Oberfläche auf Halde gekippt.).

Als Beispiel für den Betrieb von Kernkraftwerken mit derzeit höchstmöglicher Sicherheit kann der Betrieb von Leichtwasser-Reaktoren in Deutschland und einigen weiteren mittel- und nordeuropäischen Ländern genannt werden (hier werden Betrieb und Wartung entsprechend der gesetzlichen Auflagen ständig dem neuesten Erkenntnisstand angepaßt und von einem regelmäßig intensiv geschulten Personal durchgeführt. Die radioaktive Belastung von Betriebspersonal und Umwelt kann deutlich unterhalb der gesetzlichen Toleranzgrenzen gehalten werden. Das Risiko gegen Störfälle — wie im vorigen Abschnitt geschildert — kann im Unterschied zum Kraftwerksbetrieb in manch anderen Ländern kleinstmöglich gehalten werden.). Als Gegenbeispiel für extrem unsichere Nutzung dient der Betrieb der Wasser-Graphit-Reaktoren vom Tschernobyl-Typ in den Ländern der GUS.

Als Beispiel für eine ausreichend sichere Endlagerung radioaktiver Abfälle ist die Deponierung in tiefen Gesteinskavernen unterhalb von Grundwasserströmen anzusehen. Wie von der Natur selbst im Fall der natürlich "abgebrannten" Uranerzlagerstätten in Westafrika vor etwa 2 Jahrmillionen bewiesen, kann aus solchen Lagerstätten über beliebig lange Zeiträume keine Radioaktivität in nennenswertem Umfang wieder an die Erdoberfläche, in die Biosphäre gelangen. Dies ist anhand bekannter Naturgesetze verständlich zu machen: Die einzigen natürlichen Möglichkeiten, die eingelagerten radioaktiven Atome aus der Tiefe wieder nach oben zu befördern, sind Kapillarkräfte und Ionenaustauschprozesse. Kapillarkräfte können Flüssigkeiten und damit auch darin gelöste Stoffe in engen Kapillaren, welche im Gestein möglicherweise vorhanden sind, je nach Durchmesser der Kapillaren über Distanzen von einigen mm bis einigen m hochziehen.

2.2. Energie in Form von Wärme, Elektrizität, Treibstoffen

Des weiteren können molekulare Bindungskräfte unter bestimmten Voraussetzungen in festen Stoffen durch Ionenaustausch einen Transport einzelner Atome von Molekül zu Molekül bewirken. Insgesamt können auf diese Art aber nur winzige Mengen und diese erst innerhalb von Zeiträumen von vielen tausend Jahren über Distanzen von z.B. 100 m transportiert werden.

Als ein Gegenbeispiele für äußerst umweltschädigende Lagerung radioaktiver Abfälle kann man z.B. ein Lager in der heutigen GUS bei Kyschtym am Südfuß des Urals ansehen. Dort wurden hochradioaktive Abfälle aus der Atombombenproduktion in Tanks ziemlich ungeschützt gelagert. Bei einer Gasexplosion eines dieser Tanks vor 35 Jahren wurde mit dessen Inhalt an Radioaktivität etwa 4 Prozent der beim Tschernobyl-Unfall freigesetzten Radioaktivität ein Gebiet von etwa 50×50 km^2 radioaktiv verseucht. Etwa 10 000 Personen mußten aus diesem Gebiet evakuiert werden.

Umweltbelastung durch radioaktive Schadstoffe bei der Nutzung von Kernenergie mittels Leichtwasser-Reaktoren

Der größtmögliche Unfall kann bei einem totalen Ausfall der Kühlung des Reaktors eintreten. Dabei erlischt zwar die Kettenreaktion der Kernspaltung natürlicherweise; aber die noch über Tage in hohem Umfang weiter freiwerdende Wärme aus dem Zerfall von kurzlebigen, während des Reaktorbetriebes im Material des Reaktorkerns gebildeten radioaktiven Substanzen kann zu einer Überhitzung im Reaktor, dabei zur Bildung von Knallgas durch Wasserspaltung am zu heiß gewordenen Metallmantel der Brennstäbe führen. Bei einer möglichen Entzündung des Knallgases kann der Reaktorkern durch die Explosion zerstört werden. Sofern dabei die äußere, druckfeste Hülle des Reaktors der Explosion im Inneren standhält, wofür sie gebaut ist, wird zwar der Reaktorkern zerstört, aber die Freisetzung von Radioaktivität in gefährlichem Umfang an die Umwelt verhindert. Beispiel eines solchen Unfalls war der Reaktorunfall bei Harrisburg in den USA. Allerdings kann beim genannten Störfall, wenn auch mit einer äußerst geringen Wahrscheinlichkeit — im statistischen Mittel etwa einmal innerhalb von mehreren hunderttausend Jahren beim Betrieb von 20 Reaktoren wie derzeit in Deutschland — auch noch die Reaktorhülle bersten. Dabei könnte ein wesentlicher Teil der im Reaktor befindlichen Radioaktivität in einem Ausmaß wie beim Reaktorunfall von Tschernobyl in die Umwelt freigesetzt werden.

Dieses sogenannte Restrisiko einer Unfallkatastrophe kann durch weitere Sicherheitsvorkehrungen noch wesentlich vermindert, völlig vermieden aber nie werden.

Das Schadensausmaß eines solchen Unfalls können wir heute am Beispiel des

Tschnobyl-Unfalls erkennen. Die Gesamtbelastung der Bevölkerung durch Radioaktivität aus diesem Unfall über Einatmung und Nahrungsaufnahme beläuft sich auf etwa 30 Millionen–Personen–rem (bzw. 0.3 Millionen–Personen–Sievert) (Definition und weitere Erklärung in Anhang 3: Radioaktivität). Dies ist nachweisbar aus Ganzkörpermessungen der aufgenommenen Radioaktivität bei mehreren tausend Menschen in der betroffenen Region.

Diese radioaktive Belastung wird in der betroffenen Bevölkerung im Verlauf mehrerer Jahrzehnte unter Zugrundelegen einer linearen Dosis–Wirkung–Beziehung (mit einer Todesrate von 500 Todesfällen pro Million–Personen–rem Belastung) zu maximal 10 000 bis 20 000 zusätzlichen Todesfällen durch Krebserkrankungen führen.

Würde ein Unfall mit ähnlich hoher Freisetzung von Radioaktivität sich in unserem Land ereignen, so müßten entsprechend der hohen Siedlungsdichte schlimmstenfalls ein bis zwei Millionen Menschen auf Dauer evakuiert werden.

Die radioaktive Belastung könnte hier schlimmstenfalls im Verlauf mehrerer Jahrzehnte, wieder unter Zugrundelegung einer linearen Dosis–Wirkung–Beziehung (mit einer Todesrate von 500 Todesfällen pro Million–Personen–rem Belastung) zu maximal 100 bis 200 Tausend Todesfällen durch Krebserkrankungen führen.

Auch die Kosten eines solchen Schadensfalles lassen sich grob abschätzen: Die Umsiedlung von zwei Millionen Menschen aus einem Gebiet von insgesamt 100 × 100 km² würde bei Kosten pro Person in Höhe von

200 000 DM	für	neuen Wohnraum
200 000 DM	für	neuen Arbeitsplatz
100 000 DM	anteilig für	neue Infrastruktur

sich etwa auf 1 000 Milliarden DM belaufen.

Weiter könnte man den Ausfall an Volkseinkommen durch die verursachten Krebstodesfälle bei 20 Jahreseinkommen zu 50 000 DM pro Person und 100 000 Todesfällen mit 100 Milliarden DM quantifizieren.

Kernkraftwerke — Kernfusion

Im Innern der Sonne und aller ähnlichen Sterne wird Energie durch Fusion der leichtesten Atomkerne, der des Wasserstoffs zu Helium–Atomkernen seit Jahrmillionen freigesetzt.

2.2. Energie in Form von Wärme, Elektrizität, Treibstoffen

Auf der Erde wird die Nutzung dieser Möglichkeit durch kontrollierte Kernfusion seit wenigen Jahrzehnten in Labors untersucht. Dabei werden zwei Wege verfolgt, zum einen die Fusion in von extrem hohen Magnetfeldern eingeschlossenen Plasmen bei Temperaturen von 100 Millionen Grad, zum anderen die Fusion durch kurzzeitige Aufheizung kleiner Wasserstofftröpfchen durch allseitigen Beschuß mit intensivem Laserlicht oder Teilchenstrahlen. Weitere stetige Forschung vorausgesetzt kann erst im Verlauf einiger Jahrzehnte erkennbar werden, ob überhaupt und gegebenenfalls mit welchem Aufwand diese Energiequelle erschlossen werden kann. Entsprechend vage sind heute auch noch unsere Vorstellungen von den dabei zu erwartenden Risiken und Umweltbelastungen.

Vergleich der verschiedenen Kraftwerkstechnologien

Ein Vergleich der Energie-Erntefaktoren für verschiedene Kraftwerkstechnologien zeigt (s. Abbildung 2.12), daß die Energie-Erntefaktoren für heutige Großkraftwerke, fossil wie nuklear beheizt, wie auch für große Wasserkraftwerke ohne Berücksichtigung externer Kosten so hoch liegen, daß sie zu großzügigem Verbrauch von elektrischer Energie verführen.

Berücksichtigt man aber die externen Kosten bzw. den damit verknüpften Energie-Aufwand, so reduzieren sich die Energie-Erntefaktoren der Großkraftwerke auf Werte im Bereich von 3 bis 4, ähnlich den Werten z.B. für Solarkraftwerke. Weit günstigere Werte ergeben sich nur für relativ kleine Wasser- und Windkraftwerke, sowie für kleine und nicht zuletzt nur dann betriebsmäßig inhärent sichere Kernkraftwerke.

Die unter Berücksichtigung externer Kosten ernüchternd niedrigen Ernergie-Erntefaktoren für Großkraftwerke machen die Notwendigkeit, möglichst sparsam mit elektrischer Energie umzugehen, deutlich.

Kraftwerke jeglicher Art erfordern, so sie auf Bereitstellung und Umwandlung von Energie mit höchstmöglichem realen Wirkungsgrad, unter höchstmöglichem Schutz und mit hoher Wirtschaftlichkeit ausgerichtet sind, einen entsprechenden Aufwand an hoher Technologie.

Der wirtschaftliche und umweltschonende Betrieb von Kraftwerken

- seien es Verbrennungskraftwerke,
- seien es Solarkraftwerke,
- seien es Kernkraftwerke

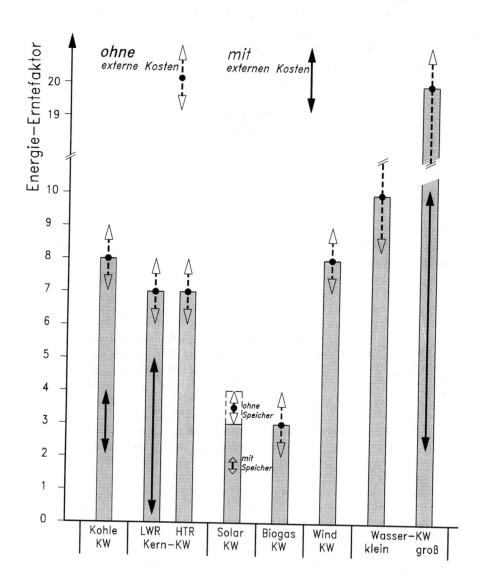

Abbildung 2.12: Vergleich der Energie–Erntefaktoren für verschiedene Technologien

2.2. Energie in Form von Wärme, Elektrizität, Treibstoffen

erfordert in jedem Fall ein hochmotiviertes, gut ausgebildetes und erfahrenes Bedienungs- und Wartungspersonal.

Eine ausreichende Erfüllung dieser Bedingungen ist derzeit nur in einer relativ beschränkten Zahl hochindustrialisierter Länder gegeben.

Wasserstofferzeugung mittels Elektrolyse

Im Prinzip kann Wasser durch Zufuhr von Energie in Form von Wärme bei ausreichend hoher Temperatur oder von Licht oder von elektrischer Energie in seine Bestandteile Wasserstoff und Sauerstoff zerlegt werden. Im theoretischen Idealfall ist die dazu benötigte Energie gleich dem Brennwert von Wasserstoff, einem Umwandlungswirkungsgrad von 100 Prozent entsprechend.

Nach heutigem Stand der Technik ist die wirkungsvollste und am weitesten ausgereifte Methode, Wasserstoff zu gewinnen, die Elektrolyse, also die Zerlegung von Wasser mittels elektrischer Energie. In Abbildung 2.13 ist eine alkalische Elektrolysezelle schematisch skizziert.

In einer alkalischen Zelle werden bei einer angelegten Gleichspannung von etwa 2 Volt unter Stromzufuhr an der Kathode Wasserstoff und an der Anode Sauerstoff gebildet.

Zur technischen Realisierung in großem Umfang werden bislang verschiedene Verfahren im Leistungsbereich der eingespeisten elektrischen Energie von einigen kW bis zu etwa 100 MW (letztere einer Gewinnung von ca. 20 000 m^3 Wasserstoff pro Stunde entsprechend) erprobt. Dabei werden Umwandlungswirkungsgrade von etwa 70 bis 75 Prozent erreicht. Mit Hochtemperatur–Wasserdampf–Elektrolyse hofft man schließlich Wirkungsgrade bis zu 90 Prozent zu erzielen. Die Lebensdauer heute erprobter Anlagen wird auf 20 Jahre geschätzt.

Der Kostenaufwand für die Erzeugung gasförmigen Wasserstoffs mit Elektrolyse liegt heute noch weit über 1 DM pro kWh Wasserstoff–Brennwert (1 m^3 Wasserstoff hat einen Brennwert von ca. 3 kWh). Aus diesem Preis läßt sich ablesen, daß der Energie–Erntefaktor, also das Verhältnis von Brennwert des Wasserstoffs zum gesamten Aufwand an Energie für Stromerzeugung und Elektrolyse derzeit noch weit unter 1 liegt.

Eine intensive Weiterentwicklung der gesamten Kette hier relevanter Techniken von der Stromerzeugung, Elektrolyse, Speicherung, Transport und Nutzung von Wasserstoff vorausgesetzt, hofft man im Verlauf einiger Jahrzehnte den Kostenaufwand schließlich auf einen Wert im Bereich von etwa 0.2 bis 0.5 DM pro kWh-Wasserstoffbrennwert reduzieren zu können ([Sol 90, Sol 92]). Dieser Preis

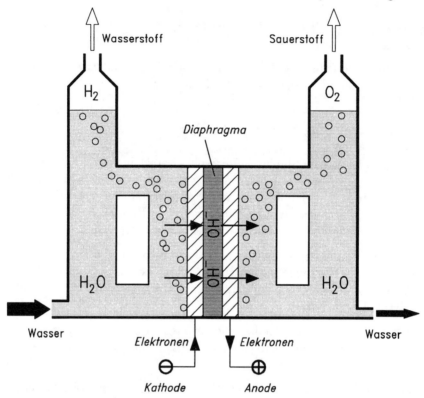

Abbildung 2.13: Schema einer Elektrolyse–Zelle

würde einen Energie–Erntefaktor, hier dem Verhältnis aus Brennwert des Wasserstoffs zum gesamten Energieaufwand von Stromerzeugung über Elektrolyse und Wasserstoffspeicherung bis einschließlich Wasserstofftransport entsprechend, im Bereich zwischen etwa 1 und 3 bedeuten. Heute ist also noch nicht erkennbar, ob Wasserstoff nach einigen Jahrzehnten weiterer Erprobung aller dazu relevanten Techniken sich schließlich als ein energetisch sinnvoller sekundärer Energieträger erweisen wird.

2.2.4 Transport und Speicherung von Energie

Transport und Speicherung der verschiedenen Energieträger werden zum Ausgleich der unterschiedlichen räumlichen und zeitlichen Strukturen von Energieverfügbarkeit an der Quelle und von Energiebedarf beim Verbraucher benötigt.

2.2. Energie in Form von Wärme, Elektrizität, Treibstoffen

Transport fossiler Brennstoffe

Der Transport fester Brennstoffe erfolgt über weite, transkontinentale Entfernungen mit Schiffen und Eisenbahnen, über kürzere Entfernungen auch noch mittels Lastkraftwagen. Für flüssige und gasförmige Stoffe sind zusätzlich Pipelines nutzbar.

Der relative Energie-Aufwand zum Transport von Kohle, Erdöl und Erdgas beläuft sich selbst über transkontinentale Entfernungen auf maximal einige wenige Promille, meist weniger, bezogen auf den Brennwert des transportierten Energieträgers. Der relative Gesamtaufwand an Energie zum Transport einschließlich der benötigten Energie für Bau und Betrieb der Transportmittel beläuft sich für Kohle und Erdöl auf etwa 1 Prozent, für Erdgas über transkontinentale Pipelines auf mehrere bis maximal etwa 10 Prozent bezogen auf den Brennwert der innerhalb der Lebensdauer der Transportmittel transportierten Menge des jeweiligen Energieträgers.

Transport von elektrischer Energie

Der Energieaufwand für die Übertragung von elektrischer Leistung, dem Produkt aus Strom und Spannung, ist wesentlich durch die sogenannten Ohmschen Verluste bestimmt. Diese Verluste sind dem elektrischen Widerstand des Leitungsmaterials, meist Kupfer oder Aluminium, und dem Quadrat des übertragenen Stroms proportional. Je höher die Spannung um so niedriger ist der Strom bei gleicher Übertragungsleistung. Typische Werte für die elektrische Spannung von elektrischen Fernleitungen über Distanzen bis zu einigen 1 000 km belaufen sich auf bis zu etwa 500 Kilovolt.

Spannungen dieser Höhe resultieren aus der Vorgabe, daß der Energieaufwand für den Bau der Fernleitungen annähernd gleich klein gehalten werden kann wie der Energieverlust bei der Stromübertragung innerhalb mehrerer Jahrzehnte, der mittleren Lebensdauer von Fernleitungen.

Die Hochspannungsstromleitung erfolgt bislang fast immer als 3–Phasen Wechselspannung (mit 50 bis 60 Hertz Frequenz). Dies resultiert aus der Art der Stromerzeugung mittels Wechselstromgeneratoren und und ist zudem günstig für technisch einfache Spannungstransformation zwischen Generator, Fernleitung und Benutzernetz (bei uns meist mit 240 Volt).

Bei Höchstspannungsfernleitungen ab etwa 500 Kilovolt Spannung wird der Aufwand für Gleichspannungsübertragung trotz der dann benötigten Gleich- und Wechselrichter-Anlagen bei der Einspeisung in die Fernleitung bzw. Verteilung am Ende der Fernleitung wegen der nur zwei benötigten Leiter günstiger als der Aufwand für Wechselstrom–Übertragung mit drei Leitern.

Die Grenzen der Übertragungsleistung von Fernleitungen sind zum einen gegeben durch die Begrenzung des Kabelquerschnitts, damit des Gewichts der Leiter. Andererseits sind auch der Höchstspannung Grenzen gesetzt. Höhere Spannungen erfordern auch größere Abstände der Leiter voneinander, um Kurzschlüsse durch Überschläge zu vermeiden (bei trockener Luft kommt es bei Feldstärken von 30 kV pro cm Leiterabstand zum selbständigen Überschlag). Als höchstmögliche Spannungen für Fernleitungen werden derzeit etwa 1 000 Kilovolt angesehen.

Der relative Energieverlust bei Übertragung mittels Fernleitungen beträgt einige Prozent pro 1 000 km, bezogen auf die dabei übertragene elektrische Energie. Der relative Energieaufwand für Bau und Betrieb der Übertragungsleitungen beträgt ebenfalls einige Prozent pro 1 000 km, bezogen auf die innerhalb einer Lebensdauer der Überlandleitungen von etwa 20 Jahren übertragene elektrische Energie.

Der relative Energieverlust bei Übertragung mittels im Boden bzw. im Meer verlegter isolierter Hochspannungskabel würde im technischen Bestfall derzeit ebenfalls einige Prozent pro 1 000 km betragen. Jedoch beschränkt der erheblich höhere relative Energieaufwand für Bau und Verlegung der Kabel von typischerweise einigen Prozent pro 100 km, bezogen auf die innerhalb der Kabellebensdauer übertragbare Energie, den Einsatz von Kabeln über größere Entfernungen.

Transport von Wärme: Fernwärme

Fernwärme wird typischerweise mittels Warmwasser mit Temperaturen je nach Druck der Leitung von bis zu etwa 130 ^{0}C vom Heizkraftwerk in wärmeisolierten Rohrleitungen zum Verbraucher transportiert.

Bei typischen Distanzen zwischen Quelle und Verbraucher bis zu etwa 40 km beträgt der Wärmeverlust im Bestfall einige wenige Prozent, im derzeitigen bundesdeutschen Mittel etwa 10 Prozent. Der relative Energieaufwand zum Pumpen des Warmwassers beläuft sich dabei auf ein bis einige wenige Prozent der gepumpten Wärmemenge. Der relative Energieaufwand zu Bau und Unterhalt eines Fernwärmenetzes liegt bei Nutzung moderner Kunststoffmantelrohre und moderner Verlegetechniken im Bereich von mindestens etwa 10 Prozent der innerhalb einer typischen Netzlebensdauer von ca. 20 Jahren transportierbaren Wärmemenge. Dieser Aufwand ist dabei nur wenig abhängig von der Leistungsdichte des Netzes bei der Wärmeversorgung von Siedlungsgebieten im Bereich weniger 10 000 bis zu mehreren Millionen Einwohnern.

Transport von Wasserstoff

Transport von Wasserstoff vom Ort der Erzeugung, diese mittels Elektrolyse, künftig möglicherweise z.B. bei Solarkraftwerken in Südspanien und Nordafrika oder bei Wasserkraftwerken in Kanada, zum Verbraucherland kann entweder gasförmig in Pipelines oder verflüssigt in wärmeisolierten Kühlbehältern auf entsprechenden Tankschiffen geschehen.

In transnationalen, großen Pipelines mit Rohrdurchmessern bis zu etwa 2 m könnte der Wasserstoff bei Drücken bis zu etwa 80 bar durchgepreßt werden. In Kühlbehältern auf Tankschiffen, zu Land zur Verteilung auf speziellen Lastkraftwagen würde Wasserstoff, bei Temperaturen von etwa 20 Kelvin bzw. minus 253 °C in flüssigem Zustand gehalten, transportiert. Im Vergleich von Flüssigwasserstoff zu Benzin wäre für gleiche Mengen an Brennwert das zu transportierende Wasserstoffvolumen etwa 4mal größer als das von Benzin, dabei wäre aber das Wasserstoffgewicht nur ein Drittel des Gewichtes von Benzin.

Der Energieaufwand zur Verflüssigung von Wasserstoff beträgt im theoretischen Grenzfall etwa 10 Prozent, im Realfall moderner Großanlagen etwa 40 Prozent des Brennwertes von Wasserstoff.

Beim Transport von großvolumigen Kühltanks sind die Verluste durch Verdunstung auch über viele Tage vernachlässigbar klein. Bei jeder Umfüllung sind jedoch Verluste von mindestens etwa 10 Prozent praktisch unvermeidbar bzw. durch entsprechenden Energieaufwand zu kompensieren.

Der Energieaufwand zum Transport von Flüssigwasserstoff, über mehrere tausend Kilometer beläuft sich schätzungsweise auf etwa 15 Prozent des Brennwertes des transportierten Wasserstoffes. Der Aufwand an Energie für den Bau und Unterhalt der Transportmittel, seien es Tanker, seien es Pipelines, beläuft sich schätzungsweise auf einige wenige bis zu 10 Prozent der während der Lebensdauer der Transportmittel transportierbaren Energiemenge.

Speicherung von Wärme

Wärme kann man speichern durch Erwärmung eines Körpers auf eine höhere Temperatur. Die so gespeicherte Wärme ist

- proportional der Masse des Körpers,
- proportional der Temperaturerhöhung und
- proportional einer Körpereigenschaft, genannt spezifische Wärme.

Die speicherbare Wärme pro 1 Grad Temperaturerhöhung ist für einige Gase, Flüssigkeiten und Festkörper zum einen bezogen jeweils auf 1 kg Gewicht, zum anderen bezogen jeweils auf 1 m³ Volumen des speichernden Körpers nachfolgend tabelliert (s. Tabelle 2.25).

Speichermedien	gespeicherte Wärme	
	$\frac{kWh}{kg \cdot Grad}$	$\frac{kWh}{m^3 \cdot Grad}$
Wasserstoff, gasf. 1 at	$4 \cdot 10^{-3}$	$0.4 \cdot 10^{-3}$
Luft, 1 at	$0.3 \cdot 10^{-3}$	$0.5 \cdot 10^{-3}$
Flüssigkeiten (meistens)	$0.6 \cdot 10^{-3}$	0.6
Wasser	$1 \cdot 10^{-3}$	1
Ziegel, Beton	$0.3 \cdot 10^{-3}$	0.6
Eisen	$0.14 \cdot 10^{-3}$	1
Holz	$0.7 \cdot 10^{-3}$	0.4

Tabelle 2.25: Speicherbare Wärmemengen

Die speicherbaren Wärmemengen sind, bezogen auf gleiches Gewicht, für alle Stoffe sehr ähnlich, was aus dem atomaren und molekularen Aufbau aller Stoffe auch verständlich gemacht werden kann.

Des weiteren kann Wärme sehr konzentriert gespeichert werden durch Schmelzen bzw. Verdampfen eines Stoffes. Dabei ändert sich zwar der Zustand des Stoffes, nicht aber seine Temperatur. Deshalb wird diese Wärmespeicherung ohne Temperaturänderung als latente, d.h. verborgene Speicherung bezeichnet.

Diese latent speicherbare Wärme ist, bezogen auf gleiche Volumen der Stoffe vor dem Schmelzen bzw. Sieden, für einige typische Stoffe nachfolgend tabelliert (s. Tabelle 2.26).

Dieses sehr effektive Speichervermögen mittels Latentwärme entspricht der normalen Speicherung durch Erwärmung eines Körpers mit einem Temperaturhub um einige hundert Grad Celsius.

Wärmespeicher werden nach ihren Temperaturen eingeteilt in:

- *Niedertemperatur-Wärmespeicher*
  mit Temperaturen bis zu 100 °C.

2.2. Energie in Form von Wärme, Elektrizität, Treibstoffen

Speichermedien	Schmelz Verdampf. ⟩ Temp.	Schmelz Verdampf. ⟩ Wärme [$\frac{kWh}{m^3}$]
Natrium–Nitrat	S: 300 °C	80
Lithium–Fluorid	S: 800 °C	500
Eis → Wasser	S: 0 °C	100
Wasser → Dampf	V: 100 °C	600

Tabelle 2.26: Latentwärme-Speicher

Dies betrifft z.B. Kurzzeitspeicher von Warmwasser für Brauchwasser und Raumheizung oder auch saisonale Langzeitspeicher von Warmwasser für ganzjährige solare Nahwärme.

- *Mitteltemperatur-Wärmespeicher*
  im Temperaturbereich von etwa 100 bis 500 °C

  Dies betrifft sowohl Kurzzeitspeicherung industrieller Prozesswärme als auch vor allem Prozesswärmespeicherung für thermische Solarkraftwerke zum Kraftwerksbetrieb während der dunklen Tageszeit.

- *Hochtemperatur-Wärmespeicher*
  im Temperaturbereich von etwa 500 bis 1 300 °C.

  Dies betrifft z.B. Kurzzeitspeicherung für industrielle Abwärmenutzung bei der Stahlherstellung und gegebenenfalls Kurzzeit-Prozesswärmespeicherung für thermische Solarkraftwerke mit Hochtemperatur-Gasturbinen.

Niedertemperatur-Wärmespeicher, meist isolierte Stahlbehälter für Warmwasser, werden bislang fast ausschließlich zur kurzzeitigen Speicherung von Wärme für Warmwasserbereitung und Raumheizung genutzt, dies z.B.

- zur Sicherung einer kontinuierlichen Wärmeversorgung bei Wärmegewinnung aus Solarkollektoren,

- zur Sicherung einer optimalen Nutzung von Wärme und elektrischer Energie aus Heizkraftwerken über Kraft-Wärme-Kopplung trotz tageszeitlich unterschiedlicher Bedarfsstrukturen von Heizwärme und Strom.

Die Technik von Kurzzeit-Warmwasserspeichern ist ausgereift.

Niedertemperatur-Langzeitwärmespeicher für große solare Nahwärme-Kollektorsysteme zur Speicherung der vornehmlich im Sommer gewinnbaren Solarwärme für Heizung während der kalten Jahreszeit sind bislang noch wenig erprobt. In Schweden gibt es bereits technisch ausgereifte Anlagen mit saisonalen Warmwasserspeichern in unterirdischen Kavernen im Granitgestein. In Ländern wie Deutschland ohne homogenen Gesteinsuntergrund könnten z.B. isolierte Erdbeckenspeicher als saisonale Warmwasserspeicher gebaut werden. Speicher dieser Art sind voraussichtlich etwas aufwendiger als die schwedischen Kavernenspeicher.

Eine Übersicht der verschiedenen Speichertypen mit Angaben relevanter Größen wird in Tabelle 2.27 gegeben.

Mitteltemperatur-Wärmespeicher für den Einsatz bei thermischen Solarkraftwerken zur Ermöglichung eines über den ganzen Tag kontinuierlichen Kraftwerksbetriebs sind bislang erst in der Planungsphase, sind nur separat in kleinem Umfang erprobt. Dementsprechend sind die Chancen für eine wirtschaftliche Realisierung dieser Technik noch nicht sicher abschätzbar. Prinzip der dabei geplanten Latentwärmespeicherung ist die Nutzung der relativ großen Schmelzwärme eines Stoffes — hier eines eutektischen Gemisches von Natrium-Nitrat und Kalium-Nitrat, also eines Gemisches mit niedrigerer Schmelztemperatur als die der beiden reinen Substanzen — beim Übergang zwischen fester und flüssiger Phase bei der Schmelztemperatur. Dieser Wärmevorteil ist in Tabelle 2.27 erkennbar.

Hochtemperatur-Wärmespeicher mit keramischem Material als Speichermedium werden z.B. als Winderhitzer in der Stahlindustrie zur Nutzung heißer Abwärme eingesetzt.

Die Anwendung von Latentwärmespeichern mit beispielsweise Lithium-Fluorid als Speichermedium ist wegen der extrem hohen Kosten bestenfalls in der Raumfahrt zu erwarten.

Speicherung von elektrischer Energie

Vorbild und Prinzip der *direkten Speicherung* von elektrischer Energie ist das sogenannte galvanische Element:
Taucht man ein Metall in eine elektrisch leitende Flüssigkeit, einen Elektrolyten, z.B. angesäuertes Wasser, so lösen sich spontan einige Metallatome als elektrisch positiv geladene Atomrümpfe, sogenannte Ionen, und hinterlassen dabei meist je ein Elektron im Metall, das so entsprechend elektrisch negativ aufgeladen wird.

2.2. Energie in Form von Wärme, Elektrizität, Treibstoffen

Speicher	Medium	Volumen m³	Temperatur Intervall °Celsius	gespeich. Wärme pro Vol. kWh/m³	Speicherdauer	Energie-Aufwand zum Bau pro Vol. kWh/m³
Niedrigtemperatur-Speicher							
Brauchwasser	Wasser	0.5	40 – 80	46	Tag	10 000
Stahlbehälter drucklos	Wasser	100	40 – 80	46	Tage	2 000
Stahlbehälter 10 bar Druck	Wasser	200	110–150	46	Tage	8 000
Stahlbehälter Flensburg	Wasser	27 000	65 –98	40	Monate	800
Felskavernen Schweden	Wasser	100 000	40 –90	58	Jahr	300
Mitteltemperatur-Speicher							
Stahlbehälter	Mineralöl	10 000	200–300	55	Tag	3 000*
Latentwärme	NaO_3/ KNO_3	10 000	250–560	200	Tag	20 000*
Hochtemperatur-Speicher							
Keramikspeicher	MgO, Al_2O_3	100	900–1 000	50	Stunden	10 000*
Latentwärme	LiF	0.1	800–1 000	500	Stunden	4 000 000*

Tabelle 2.27: Übersicht über Wärmespeicher
Alle Zahlenangaben sind als grobe Richtwerte zu verstehen. Zahlenangaben mit * sind mangels ausreichender technischer Erprobung überschlägige Schätzwerte.

Der Prozess kommt schnell zuende, weil die elektrische Spannung zwischen Metall und Flüssigkeit eine weitere Lösung von Atomen verhindert.

Unterschiedliche Metalle haben entsprechend ihrer Bindungsstärke im Atomgitter unterschiedliche Stärke, in Lösung gehen zu können.

Taucht man also zwei unterschiedliche Metalle in einen gemeinsamen Elektrolyten, so wird eines davon elektrisch stärker aufgeladen als das andere, es baut sich eine Spannungsdifferenz zwischen beiden Metallen je nach Art der Metalle um bis zu einigen Volt auf. Verbindet man beide Metallelektroden über eine elektrische Leitung, so fließt ein Elektronenstrom; gleichzeitig wandern Atomionen durch den Elektrolyten und lagern sich an den Atomen auf der Nachbarelektrode ab. Der Ionenfluß kommt zuende, der Spannungsunterschied verschwindet, wenn beide Elektroden den gleichen Metallüberzug haben. Das galvanische Element, die Batterie ist entladen.

Bei der Wiederaufladung einer Batterie wird durch Anlegen einer der ursprünglichen, natürlichen Spannung entgegengerichteten Spannung der Stromfluß durch Leitung und Elektrolyt umgekehrt, durch entsprechenden Energieaufwand der ursprüngliche, unterschiedliche Zustand der Elektroden (-Oberflächen) wieder hergestellt, damit die so aufgewandte Energie — im Prinzip — vollständig, verlustfrei gespeichert.

Pro Elektroden-Atom kann man dabei Energie in Höhe der atomaren Bindungsenergie eines Elektrons, hier in Höhe von etwa 1 Elektronenvolt, speichern. Daraus resultiert eine Speicherkapazität von bis zu etwa 1 kWh pro kg Elektrodenmaterial (dies ist etwa 100-mal mehr als die Speicherkapazität eines Wärmespeichers bei einem Temperaturhub von 100 Grad Celsius, bei welchem dabei jedem Atom zusätzliche Bewegungs-, Schwingungsenergie in Höhe von etwa 1 Hundertstel Elektronenvolt zugeführt wird).

Im Realfall sind Entladung und Wiederaufladung nicht völlig umkehrbar. Dadurch wird für eine Batterie die Zahl dieser Lade-Entlade-Zyklen auf maximal ein bis einige Tausend, entsprechend die Batterielebensdauer beschränkt.

Stand der Batterietechnik:

Am weitesten technisch ausgereift und im Einsatz verbreitet ist die Blei-Schwefelsäure-Batterie mit einer leider relativ kleinen Speicherkapazität von 0.035 kWh pro kg Bleigewicht. Batterien mit einer etwas größeren Speicherkapazität wie z.B. Nickel-Cadmium-Batterien gewinnen zunehmend an Bedeutung. Als Batterie mit der bislang höchsten Speicherkapazität von etwa 0.1 kWh pro kg wurde inzwischen die Natrium-Schwefel-Batterie — vor allem im Hinblick auf künftigen Einsatz in Elektroautos — bis zur Serienreife entwickelt (diese Batterieart erfordert allerdings eine Betriebstemperatur von 300 $^{\circ}$C).

Nachfolgend sind charakteristische Eigenschaften verschiedener Batterie-Typen tabellarisch zusammengestellt (s. Tabelle 2.28).

Das Verhältnis von nutzbarer, gespeicherter Energie über die Lebensdauer einer Batterie zum Aufwand an Energie für den Bau einer Batterie erreicht bei der

2.2. Energie in Form von Wärme, Elektrizität, Treibstoffen

Eigenschaften \ Typ	Blei	Nickel–Cadmium	Natrium–Schwefel	Maß–Einheiten
max. Dichte der gespeich. Energie	0.035	0.045	0.1	kWh/kg
max. Leistung pro Batteriegewicht	100	200	150	Watt/kg
Betriebstemperatur–Bereich	0 bis 60	−20 bis +45	300 bis 350	Grad Celsius
max. Zahl von Lade–Entlade–Zyklen	2 000	3 000	1 000	
Lade-Wirkungsgrade	90	85	100	Prozent
Entlade-Wirkungsgrade	75	75	90	
Primärenergie–Aufwand z. Bau der Batterie pro gespeich. el. Energie	800	3 000	4 000 (derzeit) 1 000 (Ziel)	kWh P.E./ kWh el.E.

Tabelle 2.28: Übersicht über Batterien

Blei–Batterie einen Wert von etwa 2, bei der Nickel–Cadmium–Batterie und bei der Natrium–Schwefel–Batterie (im Entwicklungsziel) einen Wert von etwa 1.

Dies beschränkt einen energetisch sinnvollen Einsatz von Batterie–Speichern für größere Mengen an elektrischer Energie auf die Ausnahmefälle, in denen andere Möglichkeiten der Energiebereitstellung nicht möglich oder energetisch noch aufwendiger (sog. Inselversorgung) wären.

Für einen kleinen Elektro–PKW würde bei einer angestrebten Reichweite von 300 km, dies in drei Stunden Fahrzeit, bei Nutzung einer Natrium–Schwefel–Batterie ein Batteriegewicht von etwa 300 kg notwendig sein, bei einem minimalen Bedarf an gespeicherten elektrischer Energie von etwa 30 kWh.

Neben der sehr beschränkten Dichte an speicherbarer Energie ist bei Batterien wegen der benötigten Materialien die Umweltbelastung bei Herstellung und Entsorgung das größte Problem. Eine Reduzierung dieser Belastung auf ein tolerierbares Maß erfordert einen relativ hohen Aufwand, der die Energiebilanz bei der Nutzung von Batterien weiter einschränkt.

Weitere Möglichkeiten der *Speicherung von elektrischer Energie* sind *indirekter Art*, so zum Beispiel:

- supraleitende Magnetfeldspeicher und

- mechanische Energiespeicher
  (Pumpwasser–, Druckluft–, Schwungrad–Speicher)

Das Prinzip eines *Magnetfeldspeichers* ist eine stromdurchflossene Spule. Dabei ist die gespeicherte Energie proportional dem Quadrat des durch die Spulenwindungen fließenden Stroms bzw. des vom Strom erzeugten Magnetfeldes und proportional dem von der Spule umschlossenen Volumen.

Normalleitende Spulen scheiden wegen der im Vergleich zur speicherbaren Energie großen Energieverluste, bedingt durch den elektrischen Widerstand des Windungsmaterials, aus. Hingegen können in supraleitenden Spulen wegen des Fehlens jeglichen elektrischen Widerstandes und der damit möglichen extra hohen Stromdichten verlustfrei Energiedichten bis zu etwa 10 kWh/ m^3 Spulenvolumen gespeichert werden, das sind bestenfalls 10 Prozent der Energiedichten von Batterien bezogen auf das Volumen.

Diese Magnetfeld–Speicherdichten erfordern allerdings einen außerordentlich hohen Energie–Aufwand bedingt durch das benötigte Material der Supraleiter, meist hochreine Legierungen von Niob und Titan bzw. Niob und Zinn, bedingt durch die benötigte Kühlung der supraleitenden Spule auf etwa -269^0 Celsius und nicht zuletzt bedingt durch den Materialaufwand für die nötige mechanische und thermische Stabilität der Spule gegenüber Belastungen vor allem beim unvermeidlichen gelegentlichen Zusammenbruch der Supraleitung. Dieser Aufwand zum Bau solcher supraleitenden Spulen läßt sich bei Nutzung heute verfügbarer Technik auf mehrere tausend DM bzw. einige 10 000 kWh Primärenergie-Aufwand pro 1 kWh speicherbarer Energie abschätzen. Noch ist nicht absehbar, ob in ferner Zukunft durch den dann vielleicht möglichen Einsatz neuartiger Supraleiter mit höheren Betriebstemperaturen von nur etwa $-100\ ^\circ C$, damit vermindertem Kühlaufwand und durch eine vielleicht mögliche Verminderung des technischen Aufwands zur Spulenstabilität durch Einpassung der Spulen in Gesteinskavernen der insgesamt benötigte Energieaufwand auf ein für wirtschaftliche Energiespeicherung erträgliches Maß reduziert werden kann. Bislang werden supraleitende Spulen wegen des hohen Aufwandes noch nicht als Energiespeicher eingesetzt.

Speicherung von mechanischer Energie

Pumpwasserspeicher bieten die bewährte Möglichkeit, ein kurzzeitiges Überangebot an Strom z.B. aus thermischen Kraftwerken oder Windkraftwerken oder aus Solarzellen zu nutzen, um Wasser in einen hochgelegenen Speicher zu pumpen.

2.2. Energie in Form von Wärme, Elektrizität, Treibstoffen

Die dazu notwendige Energie wird bei der Umkehr des Prozesses über Antrieb von Turbine und elektrischem Generator im Idealfall verlustfrei, im Realfall abzüglich kleiner Reibungsverluste in den Rohrleitungen und kleiner Verluste beim Betrieb von Turbine und Elektromotor bzw. Generator zu 75 bis 80 Prozent zurückgewonnen.

Die speicherbare Energiemenge ist proportional der Wassermasse und der Pump- bzw. Fallhöhe. Die in einem etwa kreisrunden Wasserreservoir von z.B. 500 m Durchmesser, 10 m Tiefe über einer Fallhöhe von 100 m speicherbare Energie beträgt ca. 500 000 kWh; dies ist ein in Deutschland für Pumpspeicherwerke ohne natürlichen Zufluß typischer Wert. Damit können je nach Turbinengröße beispielsweise kurzzeitig 100 MW elektrische Leistung verfügbar gemacht werden.

Die Baukosten für Pumpspeicherkraftwerke liegen je nach den topographischen Gegebenheiten pro 1 kWh speicherbarer Energie im Bereich von etwa 200 bis 600 DM, entsprechend einem Aufwand von etwa 400 bis 1 200 kWh Primärenergie.

In Deutschland werden derzeit 11 Pumpspeicherkraftwerke ohne natürlichen Zufluß mit einem Gesamtspeichervermögen von etwa 15 Millionen kWh vornehmlich zum Ausgleich von Bedarf und Angebot von Energie im Tagesverlauf, weitere 5 große Pumpspeicherkraftwerke mit natürlichem Zufluß mit einem Gesamtspeichervermögen von etwa 150 Millionen kWh vornehmlich zum Lastausgleich über das Jahr hinweg betrieben.

Eine weitere Möglichkeit der indirekten Stromspeicherung bieten *Druckluftspeicher*: Durch Verdichtung von Luft auf hohe Drücke wird die dazu aufzuwendende Arbeit im Prinzip vollständig in Form von erhöhtem Druck und erhöhter Temperatur der Luft — ähnlich wie beim raschen Aufpumpen eines Fahrradschlauches — gespeichert. Die gespeicherte Energie kann durch Entspannung der Druckluft über Gasturbinen und daran gekoppelte Stromgeneratoren wieder zu elektrischer Energie umgewandelt werden. Um nennenswerte Energiemengen zu speichern, bedarf es großer Volumina, wofür in der Regel nur unterirdische Kavernen in Frage kommen.

In Deutschland gibt es bislang ein einziges Druckluftspeicher–Gasturbinen–Kraftwerk. Dabei können in einer unterirdischen Kaverne von etwa 300 000 m^3 Volumen in einem Salzstock in einer Tiefe von 650 bis 800 m Luft bis zu einem maximalen Druck von 100 bar komprimiert werden. Bei Nutzung im Druckintervall von 50 bis 70 bar kann dabei Energie in Höhe von etwa 1.2 Millionen kWh bzw. etwa 4 kWh pro m^3 Speichervolumen gespeichert werden (zum Vergleich: der Brennwert von 1 m^3 Erdgas bei Normaldruck beträgt etwa 9 kWh). Diese gespeicherte Energie kann über Gasturbinen und daran gekoppelte Stromgeneratoren mit einem Gesamtwirkungsgrad von etwa 30 bis 40 Prozent wieder zu

Strom umgewandelt und im Leistungsbereich von 50 bis 290 MW über 2 bis 4 Stunden bereitgestellt werden.

Der Bau der genannten Anlage erforderte einen Aufwand von ca. 100 kWh Primärenergie pro kWh gespeicherte mechanische Energie.

Elektrische und mechanische Energie im Bereich von etwa 10 bis 1 000 kWh kann auch in Form von Rotationsenergie einer schnell rotierenden Masse in einem *Schwungradspeicher* kurzzeitig gespeichert werden.

Höchstmögliche Energiedichten bis zu etwa 0.05 kWh pro kg Rotormasse lassen sich am besten mit leichten Kunststoffmaterialien extrem hoher Zerreißfestigkeit bei Drehzahlen bis zu mehreren 100 Umdrehungen pro Sekunde erreichen. Der Wirkungsgrad für die gesamte Umwandlungskette von elektrischer Energie zu gespeicherter mechanischer Energie liegt vor allem durch Reibungsverluste meist im Bereich um 80 Prozent.

Speicher dieser Art werden z.B. gelegentlich zur Deckung extrem kurzer, aber hoher Strombedarfsspitzen, gelegentlich auch zur Rückgewinnung von Bremsenergie von Fahrzeugen eingesetzt.

Die wenigen bislang gebauten Schwungradspeicher sind Spezialanfertigungen, meist zu Versuchszwecken. Der benötigte Energieaufwand zum Bau solcher Anlagen wird — eine ausreichende Entwicklung vorausgesetzt — auf mehrere 1 000 kWh Primärenergie pro 1 kWh speicherbare Energie geschätzt.

Speicherung von Wasserstoff

Wasserstoff wird heute als ein künftig möglicher Sekundärenergieträger — hergestellt mittels Elektrolyse von Wasser (siehe Abschnitt.2.2.3) — angesehen

- zum interkontinentalen Transport von Energie aus fernen Energiequellen wie z.B. Wasser- oder Solarkraftwerken,

- zur Nutzbarkeit von Energie über die volle Zeit aus tageszeitlich nur beschränkt ergiebigen Energiequellen wie z.B. Solarenergie,

- zur vielseitigen Nutzbarkeit z.B. zur Stromerzeugung über Brennstoffzellen und als meist flüssiger Treibstoff für Fahrzeuge, Schiffe und Flugzeuge.

All diese Einsatzzwecke erfordern eine Speicherung von Wasserstoff,

gasförmig (bei hohen Drücken),

2.2. Energie in Form von Wärme, Elektrizität, Treibstoffen

verflüssigt (bei einer Temperatur von −253 °C), oder als

Hydrid in einem Metallschwamm.

Gasförmig kann Wasserstoff in großen Mengen z.B. in unterirdischen Kavernen unter hohem Druck gespeichert werden. Beispielsweise ist in einem Volumen von etwa 2 Millionen m^3 bei einem Druck von 30 bar eine Energiemenge von 170 Millionen kWh gespeichert. Dies entspricht einer Speicherdichte von 88 kWh Heizwert des Wasserstoffs pro m^3 Speichervolumen.

Der Energieaufwand für diese Druckspeicherung (bislang noch nicht verfügbar) sollte auf wenige Prozent der speicherbaren Energie beschränkt sein. Der Aufwand an Primärenergie zum Bau einer solchen Speicheranlage sollte schätzungsweise im Bereich von etwa 20 kWh pro speicherbare kWh Wasserstoffbrennwert liegen.

Die handelsübliche gasförmige Speicherung kleiner Mengen von Wasserstoff in Stahldruckflaschen von z.B. 50 l Volumen bei einem Druck von 200 bar, 30 kWh Energieinhalt entsprechend, ist im Vergleich zum Großspeicher in jeder Hinsicht sehr viel aufwendiger.

Speicherung von flüssigem Wasserstoff geschieht bei einer Temperatur von −253° Celsius, der Siedetemperatur von Wasserstoff. Mit einer Energiedichte von 2.33 kWh pro Liter, also etwa einem Viertel der Energiedichte von Benzin, hat 1 m^3 flüssiger Wasserstoff (bei einem Gewicht von nur 70 kg) einen seinem Brennwert entsprechenden Energieinhalt von etwa 2 300 kWh.

Der Aufwand an elektrischer Energie zur Verflüssigung von Wasserstoff liegt im Bestfall großer Anlagen bei etwa 0.9 kWh pro Liter Flüssigwasserstoff, also bei knapp 40 Prozent des Brennwertes des verflüssigten Wasserstoffs.

Selbst bei hohem Aufwand für Wärmeisolation der Behälter sind Verluste durch Abdampfen von Wasserstoff unvermeidlich. Je größer das Verhältnis von Volumen zu Oberfläche des Behälters ist, um so geringer sind diese Verluste. Dies beschränkt die Speicherdauer für kleine Volumina im Bereich ein bis einige m^3 auf wenige Tage, für große Volumina im Bereich von etwa 100 bis z.B. 10 000 m^3 auf mehrere Monate.

Schätzungen des Primärenergieaufwandes für den Bau von Flüssigwasserstoff-Speichern belaufen sich

für große stationäre Tanks auf etwa 4 000 kWh/m^3 (entsprechend 2 000 DM/m^3),

für große Kühltankschiffe auf etwa 10 000 kWh/m^3 (entsprechend 200 Millionen DM für einen Tanker mit 40 000 m^3 Fassungsvermögen), für kleine stationäre Tanks auf bis zu etwa 40 000 kWh/m^3, (entsprechend 20 000 DM/m^3),

für Flüssigwasserstoff-Tankfahrzeuge auf etwa 80 000 kWh/m^3 (entsprechend 2 Millionen DM pro Fahrzeug mit 50 m^3 Fassungsvermögen).

Speicherung von Wasserstoff als Metall-Hydrid:
Hierunter versteht man die Anlagerung von Wasserstoff unter Druck von mehreren Bar bei Raumtemperatur an Metalle wie z.B. Magnesium oder Metallegierungen wie z.B. Eisen-Titan. Dabei kann im günstigsten Fall bis zu etwa ein Wasserstoffatom pro Metallatom dauerhaft, praktisch ohne Verluste gespeichert werden. Typische Speicherdichten für typische Metall-Hydrid-Speicher sind nachfolgend tabelliert (s. Tabelle 2.29).

	kg Wasserstoff pro kg Metall	kg Wasserstoff pro m^3 Metall	kWh Wasserstoff-Brennwert pro m^3 Metall
Magnesium-Hydrid	0.07	140	4 600
Eisen-Titan-Hydrid	0.017	136	4 500

Tabelle 2.29: Speicherdichten für Metall-Hydrid-Speicher

Die Wasserstoffdichte im Hydridspeicher ist also etwa doppelt so hoch wie bei der Speicherung als flüssiger Wasserstoff.

Leider ist aber das Speichergewicht, bedingt durch das Metallgewicht, sehr hoch. Das Gewicht eines Eisen-Titan-Hydrid-Speichers mit einem Wasserstoffbrennwert, der dem von 40 Liter Benzin entspricht, beträgt etwa 700 kg.

Der Wasserstoff wird bei höheren Temperaturen je nach Metall bis zu einigen 100 Grad Celsius wieder vollständig freigesetzt.

Speicher dieser Art werden als Möglichkeit für den Einsatz im PKW-Verkehr angesehen.

Der Primärenergie-Aufwand für den Bau eines Eisen-Titan-Hydrid-Speichers liegt derzeit im Bereich von etwa 200 kWh pro kWh Brennwert gespeicherten Wasserstoffs, dementsprechende Kosten für einen Eisen-Titan-Hydrid-Speicher mit einem Wasserstoffbrennwert, der dem von 40 Litern Benzin entspricht von 20 000 bis 30 000 DM.

2.2. Energie in Form von Wärme, Elektrizität, Treibstoffen 163

2.2.5 Nutzung von Energie (Endenergie ⟶ Nutzenergie)

Inhalt der vorangegangenen Abschnitte in Kapitel 2.2 waren zum einen die Verfügbarkeit von Energie aus den Primärenergie-Quellen wie z.B. den Lagerstätten von Kohle, Erdöl, Erdgas und Kernbrennstoffen und der Sonneneinstrahlung, zum anderen die Umwandlung von Primärenergie in die diversen Endenergie-Träger wie z.B. Heizöle, Treibstoffe, elektrische Energie und Fernwärme, sowie Speicherung und Transport dieser Energieträger.

In diesem Abschnitt wird der Einsatz der Endenergie-Träger zur Gewinnung von Nutzenergie wie z.B. Heizwärme, Prozesswärme, Licht und Antrieb von Geräten und Verkehrsmitteln im Hinblick auf Wirkungsgrade, Energieaufwand und Umweltbelastung dargestellt.

Heizwärme

Wieviel Heizwärme braucht der Mensch?

Der Mensch muß die Temperatur im Innern seines Körpers konstant bei etwa 37º Celsius halten. Dabei resultiert aus seinem Stoffwechsel eine ständige Wärmequelle mit einer mittleren Leistung, von starken körperlichen Belastungen abgesehen, von etwa 100 Watt. Diese Wärme muß an die Umgebung abgegeben werden, zumeist als Wärmestrahlung und gegebenenfalls als Verdunstungswärme über das Schwitzen. In der folgenden, prinzipiellen Betrachtung wird nur die Wärmeabfuhr in Form von Strahlung betrachtet.

Aber nicht nur der Mensch strahlt Wärme ab, sondern alle Körper, Medien, so auch die uns umgebende Luft, und zwar immer eine Wärmemenge proportional der abstrahlenden Körperoberfläche und proportional der 4. Potenz der Körpertemperatur, diese vom absoluten Nullpunkt bei -273 ºC bzw. 0 Kelvin aus gemessen.

Der letztliche Wärmeverlust oder Wärmegewinn eines Körpers resultiert aus der Differenz von eigener Abstrahlung und absorbierter Einstrahlung aus seiner Umgebung.

Bilanzieren wir für den Menschen:
Bei seiner Körpertemperatur von 37 ºC bzw. $273 + 37 = 310$ Kelvin strahlt der Mensch — eine Körperoberfläche von 2 m² zugrundegelegt — ständig ca. 1 050 Watt Wärme ab. Gleichzeitig empfängt er Wärmeeinstrahlung entsprechend der Temperatur der ihn umgebenden Luft, z.B. bei einer Lufttemperatur von 29 ºC

(im Schatten) in Höhe von ca. 950 Watt. Bei dieser Temperatur entspricht die Nettoabstrahlung von etwa 100 Watt also genau der menschlichen Wärmeerzeugung. Die Körpertemperatur bleibt so konstant, dies ohne die Notwendigkeit von Wärmeschutz durch Kleidung.

In unserem Klima und bei ausreichender Bekleidung haben wir unser wärmebezogenes Wohlbefinden gewohnheitsmäßig auf eine Raumtemperatur von ca. 20° Celsius eingestellt. Bei dieser Temperatur würden wir unbekleidet netto etwa 200 Watt abstrahlen, also sehr schnell frieren. Durch die Wärmeisolation unsere Kleidung vermindern wir die Abstrahlung an die Umgebung auf die ständig verfügbaren 100 Watt.

Während etwa vier Sommermonaten heizt die Sonne in unsrem Klima zumindest tagsüber unseren Lebensraum auch im Freien auf die erwünschten 20 °C oder auch mehr auf. In den anderen acht Monaten des Jahres ist es bei uns im Freien kälter, man kann für diese Zeit, der sogenannten Heizperiode, eine über die acht Monate gemittelte Temperatur von etwa 6 °C errechnen.

Welcher Energieaufwand für Raumheizung resultiert daraus?
Wir brauchen pro Person und Jahr, bzw. während der Heizperiode von etwa acht Monaten, knapp 10 000 kWh Endenergie bzw. 1 680 Watt Leistung für die Beheizung von im Mittel 130 m^3 Wohn- und Arbeitsraum, dieser mit nach außen abstrahlenden Wand-, Boden- und Deckenflächen von insgesamt etwa 50 m^2. Wären diese Wohn- und Arbeitsräume nur wind- und regengeschützt, nicht aber wärmeisoliert, so bedürfte es zu ihrer Beheizung von 6 °C auf 20 °C Innentemperatur netto, also nach Abzug von Verlusten bei der Heizung, einer Heizleistung von etwa 3 700 Watt. Von den derzeit brutto benötigten 1 700 Watt für Raumheizung werden nach Abzug der Verluste z.B. in den Öl- und Gasbrennkesselanlagen netto im Mittel schließlich etwa 1 200 Watt als Raumwärme verfügbar.

Diese Raumwärmeleistung ist ständig erforderlich, um die Verluste in gleicher Höhe auszugleichen. Diese Verluste sind zum einen bedingt durch den Wärmefluß durch Wände, Glasfenster, Decken und Böden bei Differenz zwischen Innen- und Außentemperatur. Dieser Wärmefluß ist proportional der Temperaturdifferenz, der Fläche und gewissen wärmeisolierenden Materialeigenschaften. Zum andern sind Wärmeverluste auch bedingt durch Lüftung, wobei warme Luft gegen kalte Luft ausgetauscht wird. Bei einem vollständigen Luftwechsel einmal pro Stunde würde die vorher genannte derzeitige mittlere Nettoheizleistung von 1 200 Watt pro Person bzw. 130 m^3 Raum- bzw. Luftvolumen etwa zur Hälfte durch Lüftung, zur Hälfte durch den Wärmefluß durch die Wände bedingt. Durch den wärmeisolierenden Baustandard unserer derzeitigen Wohn- und Arbeitsgebäude und durch unsere Lüftungsgewohnheiten wird der Bedarf an Raumwärme im

2.2. Energie in Form von Wärme, Elektrizität, Treibstoffen

Vergleich zu ungeschützten, offenen Räumen von 3 700 Watt auf 1 200 Watt pro Person während der Heizperiode von acht Monaten, also auf etwa ein Drittel reduziert.

Dieser Nettobedarf an Heizleistung könnte durch nachträgliche Verbesserung der Wärmedämmung unserer heute genutzten Gebäude — dies bei vergleichsweise geringem Energieaufwand — um im Mittel etwa 40 Prozent, also auf etwa 700 Watt pro Person reduziert werden.

Die theoretische Mindestmenge an Heizwärme ist festgelegt durch die Differenz von Abstrahlung eines bekleideten Menschen bei einer Außentemperatur der Bekleidung von etwa 20 °C und der Wärmerückstrahlung aus der Umgebung bei einer Umgebungstemperatur von 6 °C. Diese Differenz an Wärmestrahlung beläuft sich auf etwa 150 Watt.

Zusammenfassend ist unser Heizwärmebedarf unter den verschiedenen genannten Gegebenheiten zum Vergleich in Tabelle 2.30 dargestellt.

Bereitstellung von Heizwärme:
Der Bedarf an Endenergie für Raumheizung beläuft sich in Deutschland derzeit auf etwa 2 600 PJ entsprechend 700 Mrd. kWh. Dieser Bedarf teilt sich auf die verschiedenen Formen von Heizwärmebereitstellung wie folgt auf:

mit Öl u. Gas befeuerte Heizkessel	ca.	80 %
mit Kohle, Öl u. Holz befeuerte Öfen	ca.	8 %
Nah- u. Fernwärme	ca.	8 %
Elektro (-Speicher-)Heizung	ca.	4 %
Wärmepumpen	ca.	0.1%

Wirkungsgrade und Gesamtaufwand an Energie für Bau und Betrieb der verschiedenen Heizanlagen werden nachfolgend im einzelnen erläutert und in Tabelle 2.31 zusammengefaßt.

Heizkesselanlagen, mit Öl oder Gas befeuert, heizen bei fest vorgegebener Flammentemperatur, Leistung und Verlauftemperatur des Warmwassers. Unterschiedlicher, der jeweiligen Außentemperatur entsprechender Wärmebedarf wird über Häufigkeit und Brenndauer der Brennphasen geregelt. Die Wirkungsgradverluste werden wesentlich durch die unvermeidlichen Wärmeverluste beim Aufheizen und Abkühlen des Brenners zu Beginn und Ende der Brennphasen bestimmt.

Brennwertkessel, mit Öl oder Gas befeuert, heizen relativ kontinuierlich — fast wie ein Dauerbrenner — dabei mit gleitender Flammentemperatur, Heizleistung

	Heizleistung netto (Watt)	Heizleistung brutto (Watt)
offene Gebäude ohne Wärmeschutz	3 700	ca. 10 000
heutige Gebäude	1 200	1 700
heutige Gebäude mit nachträglicher Wärmedämmung	700	850 + 50*
Neubauten von Solarhäusern mit optimalem Wärmeschutz u. passiver Nutzung von Solarwärme	ca. 500 aus Solarwärme	ca. 1 000 bis 1 500**
theoret. Mindestbedarf an Heizwärme zum Ausgleich von Abstrahlung bei 20 °C u. Rückstrahlung bei 6 °C	ca. 150 Watt	

Tabelle 2.30: Mittlerer Bedarf an Heizleistung in Deutschland pro Person bzw. 130 m³ zu beheizende Wohn– und Arbeitsräume während einer jährlichen Heizperiode von 8 Monaten.
* zusätzlicher Energieaufwand für Wärmedämmung verteilt auf 30 Jahre,
** dieser Bedarf resultiert aus dem zusätzlich benötigten Energieaufwand für Bau und Wartung (s. Ende dieses Kapitels).

und Vorlauftemperatur des Warmwassers immer dem Heizwärmebedarf bzw. der Außentemperatur angepaßt. Dadurch läßt sich ein ausnehmend hoher Wirkungsgrad erzielen, dies unter einem mäßigen Mehraufwand (etwa 5 000 DM pro Anlage für ein Einfamilienhaus), der sich energetisch nach wenigen Betriebsjahren amortisiert.

Eine *Elektrospeicherheizung* erlaubt, bezogen auf den Endenergieträger Strom, eine praktisch verlustfreie Heizung. Zieht man allerdings den Wirkungsgrad der Stromerzeugung von derzeit etwa 0.4 bei thermischen Kraftwerken, aus welchen etwa 95 Prozent unserer elektrischen Energie stammt, mit ins Kalkül, so reduziert sich der Gesamtwirkungsgrad für Elektroheizung entsprechend. Bedenkt man des

2.2. Energie in Form von Wärme, Elektrizität, Treibstoffen

Heizanlagen	Wirkungsgrad Nutzenergie/ Endenergie	a Endenergie/ Nutzenergie	b Energie-Aufwand f. Bau u. Betrieb/ Nutzenergie	a + b Gesamt- Energieaufwand/ Nutzenergie
Heizkessel Öl, Gas befeuert	75 %	1.33	0.13	1.5
Brennwert-Kessel Öl, Gas befeuert	95 %	1.05	0.17	1.2
Ofen Kohle, Öl, Holz befeuert	60 %	1.67	0.02	1.7
Fernwärme	85 %	1.18	0.2	1.4
Nahwärme	90 %	1.11	0.1	1.2
Elektro-Speicher- Heizung	40 %	2.5	0.1	2.6
Wärmepumpen	200 bis 300%	0.5 bis 0.3	0.5	1
Solarhäuser mit passiver Nutzung von Solarwärme	außer Solarstrahlung kein Einsatz weiterer Energieträger		2 bis 3	2 bis 3

Tabelle 2.31: *Übersicht typischer mittlerer Werte der Wirkungsgrade und der Verhältnisse von Endenergie zum Betrieb der Heizung, Primärenergie zu Bau und Unterhalt der Heizung und der Summe beider Energien, immer bezogen auf die als Heizwärme bereitgestellte Nutzenergie, diese für die verschiedenen Heizanlagen.*

weiteren, daß elektrischer Strom ein höchst wertvoller Energieträger, geeignet für die Erzeugung mechanischer Energie und für Wärme bis zu Temperaturen von mehreren tausend Grad ist, so ist die Bereitstellung von Niedertemperatur-Heizwärme mittels Strom eine wenig effiziente Nutzung elektrischer Energie.

Wärmepumpen erlauben zwar Wirkungsgrade von 200 bis 300 Prozent, wenn man den Wirkungsgrad als das Verhältnis bereitgestellter Heizwärme zum Energieaufwand für den Betrieb der Wärmepumpen definiert, wobei zusätzlich ein wesentlicher Teil der Heizwärme aus einem natürlichen Wärmereservoir der Umwelt entnommen wird. Allerdings amortisiert sich der relativ hohe Aufwand an Kosten bzw. an Energie zum Bau einer gesamten Wärmepumpenanlage zumindest bei kleinen Anlagen erst im Verlauf mehrerer Jahre.

Energetisch wesentlich günstiger sind Wärmepumpen bzw. *Wärmetransformatoren*, wenn bei der Nutzung gleichzeitig Kühl- und Heizleistungen zu decken sind.

Passive Nutzung von Solarwärme ist das Prinzip der Raumheizung in sog. Solarhäusern. Dabei wird der durch möglichst gute Wärmeisolation des Gebäudes möglichst klein gehaltene Bedarf an Heizwärme ausschließlich aus Sonneneinstrahlung in die Wände gedeckt. Dazu sind die Wände als Solarwärme-Absorber und -Speicher gebaut. Um allerdings die Räume im Sommer vor Überhitzung zu schützen, müssen die Absorberwände bei starker Sonneneinstrahlung durch Jalousien abgeschattet werden. Der Kosten- bzw. Energieaufwand für den Bau und Unterhalt solcher langzeitig gegen Wind und Wettereinflüsse stabiler Solarhäuser ist allerdings beträchtlich, ebenso der Aufwand für die meist als notwendig erachteten Wärmetauscher für die automatische Belüftung eines Solarhauses.

Bei den bisher gebauten Solarhäusern kann zwar für Heizung der Einsatz nichtsolarer Energie weitgehend bis vollständig vermieden werden. Jedoch beläuft sich der gegenüber konventionellen Häusern zusätzlich benötigte Energieaufwand für Bau, Wartung und Unterhalt der energiesensitiven Komponenten eines Solarhauses auf eine Höhe, welche dem konventionellen Heizungsbedarf eines üblichen Hauses für mehrere bis viele Jahrzehnte entspricht.

Ein *Vergleich der verschiedenen Heizungssysteme* zeigt, daß die energiesparendste Möglichkeit voraussichtlich nicht in heute spektakulären Solarenergiehäusern verwirklicht werden wird, sondern über die nächsten Jahrzehnte in unseren heutigen Altbauten, so diese mit ausreichender Wärmedämmung ausgestattet und mit modernen Heizanlagen bzw. mit Nah- und Fernwärme beheizt werden. Über weitere Jahrzehnte kann allmählich ein Ersatz unserer heutigen Altbauten durch konventionelle Neubauten, die von vorneherein wärmetechnisch optimal gebaut werden können, stattfinden.

Umweltbelastungen durch Heizungen

Natürlich werden bei der Verbrennung von Kohle, Heizöl und Gas, aber auch von Holz Schadgase wie z.B. Stickoxide, Schwefeldioxid, Kohlenmonoxid und flüchtige Kohlenwasserstoffe erzeugt. Die Emission dieser Schadstoffe kann bei kleinen Verbrennungsanlagen im allgemeinen nicht durch aufwendige Filteranlagen weitgehend vermindert werden. Ein Vergleich der Emissionsmengen aus den verschiedenen Einsatzbereichen von fossilen Brennstoffen (s. Tabelle 2.21) zeigt aber, daß die Emissionen aus den kleinen Verbrennungsanlagen relativ wenig bedeutsam sind.

2.2. Energie in Form von Wärme, Elektrizität, Treibstoffen

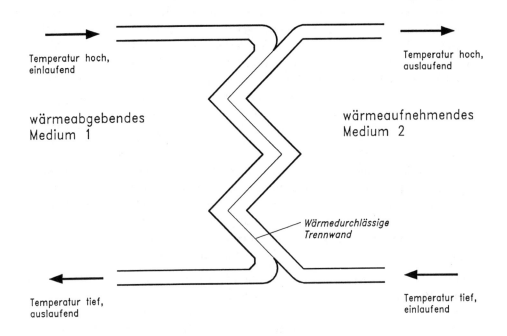

Abbildung 2.14: Prinzip des Wärmetauschers

Prozesswärme und ihre Rückgewinnung

Prozesswärme wird benötigt z.B. in der Industrie bei der Herstellung von Eisen, Stahl, Aluminium, Keramik, im Kleingewerbe z.B. in Brauereien, Wäschereien u.a. . Dabei fällt die Wärme nach Prozessablauf als Abwärme z.B. in Form von heißen Gasen oder Heißdampf bei Temperaturen bis zu mehreren 100 Grad Celsius oder als Warmwasser bei Temperaturen bis 100 °C an.

Bei genügend hohen Temperaturen — bei Gasen ab etwa 150 °C, bei Wasser ab etwa 50 °C — ist diese Abwärme im Prinzip wieder bzw. weiter verwendbar, entweder intern im Betrieb z.B. zum Erwärmen frischen Gases und Wassers oder auch extern z.B. als Warmwasser für Heizwerke in ein Nah- oder Fernwärmenetz eingespeist. Dazu wird die Wärme im allgemeinen mittels eines Wärmetauschers an das frische Wärmeträgermedium übertragen (s. Abbildung 2.14).

Dabei durchströmen das wärmeabgebende Medium 1 und das wärmeaufnehmende Medium 2 das Temperaturgefälle gegenläufig durchlaufend z.B. durch Rohrleitungen aus möglichst gut wärmeleitendem Material, meist Kupfer oder Aluminium, wobei die beiden Leitungen zum bestmöglichen Wärmeaustausch durch ihr Wandmaterial miteinander verlötet sind. Im Prinzip ist dabei ein vollständiger Wärmeaustausch zwischen beiden Medien möglich. Im Realfall großer Durchsatzmengen beider Medien in einem Wärmetauscher praktikabler Größe führen die endlichen Temperaturspreizungen zwischen beiden Medien, $T_{hoch,ein} - T_{hoch,aus}$ bzw. $T_{tief,aus} - T_{tief,ein}$, mit typischen Werten von etwa 5 bis 10 Grad Celsius zu Übertragungsverlusten von einigen bis mehreren Prozent.

Bei heute üblichen Wärmetauscheranlagen amortisiert sich der Energieaufwand zum Bau der Anlage typischerweise innerhalb einiger weniger Jahre durch entsprechende Einsparung an Heizenergie, dies bei einer typischen Anlagenlebensdauer von 10 bis 20 Jahren. Bei Realisierung des gesamten technischen Potentials an Rückgewinnung und Wiederverwertung von Prozesswärme könnte in Deutschland etwa ein Drittel des Endenergiebedarfs für Erzeugung von Prozesswärme bzw. etwa 10 Prozent des Gesamtbedarfs an Endenergie eingespart werden.

Aber auch die Prozesswärmerückgewinnung ist nicht frei von Umweltbelastungen. Beispielsweise erfordert ein längerfristig effektiv bleibender Wärmeaustausch das Freihalten der Wärmetauscherinnenflächen von meist wärmeisolierenden Ablagerungen aus Schwebstoffen des durchströmenden Mediums. Dazu benötigt man z.B. einen Einsatz entsprechend aggressiver und lösender Chemikalien.

Wärmekraftmaschinen im Verkehr

Ausgangslage:
Straßenfahrzeuge werden entweder mit Ottomotoren, diese mit Wirkungsgraden von ca. 30 Prozent bei Vollast, von 10 bis 20 Prozent bei mittlerer Belastung, oder mit Dieselmotoren, diese mit Wirkungsgraden von ca. 36 Prozent bei Vollast und von etwa 30 Prozent bei mittlerer Belastung angetrieben. Der Wirkungsgrad schlägt hier letztlich als das Verhältnis von genutzter Antriebsenergie zum Brennwert des verbrauchten Treibstoffs zu Buche. Beispielsweise werden derzeit im bundesdeutschen Mittel pro 100 km PKW-Fahrleistung etwa 10 Liter Treibstoff verbraucht. Pro 100 km Flugleistung verbraucht ein vollbesetztes Großraumflugzeug im Langstreckenflug pro Person etwa 5 Liter, im Kurzstreckenflug etwa 7 Liter Treibstoff.

Nicht zuletzt aus Gründen des Schutzes der Erde muß man zumindest nach dem naturgesetzlichen Optimum der Motorwirkungsgrade, nach den bestmöglichen technischen Lösungen für Antriebsmotoren, nach dem geringstmöglichen

2.2. Energie in Form von Wärme, Elektrizität, Treibstoffen

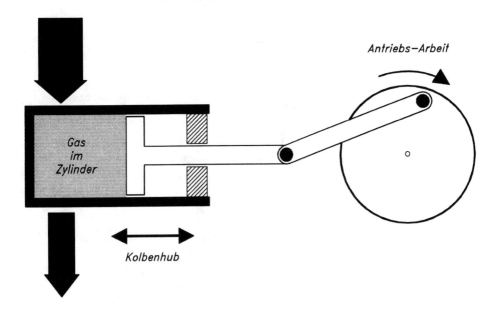

Abbildung 2.15: Skizze einer Kolbenmotor-Wärmekraftmaschine

Treibstoffverbrauch fragen. Dazu wird zunächst anhand der Skizze einer Kolbenmotor-Wärmekraftmaschine (s. auch Kapitel 2.2.3.) das *Prinzip einer Wärmekraftmaschine* erläutert (s. Abbildung 2.15).

Zunächst des Physikers liebstes Kind unter den Wärmekraftmaschinen die *Carnotmaschine*, benannt nach dem französischen Physiker Sadi Carnot (1796 — 1832), eine Wärmekraftmaschine mit geschlossenem Kreislauf des Gases im Zylinder, dabei mit dem naturgesetzlich höchstmöglichen Wirkungsgrad:

Im ersten Schritt des Kreisprozesses wird dem Gas im Zylinder von außen Wärme zugeführt. Das Gas dehnt sich isotherm, das heißt bei gleichbleibender Temperatur aus, treibt den Kolben nach außen, leistet so Arbeit.

Im zweiten Schritt dehnt sich das Gas ohne Wärmezufuhr, adiabatisch, weiter aus, leistet dabei Arbeit, entnimmt diese Energiemenge seinem eigenen Wärmevorrat, kühlt sich entsprechend auf ein tieferes Temperaturniveau ab.

172   Kapitel 2. Möglichkeiten

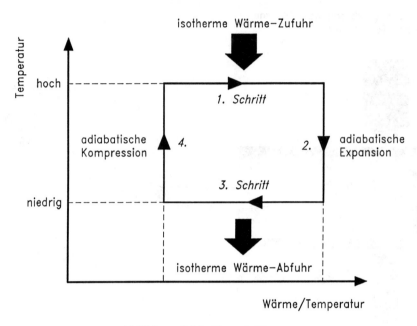

Abbildung 2.16: Carnot-Prozess

Im dritten Schritt schwingt der Kolben zurück, komprimiert das Gas im Zylinder isotherm, unter entsprechender Abgabe von Abwärme auf dem tieferen Temperaturniveau nach außen.

Im vierten Schritt wird das Gas ohne weitere Wärmeabgabe, adiabatisch komprimiert, erwärmt sich dabei wieder auf das hohe Temperaturniveau des Kreislaufbeginns.

Dieser Kreislaufprozess ist in Abbildung 2.16 als Diagramm von Wärmeaufnahme und -abgabe bei den entsprechenden Temperaturen skizziert.

Die Fläche des in vier Schritten umschlossenen Rechtecks entspricht der von der Wärmekraftmaschine geleisteten Arbeit. Der Wirkungsgrad, das Verhältnis von geleisteter Arbeit zu aufgenommener Wärme ist dabei größtmöglich und kann als Funktion der beiden Temperaturniveaus, T_{hoch} und $T_{niedrig}$ angegeben werden:

$$\text{Wirkungsgrad}_{Carnot} = \frac{\text{geleistete Arbeit}}{\text{Wärmezufuhr}}$$

$$= \frac{\text{Wärmezufuhr} - \text{Wärmeabfuhr}}{\text{Wärmezufuhr}}$$

$$= \frac{T_{hoch} - T_{niedrig}}{T_{hoch}}$$

Leider kann diese physikalisch optimale Maschine technisch nicht realisiert werden, weil bei diesem Kreislauf Wärmezufuhr und Wärmeabfuhr unter konstanten Temperaturen nur extrem langsam vollzogen werden könnten, die Leistung der Maschine, also die Arbeit pro Zeit für technische Nutzung viel zu klein wäre.

Den ersten Ausweg aus dieser Misere fand der schottische Pfarrer Stirling schon 1816 mit dem nach ihm benannten *Stirling-Heißluftmotor*. Diese Wärmekraftmaschine besteht im Prinzip wieder aus einem Zylinder, in dem ein Kolben schwingen kann wie bei der Carnotmaschine. Dabei wird das Gas im Kolben in einer Zylinderhälfte geheizt, in der anderen gekühlt. Im Zylinder läuft, phasenverschoben zum jeweiligen Kolbenhub, ein zusätzlicher Gasverdränger aus porösem Material, der die Aufgabe hat, das Gas, z.B. Luft, im Kolben schnell zwischen Heizbereich und Kühlbereich hin und her zu transportieren, es beim Durchströmen der Poren isochor, also ohne Volumenänderung, aufzuheizen bzw. abzukühlen.

Die vier Schritte des Kreisprozesses der Stirlingmaschine sind in Abbildung 2.17 skizziert.

Der Wirkungsgrad der Maschine ist identisch dem Wirkungsgrad der Carnotmaschine:

$$\text{Wirkungsgrad}_{Stirling} = \frac{T_{hoch} - T_{niedrig}}{T_{hoch}}$$

Diese Maschine ist nicht nur bezüglich des Wirkungsgrades physikalisch optimal; sie hat auch den technischen Vorzug, daß ihr realer Wirkungsgrad fast unabhängig von der Lastbeanspruchung ist. Trotzdem wurde diese Maschine bis heute nicht zum Einsatz im Verkehrssektor entwickelt, weil der Aufwand zum Bau dieser Maschine im Vergleich zu Otto- und Dieselmotoren als zu aufwendig angesehen wird.

Im Verkehrssektor dominieren heute *Otto- und Dieselmotoren* als Antriebsmaschinen. Nikolaus Otto gelang es 1876, eine relativ einfache Wärmekraftmaschine mit offenem Kreislauf zu bauen:
Auch diese Maschine läuft in vier Schritten im Kreislauf, dabei wird aber bei jeder Tour einmal Frischluft, im Vergaser mit gasförmigem Treibstoff beladen, zugeführt, nach der Verbrennung die Abluft durch den Auspuff ausgestoßen.

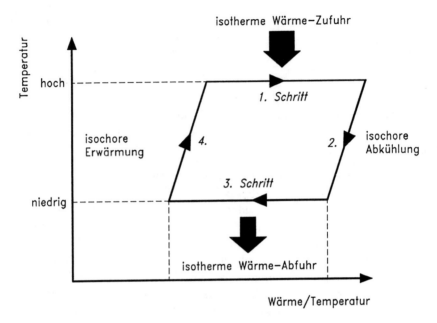

Abbildung 2.17: *Kreisprozess der Stirlingmaschine*

Heizwärmezufuhr durch Zündung eines Gasgemisches mit Abwärmeabfuhr sind so relativ einfach und extrem schnell erreichbar.

Die vier Schritte des Kreisprozesses des *Ottomotors* sind in Abbildung 2.18 skizziert, dies im Vergleich zum Kreisprozess einer Carnotmaschine im gleichen Temperaturintervall.

Die relativ einfache Bauweise des Viertakt-Ottomotors vor allem im Bezug auf die Wärmezufuhr und -abfuhr bedingt allerdings — wie aus Bild 2.18 leicht erkennbar — eine merkliche Reduktion des Wirkungsgrads gegenüber dem einer Carnotmaschine mit einem Kreislauf im gleichen Temperaturintervall, für einen Ottomotor typischerweise zwischen ca. 3 000 Kelvin (2 700°C) und 288 Kelvin (15 °C). Dafür errechnet sich ein idealer Wirkungsgrad für eine Carnotmaschine von 90 Prozent, für einen Ottomotor von 56 Prozent. Real erreicht werden für Ottomotoren Wirkungsgrade von 30 bis 35 Prozent bei Vollast, um 10 bis 20 Prozent bei kleinen bis mittleren Leistungen, letztere typisch für normale Fahrweise.

Eine Weiterentwicklung des Ottomotors mit linearem Kolbenhub stellt der Kreiskolbenmotor, der sog. *Wankelmotor* dar (s. Abbildung 2.19).

Dabei wird die Verbrennungsenergie (vermindert um den Wirkungsgrad der Um-

2.2. Energie in Form von Wärme, Elektrizität, Treibstoffen

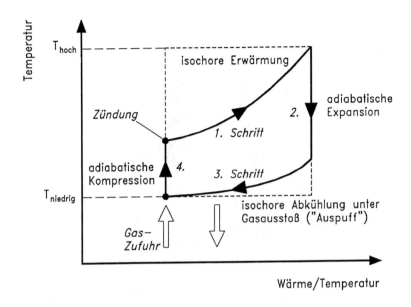

Abbildung 2.18: *Skizze des Kreislaufs eines Ottomotors (ausgezogene Linien) im Vergleich zum Kreislauf einer Carnotmaschine (strichliert) im gleichen Temperaturintervall*

wandlung) direkt in Rotationsenergie der Kurbelwelle umgesetzt, nicht wie bei den üblichen Otto– und Dieselmotoren über den Zwischenschritt Kolben — Pleuelstange.

Nun zum *Dieselmotor*: Dabei wird im ersten Schritt des Kreisprozesses die Luft ohne Brennstoff adiabatisch komprimiert und dadurch aufgeheizt. Beim Erreichen der Zündtemperatur um 850 Kelvin wird Dieseltreibstoff eingespritzt mit im zweiten Schritt nachfolgender isobarer Expansion, also bei gleichbleibendem Druck unter Wärmezufuhr durch die Treibstoffverbrennung.

Die vier Schritte des Kreisprozesses des Dieselmotors sind in Abbildung 2.20 skizziert, wieder im Vergleich zum Kreisprozess einer Carnotmaschine und im Vergleich zum Kreisprozess eines Ottomotors im gleichen Temperaturintervall.

Der Kreislauf des Dieselmotors läuft typischerweise im Temperaturintervall zwischen 2 600 Kelvin (2 300°C) und 288 Kelvin (15 °C) ab. Dafür errechnet sich ein idealer Wirkungsgrad für eine Carnotmaschine von 89 Prozent, für einen Dieselmotor von etwa 54 Prozent. Real erreicht werden für Dieselmotoren im Kraft-

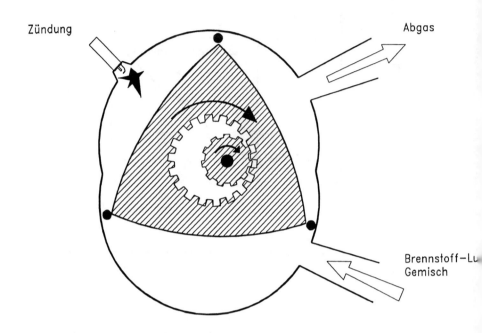

Abbildung 2.19: Prinzip des Wankelmotors

fahrzeugeinsatz um 40 Prozent bei Vollast, um 30 bis 35 Prozent bei kleinen bis mittleren Leistungen. Bei gleichem Kompressionsverhältnis ist der Wirkungsgrad für den Otto–Zyklus höher als für den Diesel–Zyklus (s. Abbildung 2.20). In der Praxis erlaubt der Dieselmotor aber weit höhere Verdichtungen, bis zu etwa 25 : 1 gegenüber dem Ottomotor von etwa 8 : 1 , und somit höhere reale Wirkungsgrade.

Hier noch ein kurzer Hinweis auf die *Brayton–Turbine* als typische Wärmekraftmaschine im Flugzeugeinsatz. Im Prinzip besteht sie, betrieben im offenen Kreislauf, aus der Hintereinanderschaltung eines Luftkompressors, eines Erhitzers und einer Gasturbine. Das Kreislaufdiagramm ist dem des Dieselmotors sehr ähnlich. Der Kreislauf läuft typischerweise im Temperaturintervall zwischen etwa 1 700 Kelvin (1 400°C) und 273 Kelvin (0 °C) ab. Dafür errechnet sich ein idealer Wirkungsgrad für eine Carnotmaschine von 84 Prozent, für eine Brayton–Turbine von etwa 40 Prozent. Real erreicht werden mit der Brayton–Turbine um 30 Prozent bei Vollast, um 10 bis 15 Prozent bei kleinen bis mittleren Leistungen.

2.2. Energie in Form von Wärme, Elektrizität, Treibstoffen   177

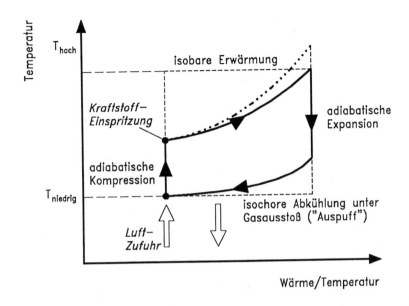

Abbildung 2.20: Skizze des Kreislaufs eines Dieselmotors (ausgezogene Linien) im Vergleich zum Kreislauf einer Carnotmaschine (strichliert) und zum Kreislauf eines Ottomotors (punktiert)

Wege zu höheren realen Wirkungsgraden bzw. zu geringerem Treibstoffverbrauch von Wärmekraftmaschinen im Verkehrsbereich:

Dazu zunächst eine Abschätzung des realen Wirkungsgrades bzw. des tatsächlichen Energie–Aufwandes für eine einstündige Fahrt über 100 km auf ebener Straße mit einem Ottomotor–PKW:
Energie wird zum einen benötigt als Rollarbeit. Diese ist proportional dem Gewicht des PKW, der gefahrenen Wegstrecke und dem Rollreibungswiderstand (μ) zwischen den Gummirädern des PKW und dem Straßenbelag ($\mu = 0.02$). Für einen PKW mit 1 000 kg Gewicht muß eine Rollarbeit von 5.4 kWh geleistet werden. Energie wird des weiteren benötigt als Arbeit gegen den Luftwiderstand. Diese Arbeit ist proportional zur Querschnittsfläche des PKW, zu seinem sog. Luftwiderstandsbeiwert (1 für ein Rechteckprofil, 0.3 für heute bestgerundete Fahrzeugprofile, 0.04 für ideale Stromlinienform), der Luftdichte, der gefahrenen Wegstrecke und dem Quadrat der Fahrgeschwindigkeit. Für eine Geschwindigkeit von 100 km pro Stunde resultiert daraus eine Arbeit gegen den Luftwiderstand von 6.2 kWh (für eine Geschwindigkeit von 140 km pro Stunde eine Arbeit von

12.2 kWh). Bei einem Treibstoffverbrauch von 8 Liter Benzin ergibt sich daraus ein realer Wirkungsgrad von

$$\frac{(5.4 + 6.2) \text{ kWh}}{8 \text{ l} \times 9 \text{ kWh/l}} = 0.16 \text{ bzw. } 16\%$$

Bei einer mittleren Lebensdauer eines PKW, einer Gesamtfahrleistung über 150 000 km entsprechend, beläuft sich der benötigte Energieaufwand an Treibstoff auf (150 000 km × 8 l pro 100 km ≅) 12 000 l mit einem Brennwert von 108 000 kWh. Vergleichsweise beträgt der Energieaufwand zum Bau des Fahrzeugs bei einem Preis von 30 000 DM auf etwa 100 000 kWh. Das Verhältnis von Treibstoffenergie zu Energieaufwand für die Herstellung des Fahrzeugs beträgt also etwa 1 : 1.

Mögliche Verminderungen des Energiebedarfs:
Die technischen Energiesparmöglichkeiten für den Treibstoffbedarf werden bei gleicher Fahrleistung und gleichem Fahrkomfort durch Nutzung leichterer Materialien beim Fahrzeugbau, Reduktion von Rollwiderstand und Luftwiderstandsbeiwert, Erhöhung des Motorwirkungsgrads und Abschalten des Motors während der Fahrt ohne Leistungsbedarf

- bei PKW auf bis zu 50%
- bei LKW und Bussen auf bis zu 20%
- Flugzeugen auf 40 bis 50%

geschätzt. Für kleine, leichtgewichtige PKW könnte der Treibstoffbedarf, obige technische Verbesserungen mit berücksichtigt, auf etwa 2 bis 3 Liter pro 100 km Fahrleistung reduziert werden.

Umweltbelastungen:
Hier sei nur auf die Schadstofffreisetzung bei der Verbrennung fossiler Treibstoffe hingewiesen: wie aus Tabelle 2.21 in Kapitel 2.2.3 zu ersehen, wird der überwiegende Anteil an Stickoxiden, Kohlenmonoxiden und flüchtigen Kohlenwasserstoffen im Verkehrsbereich freigesetzt. Die dabei für Benzin-Ottomotoren und Dieselmotoren sehr unterschiedlichen Emissionsraten, auch noch abhängig von der Motorbelastung, sind in nachfolgend Tabelle 2.32 aufgelistet.
Beim Ottomotor liegt die Bildung von Stickoxid (wegen der höheren Verbrennungstemperaturen) um einen Faktor 3 bis 4, die Bildung von Kohlenmonoxid

2.2. Energie in Form von Wärme, Elektrizität, Treibstoffen

	Benzin–Ottomotor			Dieselmotor		
	Leerlauf	Teillast	Vollast	Leerlauf	Teillast	Vollast
Stickoxide	.02	.3	.3	.02	.06	.1
Kohlenmonoxid	2	1	3	.03	.04	.1
flüchtige Kohlenwasserstoffe	.03	.02	.02	.02	.03	.04
Ruß	—	—	—	.004	.007	.01

Tabelle 2.32: *Anteil der Schadstoffe im Abgas eines Motors in Volumenprozenten (mittlere Werte), dies ohne Abgasreinigung.*

um einen Faktor 30 bis 60 über den entsprechenden Werten beim Dieselmotor. Mit geregeltem 3-Wege-Katalysator kann die Freisetzung dieser Schadgase zumindest bei stetiger Fahrweise mit warmem Motor um bis zu 90 Prozent vermindert werden. Dabei ist allerdings darauf hinzuweisen, daß im Katalysator ein kleiner Teil der Stickoxide zu Distickstoffoxid umgewandelt und danach freigesetzt wird.

Würden weltweit alle Benzinmotoren mit Katalysatoren ausgerüstet, so würde bei derzeitigem Verkehrsaufkommen die gesamte Freisetzung von Distickstoffoxid, heute vornehmlich aus dem Landwirtschaftssektor durch Einsatz von Kunstdünger bedingt, um etwa ein Viertel erhöht werden. Dieses Gas, weiter in bisherigem Umfang freigesetzt, könnte im Verlauf von 100 und mehr Jahren allmählich einen spürbaren Beitrag zum Abbau der stratosphärischen Ozonschicht liefern.

Beim Dieselmotor ist wegen der im Abgas enthaltenen Rußpartikel derzeit eine Abgasreinigung mit Katalysator noch nicht möglich. Hier ist auch die Verminderung der Rußfreisetzung die vordringlichste Aufgabe.

Im Flugverkehr ist, abgesehen von Schadgasemissionen ähnlich wie im Straßenverkehr, auch noch die unvermeidliche Bildung und Freisetzung von Wasserdampf bei der Treibstoffverbrennung, etwa 2 Tonnen Wasserdampf pro Tonne verbrannten Treibstoffs, von erheblicher Bedeutung vor allem beim Durchfliegen stratosphärischer Höhen auf den Polarrouten. Schon heute hat sich dadurch der Wasserdampfgehalt in der polaren Stratosphäre um bis zu einem Faktor 2 gegenüber den natürlichen Werten erhöht. Dies wiederum kann zu spürbaren Ozonverlusten in der polaren Stratosphäre führen.

Zurück zum Straßenverkehr:
Eine wesentliche Verminderung der Schadstofffreisetzung durch eine entsprechende Verminderung des Treibstoffbedarfs könnte z.B. durch Einsatz von Elektromotoren zum Fahrzeugantrieb erreicht werden (siehe das folgende Kapitel). Dabei besteht zum einen die Möglichkeit, die Elektromotoren aus Batterien zu speisen, welche über Generatoren, bei konstanter Leistung höchst effizient von Verbrennungsmotoren (Otto-, Diesel-, Stirlingmotoren) angetrieben, geladen werden. Durch diese Betriebsweise könnte der Treibstoffbedarf auf einige wenige Liter pro 100 km Fahrstrecke reduziert werden. Zum anderen besteht die Möglichkeit, die Batterien extern zu laden, dies mit elektrischer Energie aus dem Stromnetz. Dabei ist natürlich zu bedenken, in welcher Form, mit welcher Umweltbelastung die elektrische Energie erzeugt wird.

Würde man das heutige PKW-Verkehrsaufkommen mit Elektroantrieb mit heute möglich erscheinender effizienter, sparsamer Technik (einem Aufwand von 3 l Benzin pro 100 km entsprechend) bestreiten, die dazu nötige elektrische Energie dem Stromnetz entnehmen, so würde der Gesamtbedarf an elektrischer Energie in Deutschland um etwa 25 Prozent ansteigen.

Eine weitere Möglichkeit bietet die Nutzung von Verbrenungsmotoren mit Wasserstoff als Treibstoff, wie dies in Kapitel 2.2.4 über Speicherung von Wasserstoff bereits angesprochen wurde.

Im Prinzip können alle hier vorgestellten Verbrennungsmotoren statt mit fossilen Treibstoffen auch mit Wasserstoff — so er in ausreichendem Umfang verfügbar gemacht werden kann — betrieben werden. Bei der Verbrennung von Wasserstoff mit Luft werden Stickoxide und Wasserdampf in ähnlichem Umfang erzeugt wie dies bei der Verbrennung fossiler Treibstoffe geschieht.

Elektromotoren

Das *Prinzip eines Elektromotors* ist eine rotierende Ankerspule im Magnetfeld einer feststehenden Feldspule, erfunden von Werner von Siemens (1867). Dabei wird elektrische Energie von außen in Form von elektrischem Strom durch die Spulen zugeführt und in mechanische (Rotations-) Energie des Ankers umgewandelt.

Der theoretische Umwandlungswirkungsgrad beträgt 100 Prozent; real erreicht werden 80 bis 95 Prozent.

2.2. Energie in Form von Wärme, Elektrizität, Treibstoffen

In umgekehrtem Drehsinn betrieben wird der Motor zum Generator. Dabei wird von außen dem Anker zugeführte mechanische Rotationsenergie in elektrische Energie umgewandelt.

Je nach Art der dem Motor zugeführten elektrischen Energie unterscheidet man zwischen Gleichstrom- und Wechselstrom- bzw. Drehstrommotoren.

Gleichstrommotoren, in denen Ankerspulen und Feldspulen hintereinandergeschaltet vom gleichen Strom durchflossen werden, sogenannte Hauptschlußmotoren, weisen bei kleinen Drehzahlen ein besonders hohes Drehmoment auf, eignen sich somit vorzüglich zum Antrieb mit großer Startleistung, wie z.B. bei Eisenbahnen notwendig. Gleichstrommotoren, bei denen Ankerspulen und Feldspulen parallelgeschaltet von unterschiedlichen Strommengen durchflossen werden, sogenannten Nebenschlußmotoren, weisen ein von Belastung ziemlich unabhängiges Drehmoment auf.

Von besonderer Bedeutung sind Drehstrom-Asynchronmotoren. Dabei bewirkt der 3phasige Drehstrom in den Feldspulen ein rotierendes Magnetfeld. Je nach mechanischer Belastung läuft der Motor mehr oder minder asynchron, also mit mehr oder minder reduzierter Frequenz gegenüber der Frequenz des Drehmotors, dem rotierenden Magnetfeld hinterher. Drehstrommotoren sind technisch sehr robust und laufen fast verschleißfrei; sie weisen ein starkes Anzugsmoment bei starker Überlastbarkeit auf.

Im Verkehrssektor ist der Antrieb mit Elektromotoren bislang weitgehend auf Bahnen mit schienengebundenen und leitungsgebundenen Fahrzeugen beschränkt. Künftig ist der Antrieb mit Elektromotoren im Individualverkehr wegen der beschränkten Speicherkapazität für elektrische Energie in Batterien vornehmlich auf den PKW-Bereich beschränkt zu erwarten. Bei der bisherigen Erprobung wurden für PKWs mit Elektroantrieb bei maximalen Leistungen bis zu einigen 10 kW, ausgestattet mit herkömmlichem Blei-Akku mit 400 kg Gewicht Reichweiten bis zu etwa 100 km, ausgestattet mit modernen Natrium-Schwefel-Hochtemperaturbatterien mit 300 kg Gewicht Reichweiten bis zu etwa 300 km erzielt.

Diese Erprobungen wurden mit konventionellen Fahrzeugen, bei welchen nur der Verbrennungsmotor durch einen Elektromotor ersetzt war, durchgeführt. Eine wesentlich effizientere Nutzung des Elektroantriebs von Fahrzeugen ist künftig zu erwarten, wenn die Fahrzeuge optimal auf Elektro-Antrieb angepaßt sind. So kann z.B. jedes Rad separat mit elektrischen Nabenmotoren angetrieben werden mit Rückspeisung von Bremsenergie, unter Nutzung des Motors als Generator, in die elektrische Batterie. Groben Schätzungen zufolge belaufen sich Kosten bzw. Energie-Aufwand zum Bau von Elektrofahrzeugen — Großserienfertigung mit Stückzahlen um 100 000 pro Jahr vorausgesetzt — im Vergleich zum Bau von konventionellen Fahrzeugen mit Verbrennungsmotoren auf etwa 1.4:

Kosten- bzw. Energie-Aufwand zum Bau von

(Elektrofahrzeug + Batterie) : (konvent. Fahrzeug)
(1.06 + 0.3) : (1)

Nachdem allerdings bislang die Lebensdauer der Hochleistungsbatterien auf etwa ein Drittel der Lebensdauer bzw. der Fahrleistung eines Autos von etwa 150 000 km beschränkt ist, ist bei obigem Vergleich ein dreifach höherer Aufwand für die Batterie in Rechnung zu stellen. Somit ergibt sich ein

Kosten- bzw. Energie-Aufwand zum Bau von

(Elektrofahrzeug + 3 Batterien) : (konvent. Fahrzeug)
von 2 : 1

Eine weitere Einsatzmöglichkeit von Elektro-Antrieb im Verkehr besteht zum Beispiel in der Nutzung von praktisch völlig verschleißfreien Linearmotoren in schienengebundenen Schnellbahnen wie der Magnetschwebebahn Transrapid.

Im Prinzip ist dieser Antrieb sehr einfach: In die "Schiene" des Fahrweges sind in engem Abstand Spulen eingelegt, in denen ein eingespeister Drehstrom ein magnetisches Wanderfeld erzeugt, bei dem also von Spule zu Spule abwechselnd Nord- und Südpole mit hoher Geschwindigkeit, z.B. 400 km pro Stunde, die Schiene entlang laufen. Dieses Wanderfeld induziert in entsprechenden Spulen in der Gleitschiene des Fahrzeugs wiederum ein magnetisches Wanderfeld, das mit gleicher Geschwindigkeit, aber die magnetischen Nord- und Südpole der Gleitschiene gegenüber den Polen der Fahrwegschiene etwas versetzt, dem Wanderfeld der Fahrwegschiene hinterherläuft. Die Wanderfelder in beiden Schienen erzeugen auch noch magnetische Kräfte, die das Fahrzeug während der Fahrt mit einem Zwischenraum von etwa 1 cm zwischen Fahrweg- und Gleitschiene über dem Fahrweg in der Schwebe halten. Dieses Prinzip wird in der Transrapid Pilotanlage im Emsland seit einem Jahrzehnt erprobt. Dabei wurden Bahngeschwindigkeiten um etwa 400 km pro Stunde erreicht.

Der Aufwand an elektrischer Energie zum Antrieb des Fahrzeugs beläuft sich (bei einer zugrundegelegten Auslastung der verfügbaren Sitzplätze von 75 Prozent) auf 33 kWh pro Fahrgast und 100 km Fahrstrecke, dem Brennwert von knapp 4 l Benzin entsprechend.

2.2. Energie in Form von Wärme, Elektrizität, Treibstoffen

Vergleich des Energie-Aufwandes für verschiedene Verkehrsmittel

Nachfolgend sind der benötigte Aufwand an Endenergien zum Transport pro Person auf 100 km Fahr- bzw. Flugstrecke und der benötigte Aufwand an Primärenergie zum Bau und Unterhalt der Transportmittel, dieser anteilig auf die Beförderung von einer Person über 100 km umgelegt, für die verschiedenen Verkehrsmittel gemäß einer mehr oder minder groben Schätzung tabelliert (s. Tabelle 2.33). Dabei werden die Energien in Einheiten von Liter Benzin (1 l Benzin hat einen Brennwert von ca. 9 kWh) angegeben.

Berücksichtigt man, daß der Endenergieträger Strom zumeist in thermischen Kraftwerken mit einem Umwandlungswirkungsgrad um 40 Prozent erzeugt wird, so zeigt der tabellarische Vergleich, daß der Gesamtaufwand an Primärenergie pro Person und gleicher Transportstrecke für die verschiedenen Verkehrsmittel vergleichbar groß ist.

Licht und Beleuchtung

Prinzip der Lichterzeugung und Ausbeute dabei:
In einer *Glühbirne* wird eine Drahtwendel mit hohem elektrischen Widerstand bei Stromdurchfluß thermisch bis zu Weißglut bei einer Temperatur um etwa 2000 Grad Celsius aufgeheizt. Bei dieser Temperatur werden etwa 2 Prozent der zum Glühen benötigten elektrischen Energie in für das Auge sichtbares Licht von etwa 15 Lumen Lichtleistung pro Watt elektrischer Leistung umgewandelt (673 Lumen Lichtleistung sind gleich einer Leistung von 1 Watt). Die erzielbare Lichtleistung steigt etwa genauso schnell mit steigender Glühtemperatur wie die Lebensdauer der Glühwendel dabei abnimmt. Der genannte Umwandlungswirkungsgrad einer Glühlampe von elektrischer Energie zu Licht stellt einen Kompromiß bei einer typischen Brenndauer einer Glühlampe von 1000 Stunden dar.

In einer *Leuchtstoffröhre* werden Gasatome bei einem Druck von wenigen Prozent des normalen Luftdrucks durch Elektronen, aus einer Glühkathode emittiert, zum Leuchten angeregt. Zusätzlich wird dabei auch noch ultraviolettes Licht der Leuchtatome durch auf die Innenseite der Röhre aufgebrachte Leuchtbeschichtung in sichtbares Licht umgewandelt. Moderne, stabförmige Leuchtstoffröhren wandeln dabei etwa 10 Prozent der benötigten elektrischen Energie in sichtbares Licht von etwa 70 Lumen Lichtleistung pro Watt elektrischer Leistung um. Kompakte Leuchtstofflampen — wie sie heute mit Schraubgewinden direkt im Austausch von Glühlampen eingesetzt werden können — wandeln etwa 8 Prozent der benötigten elektrischen Energie in sichtbares Licht von etwa 55 Lumen Lichtleistung pro Watt elektrischer Leistung um. Leuchtstofflampen brauchen bei gleicher Lichtleistung also nur etwa ein Viertel der elektrischen Leistung wie Glühlampen. Leuchtstofflampen haben eine mittlere Lebensdauer je nach Bauart

	Energie–Aufwand zum Transport von 1 Person über 100 km Distanz	
	Endenergie zum Transport	Primärenergie zu Bau u. Unterhalt des Transportmittels
PKW–Benzinmotor (mit 1 Person besetzt)	ca. 9 l (Benzin)	ca. 9 l
PKW–Elektromotor (mit 1 Person besetzt)	ca. 3 l (Strom)	ca. 18 l
Bahn — IC (75% Auslastung)	ca. 1.6 l (Strom)	ca. 8 bis 12 l
Bahn — Transrapid (75% Auslastung)	ca. 4 l (Strom)	ca. (10 bis 20 l)
Kurzstreckenflug (75% Auslastung)	ca. 9 l (Benzin)	ca. 11 l
Langstreckenflug (75% Auslastung)	ca. 6 l (Benzin)	ca. 6 l
	Energie–Aufwand zum Transport von 1 t Güter über 100 km Distanz	
	Endenergie zum Transport	Primärenergie zu Bau u. Unterhalt des Verkehrsmittels
LKW — Dieselmotor	ca. 8 l (Diesel)	ca. 9 l
Bahn (Güterverkehr)	ca. 1 l (Strom)	ca. 8 bis 12 l
Langstreckenflug (Frachtverkehr)	ca. 44 l (Benzin)	ca. 6 l

Tabelle 2.33: *Gesamtaufwand an Energie (Endenergie für Transport plus Primärenergie für Bau der Transportmittel) für die verschiedenen Verkehrsmittel; Energie–Einheiten in l Benzin (äquivalent einem Brennwert von 9 kWh pro l Benzin).*

2.2. Energie in Form von Wärme, Elektrizität, Treibstoffen

und Zahl der Einschaltvorgänge von 4 000 bis 8 000 Stunden. Die Lebensdauer wird nicht zuletzt wie auch bei der Glühbirne durch die Zahl der Einschaltvorgänge beschränkt.

Vergleich des *Gesamtaufwandes an Energie* für Bau und Betrieb von Glühlampen und Leuchtstofflampen:
Eine *Leuchtstofflampe* mit 11 Watt elektrischer Leistung verbraucht in ihrer Lebensdauer von 4 000 Stunden (bei etwa 5 000 Ein- und Ausschaltvorgängen) 44 kWh elektrische Energie, entsprechend 110 kWh Primärenergie-Einsatz in thermischen Kraftwerken (bei einem Umwandlungswirkungsgrad von 40 Prozent). Der Primärenergie-Aufwand zum Bau der Leuchtstofflampe beläuft sich bei Anschaffungskosten von 35 DM auf etwa 100 kWh Primärenergie. Insgesamt errechnet sich damit ein Gesamtaufwand an Primärenergie für die Leuchtstofflampe von etwa 210 kWh.

Eine *Glühbirne* mit gleicher Lichtleistung benötigt etwa 44 Watt elektrische Leistung. In 4 000 Stunden Brenndauer, wozu bei einer Lebensdauer von 1 000 Stunden pro Glühbirne 4 Glühbirnen benötigt werden, werden 176 kWh elektrische Energie verbraucht, entsprechend 440 kWh Primärenergie-Einsatz in thermischen Kraftwerken. Der Primärenergie-Aufwand zum Bau von 4 Glühbirnen beläuft sich bei Anschaffungskosten von 4 × 1.50 DM auf etwa 18 kWh Primärenergie. Insgesamt ergibt sich daraus ein Gesamtaufwand an Primärenergie für 4 Glühbirnen von etwa 460 kWh.

Durch den Ersatz von normalen Glühbirnen durch Leuchtstofflampen läßt sich der Gesamtaufwand an Energie für Bau und Betrieb des Leuchtgerätes bei gleicher Lichtleistung etwa halbieren. Allerdings ist der Aufwand für die Entsorgung ausgedienter Leuchtstofflampen einschließlich von Drosselspulen und Zündkondensator wesentlich aufwendiger und problematischer als die Entsorgung von Glühbirnen.

Der *Bedarf an elektrischer Energie für Beleuchtung* ist nachfolgend aufgeschlüsselt nach Verbrauch und nach anteiliger Nutzung mittels Glühbirnen und Leuchtstoffröhren (s. Tabelle 2.34).

Derzeit kommen etwa 11 Prozent des Nettobedarfs an elektrischer Energie bzw. etwa 3 Prozent des Bedarfs an Primärenergie aus dem Beleuchtungssektor. Bei Umstellung der Beleuchtung bei gleichbleibender Lichtleistung auf ausschließlich

Leuchtstofflampen würde der Bedarf an elektrischer Energie um 4 Prozent, der Bedarf an Primärenergie bei Berücksichtigung des Mehrbedarfs für den Bau der Leuchtstofflampen um etwa 0.4 Prozent gesenkt werden.

	Bedarf an elektrischer Energie prozentual genutzt mit			Bedarf an el. Energie bei ausschließl. Nutz. v. Leuchtstoff-Lampen
	TWh	Glühbirnen	Leuchtstoff-Lampen	TWh
Haushalte	7.3	95%	5%	2.1
Kleinverbraucher	13	50%	50%	8.1
Industrie	21.6	40%	60%	15.2
Gesamt	**42**			**25.4**
prozent.Anteil an el.Energie	11%			7%
prozent.Anteil an Primärenergie	3%			2%

Tabelle 2.34: *Bedarf an elektrischer Energie für Beleuchtung (1989), aufgeschlüsselt nach Verbrauchern und Nutzung mittels Glühlampen und Leuchtstoffröhren*

Brennstoffzellen

Elektrische Energie wird bislang aus chemischer Energie, gespeichert in Brennstoffen, üblicherweise in drei Schritten gewonnen:

Zuerst wird chemische Energie durch Verbrennung in Wärme umgewandelt, diese mittels einer Wärmekraftmaschine in mechanische Rotationsenergie und diese wiederum mittels eines Stromgenerators in elektrische Energie, die ganze Kette mit einem Umwandlungswirkungsgrad um bestenfalls 40 Prozent.

Es gibt aber auch die Möglichkeit der direkten Umwandlung von chemischer Energie in elektrische Energie mittels Brennstoffzellen in einem Schritt, dies mit höherem Wirkungsgrad als bei den konventionellen Umwandlungen.

Brennstoffzellen sind im Prinzip Batterien, die von außen mit gasförmigen Brennstoffen — meist Wasserstoff und Sauerstoff, aber auch Methan oder Erdgas und Luft — gespeist, diese durch elektrochemische Umwandlung unter Erzeugung von elektrischem Strom bei Spannungen um 1 Volt "kalt" verbrennen (s. Abbildung 2.21).

Der einzige bislang kommerziell — zumeist in der Raumfahrt — genutzte Typ einer Brennstoffzelle ist die Wasserstoff-Sauerstoff-Brennstoffzelle, eine Leicht-

2.2. Energie in Form von Wärme, Elektrizität, Treibstoffen

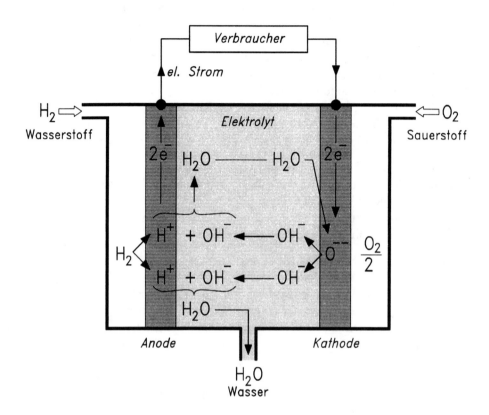

Abbildung 2.21: Prinzip einer Wasserstoff–Sauerstoff–Brennstoffzelle mit alkalischem Elektrolyt

brennstoffzelle mit alkalischem Elektrolyt. Dabei werden Wasserstoff und Sauerstoff unter Abgabe von Strom bei einer Zellspannung von 1.2 Volt zu Wasser "verbrannt".

Bei diesem Zellentyp diffundieren die Wasserstoffmoleküle (H_2) unter hohem Druck in die poröse metallische Anode, werden durch katalytische Funktion des Anodenmaterials (meist Edelmetallschwämme) in elektrisch positiv geladene Wasserstoffionen (H^+) und Elektronen (e^-) zerlegt. Die Elektronen bewirken den erwünschten Stromfluß über den Verbraucher von der Anode der Zelle zurück zur Kathode der Zelle. In die poröse metallische Kathode der Zelle diffundieren unter Druck Sauerstoffmoleküle (O_2). Diese werden ähnlich wie bei der Anode durch katalytische Funktion des Kathodenmaterials unter Aufnahme der aus der Anode ausfließenden Elektronen (e^-) in elektrisch zweifach negativ geladene Sauerstoffionen (O^{--}) zerlegt. Diese Sauerstoffionen bilden schnell zusammen mit Wassermolekülen (H_2O) elektrische einfach geladene OH^--Ionen. Diese OH^--Ionen wandern im Elektrolyten durch das elektrische Feld zwischen positiv geladener Anode und negativ geladener Kathode in Richtung Anode, die positiv geladenen Wasserstoffionen (H^+) in Richtung Kathode. Dabei vereinigen sich Wasserstoffionen und OH-Ionen wieder zu neutralen Wassermolekülen, dem Verbrennungsprodukt der Reaktion, das aus der Zelle abgezogen werden muß.

Technischer Stand der Niedertemperatur-Brennstoffzelle:
Bislang mit Wasserstoff und Sauerstoff als Brennstoffe bei einer Betriebstemperatur von etwa 80 °C betrieben wird ein realer Umwandlungswirkungsgrad von etwa 60 Prozent erreicht. Der optimale theoretische Wirkungsgrad bei dieser Betriebstemperatur beträgt für diese Brennstoffzelle 83%.

Der Vorteil dieser Brennstoffzelle gegenüber der Stromerzeugung mit konventionellen Wärmekraftmaschinen ist der hohe, real erreichbare Wirkungsgrad und die schadstofffreie Umwandlung der primären Energieträger zu Wasser.
Nachteilig ist vor allem der hohe Investitionsaufwand von derzeit etwa 100 000 DM pro kW elektrische Leistung der Brennstoffzelle. Dies entspricht bei einer Lebensdauer der Zelle von etwa 5 000 Betriebsstunden, einem Primärenergie-Aufwand zum Bau der Zelle von etwa 60 kWh pro 1 kWh erzeugter elektrischer Energie. Nachteilig sind aber auch die noch sehr beschränkte Lebensdauer der Zelle von weniger als einem Jahr und der hohe Aufwand für die Erzeugung des benötigten Brenngases Wasserstoff mittels Elektrolyse, also wiederum unter hohem Aufwand an elektrischer Energie.

Entwicklung und Erprobung weiterer Typen von Brennstoffzellen:
Als weitere, für einen künftigen Einsatz günstig erscheinende Zellen sind derzeit Mitteltemperatur-Brennstoffzellen mit Methan bzw. Erdgas und Luft als Brennstoffe in Erprobung, des weiteren Hochtemperatur-Brennstoffzellen für Kohlegas bzw. reinen Kohlenstoff und Luft als Brennstoff in Entwicklung. Eine Übersicht der verschiedenen Typen von Brennstoffzellen und ihrer charakteristischen Größen ist nachfolgend tabelliert (s. Tabelle 2.35).

Mitteltemperatur-Brennstoffzellen mit Phosphorsäure als Elektrolyt, einer Betriebstemperatur von etwa 200 °C und Methan bzw. Erdgas als Brennstoff werden mit Größen von einigen 10 kW bis etwa 10 MW elektrischer Leistung seit einigen Jahren erprobt. Dabei wird zum Bau dieser Zellen noch ein Primärenergie-

2.2. Energie in Form von Wärme, Elektrizität, Treibstoffen

	Zell-spannung Volt	BZ** Wirkungsgrad real %	BZ** Wirkungsgrad ideal %	WKM* Wirk.-grad ideal %	BZ** Lebens-dauer Stunden	Invest. Kosten DM/kW$_{el}$ Aufwand an Primärenergie kWh/kWh$_{el.En.}$
Niedertemperatur–Brennstoffzelle (80 °C, alkalischer Elektrolyt) (kommerziell)						
Wasserstoff + Sauerstoff	1.2	40	83	16	5 000 (derzeit)	100 000 DM/kW$_{el}$ (60 kWh PE/kWh$_{el.E}$)
Wasserstoff + Luft	1.2	40	83			
Mitteltemperatur–Brennstoffzelle (200 °C, saurer Elektrolyt) (in Erprobung)						
Wasserstoff + Luft	1.1	40	90	37	10 000 (derzeit)	4 000 DM/kW$_{el}$
Methan/Erdgas + Luft	1.0		87		15 000 (erwartet)	(2 kWh PE/kWh$_{el.E}$)
Hochtemperatur–Brennstoffzelle (650 °C, Karbonat-Schmelze) (in Entwicklung)						
Wasserstoff + Luft	1.0	60	78	68	?	?
Kohle + Luft	0.6	60	80			
Hochtemperatur–Brennstoffzelle (900 °C, Keramik) (in Entwicklung)						
Wasserstoff + Luft	0.9	60	72	75	?	?
Kohle + Luft	0.5	60	75			

Tabelle 2.35: Brennstoffzellen und ihre charakteristischen Größen
(* = Wärmekraftmaschine, ** = Brennstoffzelle)

Aufwand von 1 bis 2 kWh pro erzeugter kWh elektrischer Energie benötigt. Des weiteren werden derzeit Hochtemperatur-Brennstoffzellen geplant und entwickelt im Hinblick auf eine mögliche künftige Verstromung von Kohle oder eine Nutzung von Wasserstoff in großem Umfang, dies mit realen Umwandlungswirkungsgraden von 50 bis 60 Prozent.

2.2.6 Optimierung der Energie–Nutzung

Das in Hinblick auf ausreichenden Klima- und Umweltschutz *gesteckte Ziel* ist, (auch) in unserem Land die Freisetzung von Kohlendioxid durch Verbrennung von fossilen Brennstoffen, also von Kohle, Erdöl und Erdgas, auf lange Sicht bis um etwa 80 Prozent, mittelfristig bis zum Jahr 2005 bis um etwa 30 Prozent gegenüber der Emission im Jahr 1987 zu vermindern.

Technisch ist dies nur durch entsprechende Verminderung des Primärenergie- wie des Endenergie-Einsatzes vor allem der fossilen Energieträger mittels effizienterer und damit sparsamerer Energie-Nutzung und durch Verlagerung der Energie-Bereitstellung auf nicht fossile Energiequellen zu bewerkstelligen. *Weise* wäre, dies zumindest in bescheidenem Umfang auch durch sparsameren Umgang mit Energie mittels partiellem Verzicht auf Energie-Dienstleistungen und auf Konsumgüter zu erreichen.

Ein Blick auf die Höhe der derzeitigen Kohlendioxid-Emissionen aus der Verbrennung fossiler Energieträger, aufgeschlüsselt zum einen nach Verbrauchergruppen, zum anderen nach Endenergieträgern (s. Tabelle 2.36), zeigt, daß der Kraftwerkssektor eine herausragende Rolle spielt und daß — wenn man elektrische Energie und Energie im Verkehr auf die verschiedenen Verbraucher anteilig umlegt — dem privaten Verbraucher die dominante Rolle zukommt. Dieser Blick auf die Emissionen von Kohlendioxid aus den verschiedenen Sektoren mag auch als Einstimmung dienen auf die in den nachfolgenden Unterabschnitten dieses Kapitels skizzierten detaillierten Analysen der verschiedenen Potentiale und Konzepte für Verminderung der Kohlendioxid-Emissionen bzw. Verminderung der Nutzung fossilen Brennstoffe.

Den in den nachfolgenden Unterabschnitten skizzierten Potentialen und Konzepten für Verminderung der Nutzung fossiler Brennstoffe liegen folgende Annahmen über die Entwicklung unserer Bevölkerung und deren Bedürfnissen zu Grunde:

Im Gegensatz zur bisher üblichen Annahme einer rasch abnehmenden Bevölkerung in Deutschland von 62 Millionen (BRD) plus 16 Millionen (DDR) gleich 78 Millionen im Jahr 1987 auf etwa 50 bis 60 Millionen, im Mittel also 55 Millionen

2.2. Energie in Form von Wärme, Elektrizität, Treibstoffen

	gesamt	Prozess-Wärme	Heiz-Wärme	+ anteilig Strom	+ anteilig Verkehr	gesamt*
Privat, Haushalte	16	14	2	14	12	42
Klein-verbraucher	10	7	3	8	4	22
Industrie	18	2	16	14	4	36
Verkehr	20	–	–			
Kraft-Werke + Fernheizwerke	36	–	–			
zusammen	100	23	21	36	20	100

Tabelle 2.36: Emissionen von Kohlendioxid (prozentuale Anteile aus den verschiedenen Sektoren) (Werte für die BR Deuschland 1987)
(* Emissionen aus Verkehr und Stromerzeugung sind anteilig auf Privat, Kleinverbrauch und Industrie umgelegt.)

bis zum Jahr 2030, dies bedingt durch eine gleichbleibende, niedrige Geburtenrate wie derzeit von nur etwa 1.4 Kindern pro Frau bzw. eine Reproduktionsrate von nur etwa 0.63 pro Person, wird hier eine über die kommenden Jahrzehnte gleichbleibende hohe Bevölkerung von etwa 82 Millionen zugrundegelegt. Diese Annahme gründet auf der schon heute existierenden starken Zuwanderung von Menschen aus Ländern in Not. Angesichts der Tatsache, daß in den kommenden Jahrzehnten die Not in vielen Ländern vor allem der heute sogenannten dritten Welt wohl eher zunehmen denn abnehmen wird, wird auch der Bevölkerungsdruck aus verschiedenen Ländern auf die reichen Industrieländer, damit auch auf Deutschland, noch zunehmen.

Was die Bedürfnisse der Menschen in Deutschland in den kommenden Jahrzehnten angeht, wird hier ungeachtet verschiedener Wunschvorstellungen angenommen, daß diese Bedürfnisse in den kommenden Jahrzehnten nicht geringer, bestenfalls auf heutigen Niveau bestehen bleiben werden.

Technische Potentiale für die Verminderung von Kohlendioxid-Emissionen

In diesem Abschnitt sollen die technischen Potentiale für die Minderung von Kohlendioxid-Emissionen, also die Potentiale, die zumindest langfristig im Verlauf mehrerer Jahrzehnte im günstigsten Fall vollständig realisiert werden könnten, aufgezeigt werden.

Je nach Entwicklung der technischen und wirtschaftlichen Möglichkeiten können mittelfristig, z.B. wie von der Bundesregierung bis zum Jahr 2005 anvisiert, diese Potentiale nur zu einem mehr oder minder großen Teil realisiert werden. Dies liegt zum einen daran, daß in manchen Fällen der Energie-Aufwand für die Realisierung einer Einsparungsmöglichkeit derzeit noch höher ist als die damit über viele Jahre erzielbare Energie-Einsparung. In manchen anderen Fällen wäre zwar eine Realisierung bezüglich der Energiebilanz zwischen Aufwand und Gewinn bereits heute sinnvoll, leider ist aber die Vergeudung von zu billiger Energie derzeit wirtschaftlich noch vorteilhafter.

Das naheliegendste und — wie sich zeigen wird — auch das ergiebigste Potential einer Minderung von Kohlendioxid-Emission bzw. einer Minderung des Einsatzes fossiler Brennstoffe ist eine *effizientere und damit sparsamere Energie-Nutzung*.

Beispielsweise seien hier einige herausragende Möglichkeiten genannt:

- Erhöhung der Wirkungsgrade von thermischen Kraftwerken und Intensivierung der Kraft-Wärme-Kopplung zur Nutzung der "Ab"-Wärme als Heizwärme über Fernwärmeschienen.

- Bessere Wärmedämmung von Altbauten (in welcher der größte Teil unserer Bevölkerung noch über viele Jahrzehnte wohnen wird, ehe diese Bauten durch besser geplante Neubauten ersetzt werden können).

- Übergang im PKW-Verkehr zu Fahrzeugen mit kleineren, effizienteren Motoren.

Weiter gibt es noch eine Vielzahl kleinerer Minderungsmöglichkeiten, wie z.B. im Haushaltbereich die Nutzung sparsamerer Elektrogeräte und Heizanlagen, bei Industrie und Kleinverbrauchern den Ausbau der Wärmerückgewinnung. Alle diese Möglichkeiten summieren sich zu einem beträchtlichen Minderungsvolumen auf.

2.2. Energie in Form von Wärme, Elektrizität, Treibstoffen

In der folgenden Tabelle (s. Tabelle 2.37) sind die Resultate der bislang umfassendsten Analysen aller Einsparmöglichkeiten in Deutschland (alte Bundesländer) durch effizientere Energienutzung in allen Bereichen, also bei Privathaushalten, Kleinverbrauchern, Industrie, Verkehr und Kraftwerken einschließlich der Ungenauigkeiten bei der Abschätzung der einzelnen Beiträge aufgelistet, allerdings noch unter der Annahme einer stark rückläufigen Bevökerung in Deutschland ([Enq 90, EnK 90]).

	gegenwärtiger Energie-Verbrauch in PJ	technische CO_2-Minderungs-Potentiale in %	technische CO_2-Minderungs-Potentiale in PJ
Strom in Industrie u. Kraft-Wärme-Kopplung	950 PJ	10 bis 15%	ca. 100 PJ
Busse, LKW, Brennstoffe in Industrie, Kraftwerke, Raffinerien, Kraft-Wärme-Kopplung	5 400 PJ	25 bis 35%	ca. **1 700 PJ**
Warmwasserbereitung	200 PJ	10 bis 50%	ca. 100 PJ
PKW, Flugzeuge	1 420 PJ	50 bis 60%	ca. **800 PJ**
Kleinverbrauch	1 290 PJ	40 bis 70%	ca. **700 PJ**
Elektrogeräte	270 PJ	30 bis 70%	ca. 100 PJ
Neubauten	300 PJ	70 bis 80%	ca. 200 PJ
Gebäudebestand	1 600 PJ	70 bis 90%	ca. **1 300 PJ**
Summe	11 430 PJ	40 bis 50%	ca. **5 000 PJ**

Tabelle 2.37: *Technische Potentiale für die Minderung der Emission von Kohlendioxid in Deutschland durch effizientere Energienutzung*

1) Technische Einsparmöglichkeiten bei Endenergie (langfristig)							
im Verbrauchs- Sektor	Einsparpotential			Endenergie			
	an Wärme	an Strom	an Treibst.	Bedarf (W.+Str.+Tr.)	Einsparpotential		
					bei Wärme	bei Strom	bei Treibst.
Privat- Haushalt	70%	50%	–	30% (25 + 5 + 0)	– 18%	– 2%	–
Klein- Verbraucher	40%	25%	–	15% (10 + 4 + 1)	– 4%	– 1%	–
Industrie	40%	25%	30%	30% (19 + 8 + 3)	– 8%	–2%	– 1%
Verkehr	–	10%	50%	25% (0 + 1 + 24)	–	–	– 12%
Gesamt ohne Mehrbedarf				100% (54 + 18 + 28)	– 30%	– 5%	– 13%
Mehrbedarf				(0 + 5 [1] + 8 [2])	–	+ 5%	+ 8%
Gesamt mit Mehrbedarf					– 30%	± 0%	– 5%

2) Technische Einsparmöglichkeiten bei Primärenergie (langfristig)		
Erhöhung des Wirkungsgrades von Kraftwerken	–5% [3]	} – 11%
Erhöhung der Kraft–Wärme–Kopplung bei Kraftwerken	– 6% [4]	

Bilanz der Technischen Einsparmöglichkeiten von Primärenergie (langfristig)			
aus 1) Wärme und Treibstoffe:	35%	von 7 400 PJ	} 4 000 PJ ≅ 32% v. heut. Prim.E.
aus 2) Kraftwerkssektor:	11%	von 12 600 PJ	

Tabelle 2.38: Technische Möglichkeiten der Einsparung von Energie

Insgesamt könnten also unter der Annahme einer stark rückläufigen Bevölke-

---

[1]Mehrbedarf an elektrischer Energie: durch Verschiebung von wärme– zu stromintensiver Produktion (dadurch bislang um 2% steigender Strombedarf pro Jahr), durch Einführung von Elektro–PKW (z.B. für 30% der PKW–Fahrleistung)
[2]Mehrbedarf an Treibstoffen durch Zunahme des Verkehrsaufkommens (z.B. um 30% innerhalb von 60 Jahren, dies bei halbiertem Treibstoffverbrauch pro Fahrleistung)
[3]Steigerung des mittleren Wirkungsgrades für Stromerzeugung bei Kraftwerken (inklusive erhöhter Kraft–Wärme–Kopplung) von 38% um 8% auf 46% bedingt Minderbedarf an Primärenergie von 610 PJ
[4]Steigerung der Kraft–Wärme–Kopplung: Versorgung von 50% aller Wärmeverbraucher, bedingt Minderbedarf an Primärenergie von 700 PJ (siehe auch nachfolgenden Abschnitt über bundesweit optimierte Energieversorgung)

2.2. Energie in Form von Wärme, Elektrizität, Treibstoffen

rung in Deutschland die Emissionen von Kohlendioxid bzw. der Einsatz von fossilen Brennstoffen langfristig, im Laufe mehrerer bis vieler Jahrzehnte ohne Berücksichtigung von Mehrbedarf in den Strom- und Treibstoffsektoren um maximal etwa 40 Prozent, mit Berücksichtigung des Mehrbedarfs in den Strom- und Treibstoffsektoren um maximal etwa 32 Prozent vermindert werden.

Wie dies aus den Einsparungsmöglichkeiten von Wärme, Strom und Treibstoffen in den verschiedenen Verbrauchersektoren resultiert, ist in Tabelle 2.38 zusammengestellt.

Die einzelnen Angaben in Tabelle 2.38 sind nicht als sichere und exakte Werte sondern vielmehr als grobe Richtwerte zu verstehen.

Das größte Einsparpotential liegt im Wärmesektor. Hingegen wird das Einsparpotential von elektrischer Energie aller Voraussicht nach durch Mehrbedarf aus weiteren Verschiebungen von wärme- zu stromintensiver Güterproduktion und durch zusätzlichen Strombedarf im Verkehrssektor zumindest kompensiert werden. Ebenso ist der hier angenommene Zuwachs im Verkehrssektor angesichts bisheriger Zuwächse um mehrere Prozent pro Jahr und angesichts des sich öffnenden europäischen Binnenmarktes als unwahrscheinlich niedrig anzusehen.

In den neuen Bundesländern lag im hier betrachteten Referenzjahr 1987 der Bedarf an Primärenergie pro Person um etwa 35 Prozent über dem entsprechenden Bedarf in den alten Bundesländern. Geht man davon aus, daß zumindest im Laufe einiger Jahrzehnte in allen Bundesländern die Energie gleich effizient, wie oben skizziert, genutzt werden kann, so erhöht sich das Einsparpotential bezogen auf den gesamten Energiebedarf in BRD und DDR im Jahr 1987 entsprechend ihrer Bevölkerungen von 62 bzw. 16 Millionen von ca. 40 Prozent für die alten Bundesländer allein auf etwa 47 Prozent für die alten und neuen Bundesländer zusammen.

Unter der heute wohl eher angemessenen Annahme einer auch über die kommenden Jahrzehnte durch weitere Zuwanderung nicht sinkenden Bevölkerung vermindert sich das Einsparpotential durch effizientere Energienutzung von 47 auf höchstens etwa 40 Prozent.

Zwischenzeitlich könnte auch eine — aus Gründen der Verfügbarkeit beschränkte — verstärkte Nutzung von Erdgas an Stelle von Kohle zu einer entsprechenden Minderung der Kohlendioxid-Freisetzung führen, da, bezogen auf gleichen Primärenergieinhalt, bei Verbrennung von Erdgas anstelle von Braunkohle nur halb so viel Kohlendioxid, anstelle von Steinkohle 40 Prozent weniger Kohlendioxid freigesetzt werden. Langfristig ist allerdings angesichts der beschränkten Vorräte an Erdgas keine bedeutsame Emissionsminderung durch Einsatz von Erdgas statt Kohle zu erwarten.

Eine weitere Möglichkeit, die Kohlendioxid–Emissionen aus Verbrennung fossiler Energieträger zu reduzieren, bietet die *Nutzung nicht fossiler Energiequellen*, also erneuerbarer Energien und Kernenergie.

Das *Potential erneuerbarer Energiequellen* vornehmlich zur Bereitstellung von Wärme und elektrischer Energie wurde bereits in Abschnitt 2.2.2 aufgezeigt. Langfristig könnten damit Heizwärme in Höhe von bis zu 40 Prozent des derzeitigen Bedarfs bzw. bis zu etwa 60 Prozent eines künftigen, durch optimale Wärmedämmung und Wärmenutzung verminderten Bedarfs sowie bis zu etwa 24 Prozent der elektrischen Energie verfügbar gemacht werden. Dadurch würde insgesamt eine Minderung der Kohlendioxid–Emissionen um maximal etwa 20 Prozent erreicht werden können.

Das *technische Potential der weiteren Nutzung von Kernenergie* in unserem Land — zunächst losgelöst von der politischen und gesellschaftlichen Akzeptanz dieser Technologie — hängt von der Art der gewählten Technologie ab:

Bei einer weiteren Nutzung der derzeitigen Technologie von Leichtwasser–Reaktoren (LWR) mit, im Rahmen des Möglichen, noch weiter verminderten Risiken eines großen Unfalls könnte durch stetigen Zubau weiterer Reaktoren langfristig das derzeit genutzte Potential — etwa 30 Prozent unseres derzeitigen Bedarfs an elektrischer Energie — beispielsweise verdoppelt werden.

Bei einem Übergang zu einer neuen Art von Reaktortypen, wie z.B. Hochtemperatur–Reaktoren mit beschränkter Leistung (HTR), bei welchen bei jedem möglichen Schadensfall

- der Reaktor selbständig erlischt
- keine Radioaktivität in bedrohlichem Umfang freigesetzt werden kann,
- die unvermeidliche Nachwärme des Reaktors nach seinem Erlöschen ohne Eingriffe von außen und ohne Beschädigung des Reaktors auf natürliche Weise nach außen abgeführt wird,

könnte zusätzlich zu elektrischer Energie und Heizwärme über Kraft–Wärme–Kopplung auch noch Prozesswärme bis zu Temperaturen von etwa 800 $^{\circ}$C bereitgestellt werden.

Des weiteren würden Reaktormodule dieser Art wegen ihrer betriebsmäßig inhärenten Sicherheit und wegen ihrer Leistungsbeschränkung auf maximal etwa 200 MW elektrischer Leistung landesweit eine optimalere Energienutzung durch geeignete Kombination von dezentraler und zentraler Energieversorgung mit Strom und Wärme ermöglichen.

2.2. Energie in Form von Wärme, Elektrizität, Treibstoffen 197

Auch bei einem künftigen Übergang zu dieser Art von Reaktortechnologie könnte das derzeitige in unserem Land verfügbare Potential an Kernenergie langfristig beispielsweise verdoppelt werden.

Bezüglich der politischen und gesellschaftlichen Akzeptanz der Nutzung von Kernenergie sei hier bezüglich der Bedingungen und Voraussetzungen für eine umweltverträgliche Nutzung auf den entsprechenden Abschnitt in Kapitel 2.2.3 und 3.2.3 verwiesen.

Ziehen wir die Bilanz: Dem langfristigen Ziel einer notwendigen Minderung der Kohlendioxid–Emission um 80 Prozent steht in Deutschland ein technisches Potential von maximal 40 Prozent durch effizientere Energienutzung und von maximal weiteren 20 Prozent durch Nutzung aller erneuerbaren Energiequellen in unserem Land gegenüber, dies unter der Annahme einer weiteren Nutzung der Kernenergie in bisherigem Umfang. Auch wenn dieses gesamte Minderungspotential wirtschaftlich realisiert werden kann, was aus heutiger Sicht als ein äußerst optimistischer Grenzfall angesehen werden muß, bleibt ein Defizit zwischen Ziel und Möglichkeiten von mindesten etwa 20 Prozent. Dieses Defizit kann nur durch zusätzlichen, echten Verzicht des Bürgers auf Energiedienstleistungen und auf Konsum– und Investitionsgüter ausgeglichen werden. Will man langfristig auch noch auf die Nutzung von Kernenergie in unserem Land verzichten, so erhöht sich das Defizit an Energie insgesamt auf mindestens etwa 26 Prozent, das Defizit an elektrischer Energie allein auf etwa 50 Prozent.

Mittelfristig, bis zum Jahr 2005, hat sich die Bundesregierung zum Ziel gesetzt, eine Minderung der Kohlendioxid–Emissionen um 25 bis 30 Prozent zu errIdealziel eichen. Dem steht aus heutiger Sicht ein wirtschaftlich realisierbares Minderungspotential durch effizientere Energienutzung und durch erneuerbare Energiequellen von zusammen maximal etwa 20 Prozent gegenüber, dies unter der Annahme einer weiteren Nutzung der Kernenergie in bisherigem Umfang. Die hier gezogene Bilanz ist in nachfolgender Tabelle (s. Tabelle 2.39) noch einmal zusammengestellt.

Wie dieser ernüchternden Bilanz zu entnehmen ist, können wir unter Beibehalt unseres materiellen Wohlstandes in bisherigem Umfang auch bei vollständiger Ausschöpfung der Potentiale an effizienterer Energienutzung und der Nutzung erneuerbarer Energiequellen in unserem Land nicht ausreichenden Klimaschutz und gleichzeitig auch noch den Ausstieg aus der Nutzung der Kernenergie realisieren.

Natürlich mag man die Hoffnung hegen, daß zumindest langfristig ein Import von Solarenergie aus sonnenscheinreicheren Ländern das skizzierte Energiedefizit im eigenen Land vermindern oder gar beheben könnte. Aus unserer heutigen

Ziel	bis 2005 25 bis 30 %	bis 2050 80 %
obere Schranke für **Verminderung** durch:		
Effizientere Nutzung von Energie	15 %	40 %
Erneuerbare Energie	5 %	20 %
Kern–Energie zusätzlich zur derzeitigen Nutzung (= 6% Endenergie, 31% Strom)	—	—
Summe	20 %	60 %
Verbleibendes Defizit	5 bis 10 %	20 %

Tabelle 2.39: *Bilanz der künftigen Verminderung der Emission von Kohlendioxid in Deutschland (unter Annahme einer Bevölkerungsentwicklung von 78 Millionen 1987 auf 82 bis 85 Millionen innerhalb einiger Jahrzehnte durch Einwanderung) (die Zahlen sind bezogen auf Emissionen von Kohlendioxid von 1987 in BRD + DDR).*

technischen Sicht — von politischen und finanziellen Problemen ganz abgesehen — erscheint die Möglichkeit, künftig Solarenergie in größerem Umfang importieren zu können, noch keine verläßliche Option zu sein, auf die man sicher bauen kann.

Wie immer wir uns hinsichtlich weiterer Energienutzung entscheiden werden, ist zumindest in bescheidenem Umfang ein Verzicht auf Energiedienstleistungen und Konsumgüter angemessen und vernünftig. Die entsprechende Verminderung des materiellen Wohlstandes könnte sehr wohl einer Erhöhung unserer Lebensqualität förderlich sein.

Konzept einer bundesweit optimierten Energieversorgung

Als Idealziel soll gelten, den durch möglichst effiziente Nutzung entsprechend verminderten Bedarf an Heizwärme, Prozesswärme und elektrischer Energie

2.2. Energie in Form von Wärme, Elektrizität, Treibstoffen

unter Berücksichtigung seiner tageszeitlichen und jahreszeitlichen Schwankungen so zu decken, daß insgesamt und bundesweit der dafür nötige Einsatz an Primärenergie, speziell an fossilen Brennstoffen, kleinstmöglich gehalten werden kann. Dabei sollen alle im eigenen Land verfügbaren erneuerbaren Energiequellen in größtmöglichem Umfang eingesetzt werden. Kernenergie kann — eine akzeptabel sichere Nutzung vorausgesetzt — wahlweise in mehr oder minder großem Umfang im Kraftwerkssektor fossile Brennstoffe ersetzen. Dabei wird nur eine bezüglich der Bilanz von bereitgestellter Energie zum dazu benötigten Aufwand an Energie für Bau, Betrieb und Entsorgung der Anlagen wirtschaftlich sinnvolle Nutzungsmöglichkeit vorausgesetzt. Weitere Einschränkungen wie z.B. Preise für Energie-Rohstoffe und nicht zuletzt daraus resultierender und beschränkter Wettbewerb zwischen verschiedenen Energieträgern wie z.B. Erdgas und Fernwärme werden hier nicht berücksichtigt. Hier wird ein Idealziel für die Zukunft entworfen, wohl bewußt,

- daß unser Blick heute nicht weit in die Zukunft reichen kann,

- daß dementsprechend das skizzierte Ziel entsprechend neuer Erkenntnisse und technischen Fortschritts ständiger Korrektur bedarf, und

- daß man sich dem Ziel nur langfristig und schrittweise, immer ökonomisch, ökologisch und sozial verträglich nähern kann.

Eine Verwirklichung des Konzepts würde eine weitreichende Umstrukturierung unserer heutigen Energiewirtschaft erfordern. Diese Umstrukturierung bedürfte der langfristig verläßlichen politischen Vorgabe des benötigten Rahmens.

Das hier entworfene Konzept kann hoffentlich dazu dienen, Notwendigkeit und Art der benötigten politischen Rahmenvorgaben zu erkennen oder wenigstens zu erahnen. Das Konzept ist Resultat einer Optimierungsrechnung [Gru 93], wie in Deutschland (alte Bundesländer) der Kraftwerkspark aus zentralen, großen und dezentralen, kleinen Anlagen aussehen müßte, wenn daraus der künftige Bedarf an elektrischer Energie und über Kraft-Wärme-Kopplung der künftige Bedarf an Wärme, dies abzüglich der nutzbaren Solarwärme, unter minimalem Einsatz an Primärenergie gedeckt würde.

Der Optimierungsrechnung liegen folgende Annahmen bzw. Vorgaben zugrunde:

- Bevölkerungsgröße und Strukturen von Besiedlungsdichte und Industriedichte entsprechen den derzeitigen Werten.

- Die tages- und jahreszeitliche Bedarfsstruktur an Strom und Wärme entspricht den derzeitigen Verläufen (s. Abbildung 2.7).

- Durch Realisierung des gesamten, (heutigen) technischen Potentials an Energieeinsparungen durch effizientere Nutzung (s. vorangehenden Abschnitt) wird folgender künftiger Bedarf an den Endenergieformen Strom und Wärme vorausgesetzt:

Heizwärme	1 100 PJ	$\cong$	42% von	2 600 PJ (Bedarf 1987)
Prozesswärme	1 100 PJ	$\cong$	50% von	2 200 PJ (Bedarf 1987)
Strom	1 330 PJ	$\cong$	100% von	1 330 PJ (Bedarf 1987)

  (− 30% Einsparung von Strom durch effizientere Nutzung sind voraussichtlich durch Mehrbedarf von ca. + 30% selbst bei nur geringfügig steigendem Wirtschaftswachstum zu erwarten (s. Abbildung 1.9 und 3.1))

- Der Wirkungsgrad für Umwandlung von Wärme zu Strom in großen Kraftwerken wird durch Übergang zu GUD-Kraftwerken[5] von derzeit 38% (ohne Auskopplung von Wärme) auf künftig 51% erhöht sein.

Bei der Optimierungsrechnung wurden folgende Resultate erzielt (s. Abbildung 2.22):

- Allein durch möglichst effiziente Nutzung von Prozesswärme und Heizwärme sinkt der Bedarf
  an Primärenergie auf 70%, an fossilen Brennstoffen auf 64%.

- Durch Erhöhung der Wirkungsgrade der Kraftwerke (ohne zusätzliche Wärmeauskoppelung) auf 51% und Nutzung von Nah- und Fernwärme im derzeit bestehenden Wärmeleitungsnetz (128 PJ) sinkt der Bedarf
  an Primärenergie auf 63%, an fossilen Brennstoffen auf 55%.

- Bei Verdoppelung des Fernwärmenetzes und dabei Auskopplung von 246 PJ Wärme sinkt der Bedarf
  an Primärenergie auf 62%, an fossilen Brennstoffen auf 54%.

- Bei Versorgung von 30 Prozent der Wärmeverbraucher über Kraft-Wärme-Kopplung mit 544 PJ Wärme sinkt der Bedarf
  an Primärenergie auf 59%, an fossilen Brennstoffen auf 51%.

---

[5]GUD = Gas- und Dampfturbinen-Kombi-Kraftwerk

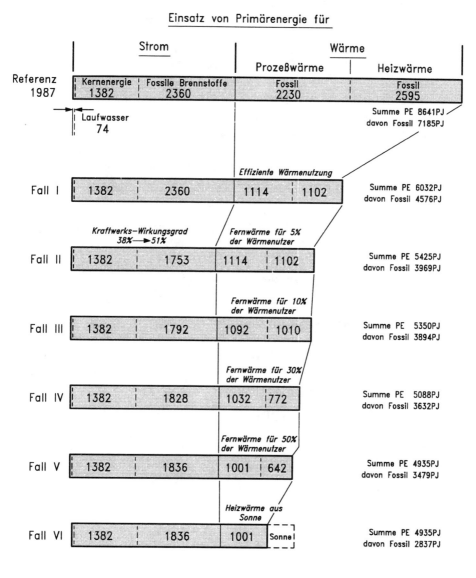

Abbildung 2.22: Optimierungsrechnung zur Energie-Versorgung

- Bei Versorgung von 50 Prozent der Wärmeverbraucher über Kraft–Wärme–Kopplung mit 700 PJ Wärme sinkt der Bedarf
  an Primärenergie auf 57%, an fossilen Brennstoffen auf 48%.

- Der verbleibende Bedarf an Heizwärme von etwa 640 PJ könnte schließlich durch solare Nahwärme–Systeme gedeckt werden. Damit würde der Bedarf sinken
  an Primärenergie auf 50%, an fossilen Brennstoffen auf 40%.

Dabei wurde bei all den vorgestellten Fällen der Anteil an Energie aus Wasser- und Kernkraftwerken auf den für das Jahr 1987 gültigen Werten konstant gehalten. Auch wurde der für einen Ausbau des Nah- und Fernwärmenetzes im skizzierten Umfang benötigte investive Aufwand an Primärenergie nicht in Rechnung gestellt.

Durch den schrittweisen Ausbau des Nah- und Fernwärmenetzes schließlich zur Versorgung von 50 Prozent aller Wärmeverbraucher verschiebt sich auch die Leistungsentnahme von heute dominant großen Kraftwerken vor allem zu Kraftwerken mittlerer Größe, weniger zu kleinen Kraftwerken (s. Tabelle 2.40).

Konzept einer Verkehrsoptimierung

Auch hier kann kein vollständiges Menü einer Verkehrsoptimierung vorgesetzt werden, es können nur Rezepte für diverse Gänge vorgeschlagen werden. Einkaufen, bezahlen und kochen müssen die Betroffenen selbst.

Heutige Situation des Verkehrs (BRD 1987):

Das Verkehrsvolumen und der dafür nötiger Energie-Einsatz resultieren zu drei Vierteln aus dem Personenverkehr, zu einem Viertel aus dem Güterverkehr. Vom Aufkommen im Personenverkehr von etwa 750 Milliarden Personen-Kilometern pro Jahr verlaufen

- 80 Prozent auf der Straße,
- 13 Prozent in der Luft und
- 7 Prozent auf der Schiene.

Davon sind etwa 50 Prozent Freizeitverkehr, etwa 40 Prozent Berufsverkehr und etwa 10 Prozent Einkaufsverkehr. Der PKW-Straßenverkehr spielt sich zu je etwa einem Drittel als Ortsverkehr, als Verkehr auf Landes- und Bundesstraßen und als Autobahnverkehr ab. Beim Straßenverkehr sind PKWs im Mittel mit

2.2. Energie in Form von Wärme, Elektrizität, Treibstoffen

	1 bis 20 MW	20 bis 200 MW	größer 200 MW	gesamte install.Leistung
1987	642 1 %	9 559 11 %	72 822 88 %	83 023 100 %
Fall 2	2 810 4 %	13 097 19 %	54 409 77 %	70 316 100 %
Fall 3	1 605 2 %	15 303 21 %	55 745 77 %	72 654 100 %
Fall 4	1 399 2 %	18 405 23 %	59 094 75 %	78 898 100 %
Fall 5	1 209 2 %	17 334 21 %	62 730 77 %	81 375 100 %

Tabelle 2.40: *Installierte Leistung (in MW) in Wärmekraftwerken in Deutschland (alte Bundesländer, öffentliche Versorgung), Fall 2 bis 5 entsprechen den im Bild 2.22 gemachten Annahmen über das Ausmaß der Kraft–Wärme–Kopplung.*

1 bis 2 Personen besetzt. Wie weiträumig die täglichen Berufspendlerströme zwischen Wohnung und Arbeitsstätte um unsere Großstädte in den alten Bundesländern pulsieren, mag man der Abbildung 2.23 entnehmen. Hingegen sind die Großstädte in den neuen Bundesländern bislang noch weitgehend kompakte Wohn– und Arbeitszentren mit nur geringfügigem Pendlerverkehr aus dem nahen Umland.

Von der Transportleistung des Güterverkehrsaufkommens von etwa 330 Milliarden Tonnen–Kilometer pro Jahr verlaufen etwa

    44 Prozent auf der Straße
    33 Prozent auf Wasserwegen
    18 Prozent auf der Schiene
     3 Prozent in Rohrleitungen
     2 Prozent in der Luft.

204 Kapitel 2. Möglichkeiten

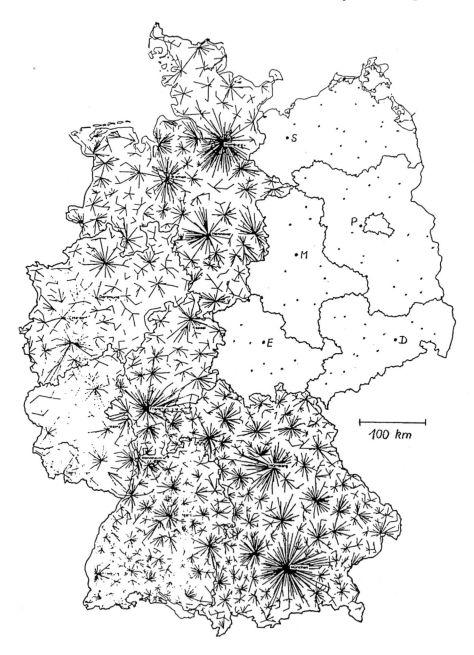

Abbildung 2.23: Berufspendler–Beziehungen 1987 [nach ILR 92]

2.2. Energie in Form von Wärme, Elektrizität, Treibstoffen

Der LKW-Verkehr auf der Straße teilt sich zu etwa ein Drittel in Nahverkehr und zwei Drittel in Fernverkehr. Dabei beläuft sich die Auslastung der LKWs im Mittel auf etwa 50 Prozent.

Für diese unsere partiell freigewählte und partiell erzwungene Mobilität nehmen wir hohe Belastungen in Kauf. Zunehmende Verkehrsbehinderungen durch fast tägliche Staus im Straßen- und Luftverkehr schränken die Mobilität bereits merklich ein. Im innerstädtischen Verkehr ist etwa ein Drittel sogenannter Parksuchverkehr. Bei Verkehrsunfällen kommen Jahr für Jahr etwa 10 000 Menschen zu Tode, einige 100 000 werden mehr oder minder schwer verletzt.

Aus dem Verkehrssektor stammen etwa 70 bis 80 Prozent der Emissionen von Schadgasen wie Stickoxide, Kohlenmonoxid und flüchtige Kohlenwasserstoffe. Diese Schadgase verursachen hohe Gesundheitsschäden, vor allem Schädigungen der Atmungsorgane. Dadurch werden allein in unserem Land mindestens mehrere 1 000 Todesfälle pro Jahr verursacht.

Welchen Schaden der Verkehrslärm verursacht, ist noch weitgehend unbekannt. Jedenfalls wird ein großer Teil unserer Bevölkerung tags und auch nachts vom Verkehrslärm unzumutbar hoch belästigt.

Nun ein *kurzsichtiger Ausblick auf die weitere Entwicklung des Verkehrsaufkommens*:
Innerhalb der letzten Jahrzehnte hat der Verkehr jährlich auf den Straßen um einige Prozent, in der Luft bis um etwa 10 Prozent zugenommen. Der Treibstoffbedarf hat sich innerhalb der letzten zwei Jahrzehnte trotz zunehmend sparsamerer Motoren verdoppelt. Für den Zeitraum der nächsten zwei Jahrzehnte wird derzeit im Hinblick auf die Öffnung des europäischen Binnenmarktes und die dadurch zunehmende räumliche Arbeitsteilung, nicht zuletzt unter Ausnutzung des Arbeitskostengefälles zwischen verschiedenen Ländern Europas eine Zunahme des Verkehrsvolumens um 50 bis 200 Prozent prognostiziert. Dies würde die Belastungen entsprechend, oft überproportional erhöhen.

Das Verkehrsaufkommen ist auch zumindest indirekt ein Maß für die Flächenversiegelung durch Bauten und Verkehrswege. Derzeit sind schon etwa 12 Prozent der Gesamtfläche unseres Landes versiegelt, dies mit einer Zuwachsrate von etwa ein Prozent pro Jahrzehnt. Welchen Anstieg an Versiegelung kann und will man sich künftig noch leisten?

Möglichkeiten zur Verminderung der Belastungen durch den Verkehr sind gegeben, kurz- und mittelfristig

- durch technische Verbesserungen der Verkehrsmittel

- durch intelligente Steuerung der Verkehrsflüsse

- durch preis-, steuer- und ordnungspolitische Maßnahmen,

langfristige Verminderung des Verkehrsaufkommens

- durch bundesweit integrierte Raum-, Siedlungs- und Verkehrsplanung,

- durch Verhaltensänderungen.

Was technische Verbesserungen der Verkehrsmittel betrifft, so könnte der Treibstoffbedarf pro Verkehrsleistung bei gleichbleibendem Komfort allein durch effizientere Motoren im PKW-Sektor um etwa 50 Prozent, im LKW-Sektor um 20 bis 30 Prozent, bei Flugzeugtriebwerken um bis zu 50 Prozent gesenkt werden.

Durch intelligente Steuerung der Verkehrsflüsse mit angemessenen Geschwindigkeitsbeschränkungen könnte im Fernverkehr auf den Straßen durch die Reduzierung von Staus und Unfällen der Verkehrsablauf flüssig und damit der Treibstoffverbrauch niedriger gehalten werden.

Beim Luftverkehr könnten die Treibstoff vergeudenden Warteschleifen beim Anflug von Flughäfen weitgehend vermieden werden.

Durch diverse preis-, steuer- und ordnungspolitische Maßnahmen könnten beispielsweise

- eine bessere Auslastung im PKW-Berufsverkehr und im LKW-Verkehr,

- eine Verdünnung der Verkehrsspitzen zu den Stoßzeiten,

- eine Verschiebung des privaten PKW-Verkehrs auf den öffentlichen Nahverkehr und Gemeinschafts-Werksverkehrs,

- eine Verminderung des Verkehrsaufkommens durch angemessene Preisgestaltung und — wo möglich und zweckmäßig — eine Verlagerung von z.B. Arbeitsplätzen in Verwaltungszentren zur Wohnung

angestrebt werden.

Nun zu den *langfristigen Möglichkeiten einer Verminderung des Verkehrsaufkommens*:
Langfristig besteht die Möglichkeit einer bundesweit integrierten, zwischen Gemeinden, Regionen und Ländern abgestimmte Planung von Raum- und Siedlungsstrukturen und des Verkehrswegenetzes.

2.2. Energie in Form von Wärme, Elektrizität, Treibstoffen

Dies ist *nicht* zu verstehen als ein Ruf nach einem überklugen, unfehlbaren Planer, der den Menschen ihren Platz zum Wohnen und Arbeiten zuweist, damit ihre Freiheit unbotmäßig beschränkt. Dies ist vielmehr zu verstehen als Aufforderung an die Politik zu weisen Rahmenvorgaben, die allmählich zur Entwicklung einer Raumstruktur führen sollte, in welcher sich die Bewohner unseres Landes möglichst unbehindert, möglichst frei von z.B. Verkehrsbedingungen und umweltbelastenden Zwängen und Bedrohungen entfalten können.

Heute sind wir eine zwangsmobile, verkehrsintensive Gesellschaft in einem zersiedelten, hochbelasteten Land. Hier werden die Menschen einerseits in einem immer stärker werdenden Sog in immer größer werdende Ballungszentren von Industrie, Verwaltungen und Dienstleistungsunternehmen aus immer größer werdenden Entfernungen hineingezogen. Andererseits werden die Menschen hinausgeblasen in Einkaufs- und Vergnügunszentren und in Wohnsiedlungen immer weiter verstreut ins sogenannte Grüne. Eine Umkehr dieser Entwicklung könnte zu einer weit höheren Lebensqualität für die Menschen in unserer Gesellschaft führen:
So wir künftig in größerem Umfang in kompakten, verkehrsberuhigten und verkehrstrennenden Stadtsiedlungen mit optimalen Größen von vielleicht etwa 30 000 bis 100 000 Einwohnern zusammenleben würden, stünden uns hier weitgehend am gleichen Ort Wohn- und Arbeitsstätten, Ausbildungseinrichtungen, ein breites Angebot an Einkaufsmöglichkeiten und Freizeitgestaltung nahe beisammen zur Verfügung. Dadurch könnten Berufs-, Ausbildungs- und Freizeitverkehr in großem Umfang vermindert werden. Hierzu seien beispielhaft einige Rahmenvorgaben, die zur skizzierten Entwicklung beitragen könnten, genannt:

- Anstelle von Tarifgleichheit eine mit wachsender Entfernung und fallender Siedlungsdichte angemessen steigende Kostenbelastung der Bürger für öffentlichen Nahverkehr, für Straßennutzung und für Güter wie Energieträger und Wasser,

- Koppelung der Bereitstellungen von Gewerbeflächen und Siedlungsflächen,

- zur Beschränkung, Minimierung von Raumbelastung und Flächenversiegelung Vergabe von Quoten für Flächenversiegelung und Flächennutzung und frei handelbare Rechte dafür,

- bei Investitionen für Arbeitsplätze und Wohnstätten einerseits Vergütung von verminderten oder vermiedenen Kosten für infrastrukturelle Maßnahmen auch für Umweltschutz, andererseits Belastung mit direkt oder mittelbar verursachten Kosten für strukturelle, soziale und ökologische Maßnahmen.

Der benötigte Zeitraum für die skizzierten Strukturänderungen wird wesentlich bestimmt zum einen durch die Zeitspannen innerhalb der Häuser und Einrichtungen ohne umfassenden Sanierungen genutzt werden können, zum anderen durch die Lebensdauer des Menschen selbst, der vielfach genauso wenig verpflanzt werden kann und sollte wie ein Baum und schließlich wird der benötigte Zeitraum auch aufgespannt durch die Kosten, die aufgebracht werden müssen.

Die skizzierte langfristige Raumstruktur-, Siedlungs- und Verkehrsplanung könnte auch eine wesentliche Hilfe sein für notwendige Verhaltensänderungen des Menschen im Hinblick auf Verminderung des Verkehrsaufkommens und entsprechenden Belastungen.

Schließlich ist der Mensch nicht nur ein Individuum, das sein Verhalten nur aufgrund eigener Einsichten und eigenen Wollens verändert. Er ist vielmehr eingebunden in eine hier dicht gedrängte Gesellschaft, ist Teil dieses Gemeinwesens und orientiert als solcher sein Verhalten am Verhalten seiner Mitmenschen. Konkret heißt dies z.B. im Hinblick auf den individuellen PKW-Verkehr, daß das Auto nicht zuletzt auch Statussymbol einerseits und Sicherheitszelle andererseits ist.

Kosten der Realisierung einer Optimierung von Energieversorgung und Verkehr

In Deutschland (alte Bundesländer) belaufen sich derzeit pro Jahr die Kosten für die Deckung unseres gesamten Bedarfs an Primärenergie auf etwa 80 Mrd. DM, entsprechend 4 Prozent unseres Bruttoinlandsprodukts (BIP). Durch effizientere Energienutzung ließe sich der heutige Bedarf an Primärenergie im Verlauf von etwa 50 Jahren um bis zu etwa 40 Prozent vermindern, dadurch könnten die Energiekosten bei heutigem Preisniveau um 30 Mrd. DM vermindert werden. Dem stehen die Kosten für die dafür nötigen Maßnahmen für eine effizientere Energienutzung gegenüber. Sie würden, sich grob geschätzt, auf die Größenordnung von 1 000 Mrd. DM, diese auf 50 Jahre verteilt, jährlich auf etwa 20 Mrd. DM belaufen.

In Deutschland (alte Bundesländer) werden derzeit jährlich

- etwa 2 bis 3 % des BIP   für Investitionen im gesamten Energiesektor (von Heizungen in Privathaushalten bis zum Neubau von Kraftwerken)

2.2. Energie in Form von Wärme, Elektrizität, Treibstoffen

- etwa 7 bis 10 % des BIP für Investitionen im gesamten Verkehrssektor (Bau von Fahr- und Flugzeugen und von Verkehrswegen),

- etwa 5 bis 10 % des BIP für Investitionen im gesamten Bereich des Gebäudebaues,

zusammen also etwa 20 % des BIP, entsprechend etwa 400 Mrd. DM aufgebracht.

Der Aufwand für die Realisierung einer bundesweit optimalen Raum-, Siedlungs- und Verkehrsstruktur, wie in den beiden vorhergehenden Abschnitten skizziert, würde sich grob geschätzt auf etwa 10 000 bis 20 000 Mrd. DM belaufen.

Würde ein wesentlicher Teil der derzeit jährlichen Investitionen im Energie-, Verkehrs- und Bausektor von insgesamt etwa 400 Mrd. DM zielgerecht auf eine künftig optimale Energieversorgung und optimale Bau-, Siedlungs- und Verkehrsstruktur eingesetzt, so könnte dieses Ziel in einem Zeitraum von etwa 50 Jahren erreicht werden. Diese Zeitspanne deckt sich gut mit einer Zeit, die benötigt wird, um im Lauf von Generationswechsel und natürlicher Lebensdauer der Menschen in einer Wohnung die Bürger unseres Landes allmählich und ohne Druck im skizzierten Sinn zu verpflanzen.

Hemmnisse

Hier seien nur beispielhaft einige wesentliche Hemmnisse für eine Realisierung der Konzepte für eine ökonomische und ökologische Optimierung von Energieversorgung und Verkehrsstruktur genannt:

- Die Struktur unserer heutigen Energieversorgung ist gewachsen unter der Zielvorgabe einer möglichst reichlichen und billigen Versorgung mit jeder gewünschten Art von Energie, dies in Konkurrenz der verschiedenen Energieträger. Dabei ist das notwendige wirtschaftliche Wohlergehen der Energieanbieter und Energieversorger wie überall in unserer Wirtschaft an möglichst hohem und entsprechend profitablem Umsatz orientiert.

Für die anzustrebende ökonomische wie ökologische Optimierung bedürfte es einer langfristig verläßlichen politischen Rahmenvorgabe, die zu einer Umstrukturierung der Energiewirtschaft führen sollte, so daß es schließlich für die Energieversorger attraktiv wird, nicht wie bisher möglichst viel, sondern im Gegenteil möglichst wenig Primärenergie, speziell fossile Primärenergieträger zur Deckung eines möglichst sparsamen Endbedarfs bereitzustellen.

- Die Preise für Energie, vor allem für die fossilen Energieträger enthalten derzeit nicht die Kosten, die durch Energienutzung aus Umweltbelastungen entstehen. Diese Kosten müssen aber von den Bürgern sowohl unseres Landes als auch weltweit von der heutigen Generation und von künftigen Generationen aufgebracht werden, teils zum Umweltschutz, teils zur Anpassung an nicht vermiedene Umweltveränderungen.

Diese sogenannten externen Kosten müßten vom Bürger für Energie bezahlt und diese Mittel von Staat gezielt für den Erhalt der Umwelt bei uns und anderswo eingesetzt werden.

- Die internationale Verflechtung bezüglich Energieversorgung, Verkehr und ganz allgemein der Wirtschaft läßt einen nationalen Alleingang in Richtung der angesprochenen ökonomischen und ökologischen Optimierung von Energieversorgung und Verkehrsstruktur nicht zu.

Dessen ungeachtet ist eine Vorreiterrolle nötig, wobei die Veränderungen in Richtung der skizzierten Optimierungen auch den wirtschaftlichen Vorteil erkennen lassen müssen als Anreiz für andere Länder, unserem Beispiel zu folgen.

- Zuerst und zuletzt hemmen wir Bürger durch unser konsumsüchtiges, kurzsichtiges Verhalten den notwendigen Fortschritt zu einem weltweit unsere Umwelt erhaltenden Zusammenleben der Menschheit.

Kapitel 3:
Wege: Herausforderung und Chance

Grundvoraussetzung für eine Realisierung der skizzierten Möglichkeiten zu einer umweltverträglichen Nutzung von Energie, Nutzung der grünen Erde, Nutzung aller natürlichen Güter ist eine für alle Nationen gerechte, freie, aber nicht hemmungslose Marktwirtschaft, bei der

- weder reiche Länder zu Lasten armer Länder,

- noch besonders befähigte Menschen zu Lasten weniger befähigter Menschen

sich rücksichtslos Vorteile verschaffen können. Dies heißt, daß überkommene Dogmen aufgrund besserer Einsicht durch humanere Regeln ersetzt werden sollten:

Natürlich regelt der freie Markt sich selbst, so wie sich der Abfluß von Wasser aus Niederschlägen zu Land über das Gefälle natürlicher Wasserläufe und natürlicher Wasserspeicher wie Seen und Feuchtgebiete letztlich zurück ins Meer regelt. Nur wenn wir Menschen in dieses System eingreifen, so sollten wir im Hinblick auf dauerhafte, umwelterhaltende Nutzung weder die Erosion erhöhen noch — im gleichnishaften Bild — dem Nachbarn das Wasser abgraben.

Dies gilt im direkten Sinn für die Energienutzung wie im übertragenen Sinn für die doch nicht so ganz freie Weltwirtschaft. Desgleichen muß menschliche Arbeitskraft gegenüber Robotik für Arbeitgeber wie für Arbeitnehmer wieder von Vorteil sein. Nur so kann ein Arbeitswilliger auch eine angemessene Arbeit finden. So könnte man sich vorstellen, daß im internationalen Bereich zum Beispiel ein UN-Umweltrat für den internationalen Handel mit Rohstoffen für diese handelbare Quoten festlegen würde. Diese Quoten müßten darauf ausgerichtet sein, daß sich die Preise für diese natürlichen Güter auf einem angemessenen hohen Niveau einpegeln, so daß

- einerseits Nutzer möglichst sparsam mit diesen Gütern umgehen,

- andererseits Förderländer trotz geringerer Umsätze ausreichende Erlöse erzielen.

So ließen sich sowohl Raubbau an diesen Gütern auf Kosten der Umwelt der Förderländer als auch Schäden für die globale Umwelt durch übermäßige Nutzung natürlicher Güter weitgehend vermeiden.

So könnte im nationalen Bereich die Bildungs- und Ausbildungspolitik darauf ausgerichtet sein, daß jedem eine seinen Fähigkeiten gemäße Schulbildung und Berufsausbildung zuteil werden kann, bei welcher gegebenenfalls ein Umsteigen oder Aufsteigen in andere Bildungszweige möglich bleibt, bei welcher aber weitestgehend ein Scheitern wegen Überforderung und damit ein Abstieg vermieden werden kann. Bildung und Ausbildung sollten jedem Menschen sein Selbstvertrauen stärken, so daß er sich als nützliches Glied unserer Gesellschaft empfinden kann, in der er einen Platz finden kann, auf dem er gebraucht und wertgeschätzt wird.

So könnten wir, statt weitgehend automatisiert einen Überschuß an Massengütern zu produzieren, dies unter zunehmendem Verlust an Arbeitsplätzen vor allem für kommerziell und intellektuell weniger befähigte Menschen, besser weniger Güter, diese aber mit höherer Qualität, längerer Lebensdauer, individuellen Ansprüchen angemessen fertigen, dies unter Einsatz von mehr menschlicher Arbeitskraft dafür weniger Robotik.

Unsere wirtschaftliche Konjunktur sollte vornehmlich durch qualitatives Wachstum, nicht durch quantitatives Wachstum stabil gehalten, gestärkt werden.

Jede Bereitstellung und Nutzung von Gütern dient einerseits der Erhöhung des Wohlstandes in einem bestimmten Sektor, bedeutet heute aber andererseits zumeist auch einen Verlust an Wohlstand in einem anderen Sektor, z.B. durch Beeinträchtigung natürlicher Güter wie gesunder Luft und lärmfreier Umgebung. Eine angemessene Optimierung bei der Erhöhung unseres Wohlstandes in jeder Hinsicht sollte bei der künftigen Sicherung unserer Versorgung mit Energie, diese in Form von Nahrung und allen weiteren benötigten Formen von Energie im Auge behalten werden. Voraussetzung für eine Sicherung unseres Wohlstandes ist persönliche Zufriedenheit des einzelnen Bürgers und noch viel mehr sozialer Frieden in unserer Gesellschaft.

3.1 Landwirtschaft und Wälder

3.1.1 Bestand, Bedeutung und Gefährdung

Von den Landflächen der Erde sind etwa 50 Millionen km² mehr oder minder nutzbare Grünflächen, davon etwa 15 Millionen km² geeignet für Äcker und Plantagen, etwa 35 Millionen km² Wiesen und Weiden. 40 Millionen km² sind mit Wald bedeckt, davon etwa die Hälfte Tropenwälder, die andere Hälfte zu gleichen Teilen Wälder in gemäßigten und in nördlichen (borealen) Breiten.

Nach der letzten Eiszeit, vor ca. 10 000 Jahren, waren noch 60 Millionen km² der Landflächen der Erde mit Wäldern überzogen. 20 Millionen km² hat der Mensch inzwischen für seine Bedürfnisse gerodet, etwa die Hälfte davon im Lauf der vergangenen Jahrhunderte bis Jahrtausende in den subtropischen und gemäßigten Breiten, also auch bei uns, die andere Hälfte in den Tropen, dies erst im Verlauf dieses Jahrhunderts, vornehmlich den letzten Jahrzehnten. Die Wälder gehören neben den Ozeanen zu den für Leben und Überleben wichtigsten Ökosystemen auf der Erde. Sie spielen eine bedeutende Rolle in den Stoffkreisläufen zwischen Biosphäre und Atmosphäre, sie tragen bei zum Wasserkreislauf und zur Regulation des Klimas, sie schützen vor Erosion und sie sind schließlich die reichhaltigste Quelle der Artenvielfalt.

Die Wälder in allen Breiten sind derzeit in ihrem Bestand durch den Menschen gefährdet. Der Bestand an Tropenwäldern wird vor allem durch großflächigen Abbrand jährlich um etwa ein Prozent vermindert. Die Wälder der gemäßigten und nördlichen Breiten werden heute vornehmlich durch Schadstoffeinträge gefährdet. In Europa ist dadurch bereits die Hälfte aller Wälder schwer geschädigt. In den kommenden Jahrzehnten werden diese Wälder durch Klimaänderungen, durch zunehmenden Wind in ihrer Existenz bedroht. Aber auch heute schon werden jährlich 1 bis 3 Promille der nördlichen Wälder abgeholzt ohne Wiederaufforstung.

Die landwirtschaftlich nutzbaren Grünflächen der Erde sind von größter Bedeutung für die gefräßigste Art aller Lebewesen, für die heute 5 bis 6 Millionen Menschen und ihre Milliarden großer Nutztiere.

Etwa die Hälfte der Erdbevölkerung wird durch intensive Landwirtschaft auf ertragreichen Böden mittels Agroindustrie vornehmlich in den subtropischen und gemäßigten Breiten, durch Reisanbau vornehmlich in den Tropen und Subtropen Asiens mit Nahrung versorgt. Auf diese Art kann pro km² Landfläche Nahrung für etwa 500 bis 1 000 Menschen erzielt werden, dies zumeist mit hohem Einsatz an Technik und Energie, dafür — abgesehen vom Reisanbau — mit relativ geringem Einsatz an menschlicher Arbeitskraft. Die andere Hälfte der Erdbevölkerung wird weitgehend durch extensive Landwirtschaft vornehmlich auf den relativ wenig ertragreichen Böden in den tropischen und subtropischen Savannengebieten mit Nahrung versorgt. Dabei kann pro km² Landfläche Nahrung nur für etwa 20 bis 100 Menschen gewonnen werden, dies mit relativ geringem Einsatz von Technik und Energie, dafür zumeist mit großem Einsatz an menschlicher Arbeitskraft.

Gefährdet sind inzwischen die landwirtschaftlichen Nutzflächen fast überall auf der Erde, letztlich immer durch Übernutzung der Böden: Dies führt zu Einbußen der natürlichen Bodenfruchtbarkeit, zu Bodenverfestigung, Versalzung, Austrocknung und schließlich zu Bodenerosion. Von den weltweiten Nutzflächen sind inzwischen schon etwa 20 Prozent schwer, weitere 10 Prozent zumindest leicht degradiert. Jährlich geht bereits etwa ein Prozent pro Jahr durch Erosion unwiederbringlich verloren.

Diese für die Welternährung so bedrohliche Situation wird derzeit noch — zumindest im Bereich der intensiven Landwirtschaft — durch Ertragssteigerungen durch Hochzüchtungen und gesteigerten Einsatz an künstlichem Dünger, an künstlichen Pflanzenschutzmitteln, an Technik verdeckt.

3.1.2 Sicherung intensiver Landwirtschaft

Eine ausreichende Versorgung mit Nahrung sollte überall auf der Erde für die Bevölkerung vornehmlich auf regionaler Basis gesichert werden. Import von Nahrungsmitteln sollte nur von nachrangiger Bedeutung sein, und auch dies nur soweit ein gerechter Güteraustausch für beide Seiten gewährleistet ist.

Um langfristig eine ausreichende Versorgung mit Nahrung planen und sichern zu können, bräuchte eigentlich jedes Land Perspektiven über die zu erwartende Bevölkerungsentwicklung, über zu erwartende klimatische Veränderungen, über landwirtschaftliche Möglichkeiten und Notwendigkeiten, vor allem im eigenen Land.

In den subtropischen und gemäßigten Breiten mit nur noch wenig wachsenden, oft bereits stagnierenden Bevölkerungszahlen und mit bisher mehr als ausreichender Versorgung mit Nahrung sind die Grundsätze zumindest für die Technik einer dauerhaften, ausreichenden Landwirtschaft relativ einfach zu formulieren:

- Die Stoffkreisläufe sind im Hinblick auf dauerhafte Bodenfruchtbarkeit

3.1. Landwirtschaft und Wälder

weitestgehend zu schließen, dies möglichst mit natürlicher Düngung und natürlicher Begrenzung von Schädlingsbefall.

- Höhere Sortenvielfalt und ausreichender Fruchtwechsel, immer optimal angepaßt an Böden und Klima, sind unerläßlich.
- Künstliche Bewässerung sollte nur mit Maßen angewendet werden und auch dies nur soweit dafür Wasser aus dem natürlichen Kreislauf verfügbar ist, und soweit andere Gebiete, Länder dadurch nicht zu Schaden kommen.
- Die maschinelle Bodenbearbeitung sollte möglichst schonend sein.
- Die Massentierhaltung sollte auf ein Maß reduziert werden, das durch heimische Verfügbarkeit von Futter vorgegeben ist. Die damit verbundene Einbuße an Quantität könnte durch Steigerung von Qualität ausgeglichen werden.

Insgesamt bedeuten die skizzierten Maßnahmen einen Übergang zu weniger intensiver Landwirtschaft. Dies ist nicht zuletzt auch für einen dauerhaften Klimaschutz erforderlich, belastet doch die Versorgung der Pflanzen mit Stickstoff durch künstliche wie natürliche Düngung durch die letztlich unvermeidliche Freisetzung von Distickoxid die hohe Atmosphäre mit diesem Schadgas, welches die das Leben auf der Erde vor dem schädlichen Ultraviolett–Anteil des Sonnenlichts schützende Ozonschicht der Stratosphäre beeinträchtigt.

Bei weniger intensiver Landwirtschaft sollte die Minderung der Erträge für die Landwirte zumindest teilweise durch den verminderten Aufwand z.B. an künstlicher Düngung und Schädlingsbekämpfung ausgeglichen werden können. Andererseits leistet eine weniger intensive Landwirtschaft einen wesentlichen Beitrag nicht nur zu einer dauerhaften Versorgung mit Nahrung sondern des weiteren auch zum Schutz von Boden, Trinkwasser und Luft und zu Erhalt und Pflege der Natur nicht zuletzt auch als notwendigen Erholungsraum für den Menschen.

Diese Leistungen, Wertschaffung und Vermeidung externer Kosten sollten dem Landwirt auch angemessen vergütet werden. Auf diese Weise kann Landwirtschaft überall trotz unterschiedlicher Erträge, bedingt durch Boden, Klima und geografische Gegebenheiten, auf Dauer angemessen profitabel und damit zu sichern sein.

Schwieriger als die Sicherung der Landwirtschaft in unseren Breiten ist die Sicherung einer ausreichenden Versorgung mit Reis vornehmlich in den tropischen und subtropischen Gebieten Asiens. Mehr als 90 Prozent des weltweiten Reisanbaus geschehen in dieser Region und erbringen etwa die Hälfte der Nahrung für fast drei Milliarden Menschen. Einer weiteren Steigerung der Erträge durch weitere Züchtung und verbesserte Anbaumethoden sind enge Grenzen gesetzt.

Die Nutzung einer größeren Sortenvielfalt, optimal an örtliche Gegebenheiten angepaßt, erscheint unerläßlich zu sein. Des weiteren wäre ein Übergang zu Anbaumethoden, die die Emission von Methan, einem sehr klimarelevanten Gas, mildern könnten, höchst wünschenswert. All dies ist aber nur erreichbar, wenn die Reisbauern der verschiedenen Regionen ausreichend unterrichtet, unterstützt und letztlich von der Notwendigkeit der Änderung ihrer Methoden überzeugt werden können.

Die Notwendigkeit ausreichender, überzeugender Information gilt für alle Länder, ungeachtet unterschiedlicher Landwirtschaft, gleichermaßen.

Was das Einkommen der Landwirte betrifft, so sind hier weniger Subventionen nötig als vielmehr eine anspornende, angemessene Bezahlung aller erbrachten Leistungen.

3.1.3 Sicherung der Wälder in den gemäßigten und nördlichen Breiten

Das Rezept zur Sicherung der Wälder in den gemäßigten und nördlichen Breiten ist sehr einfach:
Nur eine drastische Verminderung der Schadstoffeinträge und eine möglichst geringe Klimaänderung bzw. Änderung der örtlichen Mitteltemperaturen um nicht mehr als etwa 1 Grad Celsius innerhalb eines Jahrhunderts können die existentielle Bedrohung dieser Wälder abbauen.

Dies wiederum erfordert eine entsprechend drastische Verminderung der Nutzung fossiler Brennstoffe und zwar überall auf der Welt, vor allem aber in den Industrieländern.

Dessen ungeachtet müßten im Lauf der kommenden Jahrzehnte zur Sanierung und zur rechtzeitigen Anpassung an nicht mehr abwendbare klimatische Veränderungen und an erhöhte Einstrahlung von ultraviolettem Licht die Wälder mit genetisch geeigneten, stabilen Sorten verjüngt werden. Nur so ist dieses Ökosystem, dieser natürliche Kohlenstoffspeicher, unvermindert zu erhalten.

In bescheidenem Umfang könnten in unseren Breiten für Landwirtschaft nicht mehr benötigte Flächen wieder aufgeforstet werden. Allerdings dürfte das Ausmaß der dafür verfügbaren Flächen bei Übergang zu weniger intensiver Landwirtschaft — wie im vorigen Kapitel gefordert — sehr beschränkt sein.

3.1. Landwirtschaft und Wälder

Im Hinblick auf die nötige Verjüngung aller Wälder in den gemäßigten und nördlichen Breiten ist ein stetiger ausreichender Einschlag von Holz erforderlich. Dieses Holz könnte umweltfreundlich und energetisch sinnvoll genutzt werden, zum einen als Ersatz für Baumaterial an Stelle von Metallen und Beton, zum anderen als Brennstoff z.B. für dezentrale Versorgung dünn besiedelter, waldnaher und waldreicher Regionen mit elektrischer Energie und Wärme.

3.1.4 Sicherung extensiver Landwirtschaft

Die Sicherung der extensiven Landwirtschaft betrifft vor allem die trockenen und halbtrockenen Regionen in den Tropen und Subtropen mit großer Variabilität der Niederschläge von Jahr zu Jahr oder über Jahre. Das Land ist hier meist grasbedeckt, zur Hälfte bei ausreichenden Niederschlägen ganzjährig grün, zur Hälfte nur während der Regenzeiten begrünt.

Diese Regionen machen etwa ein Viertel aller Landflächen aus. Hier leben etwa 20 Prozent der Weltbevölkerung. Die Klimavariabilität läßt allerdings keine intensive Landwirtschaft zu. Das Land wird größtenteils als Weideland, immerhin für etwa die Hälfte des weltweiten Bestandes an Rindern und für etwa ein Drittel aller Schafe genutzt. Der größte Teil dieser Flächen ist heute von Desertifikation bedroht, dies mehr durch Übernutzung als durch zu erwartende Klimaänderungen.

Derartige Regionen sind heute schon am stärksten von Hunger betroffen. Eine Besserung der Situation ist nur zu erwarten, wenn es durch kluge, regionale und globale Politik gelingt, das jeweils verfügbare Land auch ausreichend zur Nutzung verfügbar zu machen und Ertragssteigerungen durch Verbesserung traditioneller landwirtschaftlicher Methoden zu erreichen. Auch hier sei noch einmal dringend auf die Notwendigkeit ausreichender Information und Schulung aller lokal Betroffenen hingewiesen.

Für die Sicherung ausreichender landwirtschaftlicher Erträge zur Versorgung dieser Regionen mit Nahrung für ihre immer noch schnell wachsenden Bevölkerungen soll hier nur auf einige Punkte beispielhaft hingewiesen werden:

- Die tradierten Methoden zum regelmäßigen Abbrand in tropischen Savannen zur Vertilgung von Buschland, damit zum Erhalt und zur Ausweitung des Weidelandes führen inzwischen oft schon nicht mehr zur Vergrößerung sondern zur Verminderung der Fleischproduktion. Hier das Optimum zu erreichen, stellt nicht nur ein wirtschaftliches, sondern auch ein soziales Problem dar, wenn z.B. die Zahl der Rinder, nicht aber der Nettoertrag an Fleisch für einheimische Bauern ein Statussymbol ist.

- In manchen Entwicklungsländern gefährdet der Import von billigen oder gar kostenlosen Nahrungsmitteln die eigene landwirtschaftliche Produktion zu angemessenem, ausreichendem Einkommen für die lokalen Erzeuger.
- Manche Entwicklungsländer leiden an einer Disparität des Landbesitzes. Auf einem Großteil des Landes wird in wenigen Großfarmen z.B. Rinderzucht oft mehr für den Export und für das Einkommen einiger weniger betrieben als für die Nahrungsversorgung im eigenen Land. Hingegen sind viele Kleinbauern auf allzu intensiven und damit den Boden innerhalb weniger Jahre vernichtenden Wanderfeldbau immer tiefer hinein in die Tropenwälder angewiesen. Hier ist jeweils die nationale Politik gefordert, z.B. Zuflüsse von finanziellen Mitteln aus dem Export von Rohstoffen — dies natürlich bei fairen Preisen — zur Stärkung der eigenen Landwirtschaft einzusetzen.
- Wo immer klimatisch möglich könnten integrierte Systeme von kombinierter Land- und Waldwirtschaft zu einer besseren und vor allem dauerhaften Versorgung mit Bau- und Brennholz und mit landwirtschaftlichen Produkten führen.
  In den heißen, relativ trockenen Zonen von Tropen und Subtropen kann landwirtschaftlicher Anbau, aber auch Viehwirtschaft unter Schatten spendenden und damit Bodenfeuchtigkeit schützenden Bäumen zu besseren Erträgen und zu höherem und besser gesichertem Einkommen der lokalen Farmer führen.
- Schmale Waldstreifen entlang von Flüssen können das dahinterliegende Ackerland besser vor Erosion schützen und gleichzeitig als Filter das Flußwasser vor Belastung mit Schadstoffen wie beispielsweise Nitrat aus der Landwirtschaft bewahren.
- In den flachen, von Flutschäden und von Versalzung bedrohten Küstengebieten, immerhin etwa 7 Prozent der Landflächen der Erde, könnte die kombinierte Wald- und Landwirtschaft einen besseren Schutz gegen Wind und Wasser erbringen.
- Die Vorzüge dieser integrierten Wirtschaftsweise liegen auf der Hand. Ihre Verwirklichung erfordert jedoch wiederum ausreichende Information, Schulung und Überzeugungsarbeit für alle Betroffenen.

Dieses Kapitel zusammenfassend muß leider festgestellt werden, daß auch bei optimistischer Lösung aller Probleme einer ausreichenden Versorgung der Bevölkerung dieser Gebiete mit Nahrung aus der hier nur möglichen extensiven Landwirtschaft sehr enge Grenzen gesetzt sind.

3.1. Landwirtschaft und Wälder

3.1.5 Sicherung der Wälder in den Tropen

Während nach Waldrodungen in gemäßigten und nördlichen Breiten der Boden auch ohne schützenden Baumbestand dauerhaft erhalten und landwirtschaftlich genutzt werden kann, führt in tropischen Zonen nach großflächiger Entwaldung die unvermeidliche, intensive Erosion der hier relativ dünnen und meist nährstoffarmen Böden schon innerhalb weniger Jahre zu völliger Auswaschung und Verkarstung.

Auch bei Akzeptanz der nationalen Souveränität über landeseigene Ressourcen, also auch über Wälder, ist doch auch die globale Bedeutung dieser Wälder und der auch daraus resultierende nötige Schutz dieser Wälder ganz analog zum Schutz der Wälder in gemäßigten und nördlichen Breiten zu sehen. Der rapide Verlust an Tropenwäldern ist derzeit größtenteils bedingt durch den ausufernden, bodenzerstörenden Wanderfeldbau und durch die Ausweitung flächenintensiver Viehwirtschaft, aber auch durch großflächigen Holzeinschlag in den Primärwäldern sowohl für den Eigenbedarf als auch für den Export. Eine Fortdauer dieser Praktiken im derzeitigen Umfang würde im Verlauf des kommenden Jahrhunderts zum völligen Verlust aller Tropenwälder führen.

Der Erhalt dieser Wälder kann für die Tropenwaldländer zur Deckung ihrer Bedürfnisse vorteilhaft werden, wenn z.B.

- die Holznutzung wie bei uns in Plantagenwäldern geschieht, diese auch in den Tropen in ausreichend große, geschützte Areale von natürlichen Primärwäldern eingebettet werden,

- der traditionelle Wanderfeldbau auf ein walderhaltendes Ausmaß zurückgeführt werden kann, dafür der ertragreicheren, kombinierten Land- und Waldwirtschaft — wie im vorigen Kapitel skizziert — der Vorrang eingeräumt wird.

Die Kosten für die Wiederaufforstung entwaldeter Flächen belaufen sich — solange der Boden noch nicht erodiert ist — auf etwa 1 000 bis 2 000 DM pro Hektar. Für Entwicklungsländer, zur Wiederaufforstung willens, stellen allein die Kosten in dieser Höhe meist ein Hemmnis dar, das nur durch finanzielle Hilfe von außen überwunden werden könnte.

3.2 Energie

3.2.1 Bestand, Bedeutung und Gefährdung

Zur Deckung des weltweiten Bedarfs an Energie bedient sich die Menschheit heute vor allem der fossilen Brennstoffe Kohle, Erdöl und Erdgas, zu einem kleinen Teil des nuklearen Brennstoffs Uran und zu einem ebenso kleinen Anteil erneuerbarer Energiequellen, hauptsächlich der Wasserkraft und des oft schon nicht mehr ausreichend nachwachsenden Holzes.

Bei weiterem Verbrauch im heutigen Umfang würden die fossilen Vorräte insgesamt noch für einige hundert Jahre, die nuklearen Vorräte noch für einige tausend Jahre reichen.

Aus der Summe aller erneuerbarer Energiequellen könnte Energie in Höhe des derzeitigen weltweiten Bedarfs dauerhaft wohl verfügbar gemacht werden, dies zumindest wenn man über alle Länder summiert, dies aber nur mit einem heute noch nicht üblichen hohen Aufwand bzw. entsprechend hohen Kosten. In Deutschland könnte man aus den im eigenen Land verfügbaren, erneuerbaren Energiequellen im günstigsten Fall Energie in Höhe von etwa 20 Prozent des derzeitigen Bedarfs nutzbar machen.

Als ein wesentlicher Teil des Bestands an verfügbarer Energie ist aber auch die Möglichkeit zu effizienterer, damit sparsamerer Nutzung von Energie anzusehen. In Deutschland beträgt die tatsächlich vom Verbraucher direkt und über Güter indirekt genutzte Energie immerhin schon etwa ein Drittel der eingesetzten Primärenergie. Bei gleichbleibendem Lebensstandard und gleichbleibender Bevölkerungszahl könnte die Effizienz der Energienutzung noch bis um etwa einen Faktor 2 gesteigert werden, damit der Bedarf an Primärenergie um diesen Faktor 2 vermindert werden.

Im weltweiten Mittel werden von der insgesamt eingesetzten Primärenergie nicht viel mehr als etwa 10 Prozent schließlich als Nutzenergie verwendet. Mit höchstmöglicher Energieeffizienz in allen Ländern könnte der weltweite Bedarf an Primärenergie für eine Weltbevölkerung in derzeitiger Höhe bei heutigem Lebensstandard schließlich vielleicht auf etwa ein Viertel des heutigen Wertes reduziert werden. Würde allerdings durch weitere Entwicklung der Lebensstandard überall auf der Erde das derzeitige Niveau der heutigen Industrieländer erreichen, so würde für eine Weltbevölkerung in heutiger Höhe selbst bei höchstmöglicher Energieeffizienz der weltweite Bedarf an Primärenergie wohl eher höher denn niedriger als der heutige Bedarf sein.

3.2. Energie

Soviel zum Bestand, nun zur Bedeutung der Energie:

Insgesamt kann Energie weder vermindert noch vermehrt werden. Die Qualität der Energie in ihren verschiedenen Erscheinungsformen kann allerdings unterschiedlich hoch sein. Je höher z.B. die bei der Nutzung zumindest im Prinzip erreichbare Temperatur, umso höher ist auch die Qualität der Energie. Jede Nutzung von Energie bedeutet Umwandlung in eine andere Form und Qualität als die der eingesetzten Energie. Insgesamt kann durch Nutzung die Qualität der eingesetzten Energie nie erhöht werden; sie wird vielmehr zumeist mehr oder minder stark erniedrigt. Wird durch Nutzung ein Teil der eingesetzten Energie in seiner Qualität erhöht, z.B. durch Umwandlung von Wärme hoher Temperatur in elektrische Energie, so sinkt unvermeidlich die Qualität des verbleibenden Teils der Energie, also z.B. in Form von sogenannter Abwärme bei relativ niedriger Temperatur.

Qualitätsgewinn auf einer Seite ist immer mit entsprechend hohem Qualitätsverlust auf der anderen Seite verknüpft. Qualitätsgewinn kann auch sichtbar werden durch Zuwachs an Ordnung, Qualitätsverlust entsprechend durch Zuwachs an Unordnung. In der unbelebten Natur ist z.B. das Ausfrieren von Eisblumen in regelmäßigen Kristallmustern hoher Ordnung verknüpft mit der Freisetzung von ungeordneter Kondensations-"Ab"-Wärme und einer großen Vielfalt ungeordneter Schwingungen der Kristallbausteine um ihre mittlere, so geordnet erscheinende Positionen. In der belebten Natur stellt jegliches Wachstum Speicherung von Energie unter einem Zuwachs an Ordnung dar, der nur sowohl unter Zufuhr von Energie — z.B. Sonnenlicht — als auch gleichzeitig unter Verlust an Ordnung durch Umwandlung eines Teils der zugeführten Energie in Abwärme von niedriger Temperatur ermöglicht wird. Zwei Prozent der eingestrahlten Sonnenenergie werden so zum Pflanzenwachstum benötigt, genutzt.

Schließlich ist auch jegliches Tun des Menschen, sein Schaffen von Gütern jeglicher Art — und sei es ein noch so ungeordnet erscheinendes Mobile des Schweizer Künstlers Jean Tingely — immer mit Aufwand an Energie, und wenn mit bestimmtem Zuwachs an Ordnung auf einer Seite, dann immer auch mit entsprechend großem Zuwachs an Unordnung auf einer anderen Seite verbunden. Der Mensch verändert den natürlichen Zustand von Ordnung und Unordnung, von Energiefluß. Derzeit nutzt und wandelt er Energie in Höhe von knapp 0.1 Promille der Sonnenstrahlung.

Wieviel darf er sich auf Dauer leisten? Wohl nur so viel, daß dabei die natürlichen Kreisläufe sich nicht drastisch — auch zum Nachteil des Menschen — verändern. Dieses Maß an Bescheidung haben wir aber heute höchstwahrscheinlich schon überschritten. Wir plündern heute ziemlich gedankenlos die natürlichen Vorratskammern an Energie. Die hohe Energiedichte dieser Vorräte an fossilen und nuklearen Brennstoffen, weit höher als die Energiedichte erneuerbarer Energiequellen, verleitet uns dazu, wenig sparsam mit Energie umzugehen.

Durch die Verbrennung fossiler Brennstoffe belasten wir rasch znehmend die Atmosphäre vor allem mit dem treibhausrelevanten Spurengas Kohlendioxid. Wir riskieren damit Klimaveränderungen, die schon bald, innerhalb weniger Jahrzehnte, zumindest für einen großen Teil der Erdbevölkerung lebensbedrohlich werden können. Im ungünstigsten Fall könnte auf längere Sicht das Überleben der Menschheit insgesamt in Frage gestellt werden.

Durch die zumindest heute noch nicht ausreichend sicher gehandhabte, teilweise sogar fahrlässig unsichere Nutzung der Kernenergie riskieren wir Unfälle, bei welchen zumindest mehr oder minder große Regionen um den Unfallort herum auf lange Zeit durch Verseuchung mit einem Übermaß an Radioaktivität unbewohnbar werden können, bei welchen im Verlauf mehrerer Jahrzehnte jährlich tausende von Menschen bedingt durch radioaktive Schädigungen an Krebs sterben werden.

Diese Gefährdungen müssen wir abbauen. Dies ist eine weltweite Aufgabe, eine Herausforderung an alle. Das Handeln kann aber nur in den vielen einzelnen Nationen geschehen. Je eher wir damit beginnen, umso mehr können wir erreichen. Auch können wir mit bei uns getroffenen Maßnahmen, mit sichtbaren Erfolgen einer vernünftigen, dauerhaften Energie–Nutzung andere Länder vom Vorteil dieses Handelns am besten überzeugen, zu eigenem Handeln gewinnen.

3.2.2 Sicherung der Energieversorgung

Einige allgemeine Prinzipien:

- Um eine dauerhafte, umwelterhaltende Versorgung mit Energie und materiellen Gütern und einen dauerhaften Erhalt immaterieller Güter zu erreichen, bedarf es langfristig angelegter, verläßlicher, politischer Konzepte für die erwünschte weitere Entwicklung von Gesellschaft und Wirtschaft.

- Um in einer freien Marktwirtschaft ökonomisch und ökologisch bestmögliche, effiziente Nutzung von Energie und Rohstoffen zu erreichen, muß der Preis für diese Güter alle, auch die externen, also anderswo und gegebenenfalls erst später anfallenden Kosten abdecken.
  Daraus lassen sich auch die natürlichen Grenzen für die weitere Entwicklung hinsichtlich der Nutzung aller natürlichen Ressourcen erkennen.

3.2. Energie

- Das letztgenannte Prinzip des vollen Preises muß nicht notwendigerweise zu Kostenerhöhungen für den Verbraucher führen, wenn der Verbraucher selbst nicht für die primär eingesetzten Grundstoffe, für Primärenergie, sondern für die in Anspruch genommenen Energie-Dienstleistungen, für volle, alle Werte einschließende Qualität der Konsumgüter zu bezahlen hat.

- Was die fiskalische Steuerung betrifft, so sollte der Schwerpunkt steuerlicher Belastung weniger auf der Arbeit, auf der Schaffung von mehr Wert liegen, als vielmehr auf der Menge verarbeiteter Rohstoffe, auf Nutzung und Belastung natürlicher Güter.

3.2.3 Sicherung der Versorgung mit Energie in Industrieländern am Beispiel Deutschland

Vom gesamten Energie-Einsatz in unserem Land gehen derzeit fast 50 Prozent direkt und indirekt in den Verkehrsbereich, etwa 20 Prozent in den Bereich Wohnen, weitere etwa 20 Prozent in Produktion und Nutzung aller möglichen Güter und schließlich etwa 10 Prozent in den Nahrungssektor.

Diese Energie entnehmen wir anteilig folgenden Quellen: etwa 87 Prozent fossilen Brennstoffen, etwa 11 Prozent nuklearen Brennstoffen und etwa 2 Prozent erneuerbaren Energiequellen, vor allem der Wasserkraft.

Die bei uns bislang erreichte Effizienz der Energienutzung können wir aus dem Verhältnis von letztlich genutzter Energie zu eingesetzter Primärenergie ablesen. Dieses Verhältnis beläuft sich auf etwa ein Drittel. Die restlichen zwei Drittel gehen bei Umwandlung und Nutzung von Energie zum Teil unvermeidbar, naturgesetzlich bedingt, zum Teil sehr wohl vermeidbar der Nutzung verloren. Ziel für unsere künftige Energieversorgung muß sein, diese mit bestmöglicher Effizienz und mit geringstmöglicher Gefährdung von Mensch und Umwelt zu erreichen.

Wie weit ist die Energie-Effizienz noch zu steigern?
Bei bestmöglicher Nutzung von Energie kann der Einsatz von Primärenergie zur Deckung unseres derzeitigen Bedarfs an Energiedienstleistungen und an Gütern um etwa 40 Prozent vermindert werden. Das bedeutet eine Steigerung der Energie-Effizienz um einen Faktor von knapp 1.7. Bei der Herstellung von Gütern kann durch eine teilweise Verschiebung auf weniger energieintensive Rohstoffe und eine bessere Rezyklierung von Materialien die Energie-Effizienz in wenn auch letztlich nur bescheidenem Umfang weiter gesteigert werden (ein Blick auf Tabelle 2.16 und 2.17 in Kapitel 2.2.3 mag zum Verständnis hilfreich sein).

Insgesamt könnte die Energie-Effizienz bei uns noch um etwa einen Faktor 2 erhöht werden.

Des weiteren hängt unser künftiger Energiebedarf von der Höhe des quantitativen Wirtschaftswachstums ab. In Abbildung 3.1 ist dieser künftige Energiebedarf für ein stetiges Wachstum von +2, +1 und 0 Prozent, dabei in jedem dieser Fälle sowohl für heutige als auch für höchstmögliche Energie-Effizienz skizziert.

Würde das Wirtschaftswachstum über die kommenden Jahrzehnte hin stagnieren, so würde bei heutiger Energie-Effizienz der Energiebedarf konstant bleiben, bei höchstmöglicher Energie-Effizienz schließlich im Lauf vieler Jahrzehnte auf etwa die Hälfte des heutigen Bedarfs absinken.

Würde das Wirtschaftswachstum über die kommenden Jahrzehnte stetig 1 Prozent pro Jahr betragen, so würde bis zur Mitte des kommenden Jahrhunderts der Energiebedarf bei heutiger Energie-Effizienz sich fast verdoppeln, bei höchstmöglicher Energie-Effizienz wieder den heutigen Bedarf erreichen.

Bei höherem Wirtschaftswachstum würde auch unter höchstmöglicher Energie-Effizienz der Bedarf an Primärenergie weiter stark ansteigen.

Niemand kann unsere weitere wirtschaftliche Entwicklung vorhersehen. In der Hoffnung, daß wir zum einen keine längeren Einbrüche in unserer wirtschaftlichen Entwicklung werden hinnehmen müssen, daß wir zum anderen allmählich lernen werden, zunächst mit nur noch geringem, später quantitativ nicht weiter steigendem Wirtschaftswachstum zurecht zu kommen, und dies bei höchstmöglicher Energie-Effizienz, würde sich der Bedarf an Primärenergie im Laufe mehrerer Jahrzehnte auf dem heutigen Niveau einpegeln, vielleicht um 20 Prozent darunter liegen, vielleicht um 50 Prozent darüber.

Diese Ungewißheit der Entwicklung unseres künftigen Energiebedarfs, nicht zuletzt auch durch die Ungewißheit der weiteren Entwicklung unserer Bevölkerung und der internationalen Wirtschaftslage vor Augen, müssen wir — ungeachtet unserer Wunschvorstellungen — die nötige Flexibilität bei der Energieversorgung erhalten, dies aber in jedem Fall mit ausreichender Verminderung der geschilderten Gefährdungen von Klima und Umwelt.

Eine auch künftig ausreichende und dabei im Hinblick auf Gefährdungen von Klima und Umwelt ausreichend sichere Versorgung mit Energie unter Erhalt der benötigten Flexibilität erfordert umfangreiches Handeln aller Betroffenen, das heißt sowohl der Verantwortlichen in Politik und Wirtschaft, als auch jedes einzelnen Bürgers durch angemessenes Verhalten bezüglich der weiteren Energienutzung und der Bereitstellung von Energie aus den verschiedenen verfügbaren Energiequellen.

3.2. Energie

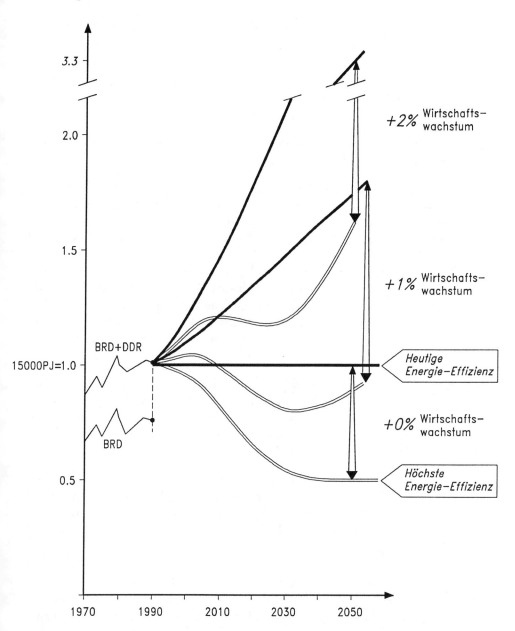

Abbildung 3.1: Entwicklung des Bedarfs an Primärenergie in Deutschland für verschieden hohes Wirtschaftswachstum bei heutiger bzw. höchstmöglicher Energie-Effizienz

Kapitel 3. Wege: Herausforderung und Chance

Unter Beachtung der im vorherigen Kapitel skizzierten Prinzipien sollten folgende Schritte realisierbar sein:

- Erreichung bestmöglicher Energie–Effizienz durch Einsparung von Energie sowohl in Einzelsektoren als auch durch optimierte, integrierte Energieversorgung (wie in Kapitel 2.2.6 skizziert),

- Erschließung und Nutzung der Vielfalt erneuerbarer Energiequellen im eigenen Land (wie in Kapitel 2.2.2 aufgezeigt),

- Weiterentwicklung der Kernenergietechnik vor allem hin zu betriebsmäßig inhärent sicheren Reaktortypen, bei welchen das Schadensausmaß bei jeglichem Unfall tolerabel klein bleibt, und eine ausreichende Sicherung der gesamten Kette vom Uranerzabbau bis zur Endlagerung radioaktiver Abfälle gewährleistet ist.
  Diese Entwicklungsarbeit ist unabhängig von diversen Wunschvorstellungen. Sie nimmt auch hier keine politische Entscheidung über die künftige Nutzung von Kernenergie in unserem Land vorweg. Sie ist aber unabdingbar für verantwortbare, künftige politische Entscheidungen über Nutzung von Kernenergie nicht nur in unsrem Land sondern vor allem auch in vielen anderen Ländern der Erde.

- Angemessen zügige Minderung des Einsatzes der fossilen Brennstoffe Kohle, Erdöl und Erdgas. Im Hinblick auf die Beschränkung von Ressourcen und Möglichkeiten der Bereitstellung von Erdgas kann sich eine verstärkte Verlagerung der Nutzung von Kohle auf die von Erdgas als ökonomisch wie ökologisch kurzsichtig und gefährlich erweisen.

- Kooperation mit anderen Ländern, sowohl bei der Verbesserung der Energie–Effizienz als auch bei der Weiterentwicklung der Nutzung erneuerbarer Energiequellen, dies nicht zuletzt im Hinblick auf einen möglichen Import von Energie — wohl immer nur in bescheidenem Umfang — in (erst) fernerer Zukunft.

Dabei ist aber auch zu beachten, daß bei immer nur beschränkten Mitteln diese hinsichtlich eines schnellst- und bestmöglichen Klimaschutzes in ausgewogener Aufteilung zum einen im eigenen Land, zum anderen aber auch in anderen Ländern mit heute noch weit geringerer Energie–Effizienz und weit stärkerem Anstieg an Energiebedarf als bei uns eingesetzt werden.

Die mit der Realisierung der skizzierten, erforderlichen Maßnahmen verbundene Umstrukturierung und Erneuerung von Energieversorgung und Energienutzung

3.2. Energie

in unserem Land mag auf den ersten Blick von drastisch hohem Ausmaß erscheinen. Ein Blick zurück auf die entsprechenden Entwicklungen in den vergangenen 40 Jahren zeigt aber, daß die notwendigen, künftigen Entwicklungen in Ausmaß und Schnelligkeit die zurückliegenden Entwicklungen nicht wesentlich übersteigen müssen. Ein wesentlicher Unterschied besteht allerdings darin, daß die zurückliegenden Entwicklungen auf weit weniger politischer Weitsicht beruhten als dies künftig notwendig sein wird.

Bei Berücksichtigung externer Kosten müßte der Preis für fossile Brennstoffe um etwa einen Faktor 2 bis 4 teurer werden. Bei schrittweiser Anpassung des Preises an dieses Niveau und damit verbunden einer allmählichen Reduktion des Verbrauchs fossiler Brennstoffe würden in unserem Land vorübergehend während einiger Jahrzehnte Mehreinnahmen von bis zu einigen 10 Milliarden DM pro Jahr verfügbar werden. Des weiteren würden durch diese Preiserhöhung für fossile Brennstoffe Maßnahmen für effizientere Energienutzung wie z.B. unter anderem eine ausreichende Wärmedämmung von Altbauten, für erweiterte Nutzung von Fernwärme und vor allem von erneuerbaren Energiequellen wirtschaftlich rentabel werden.

Der Kostenaufwand für Maßnahmen zum Erreichen einer größtmöglichen Energie-Effizienz in unserem Land wird im Bereich von etwa 20 Milliarden DM pro Jahr, dies über mehrere Jahrzehnte, liegen.

Der Kostenaufwand für eine langfristige Umstrukturierung unserer Versorgung mit Energie sollten den Rahmen der heute üblichen Kosten für Erneuerungsmaßnahmen nicht wesentlich übersteigen.

Dies alles mag den Eindruck erwecken, daß im günstigsten Fall zumindest insgesamt sich erhöhte Kosten mit erhöhtem Nutzen in etwa in der Waage halten könnten, daß gegebenenfalls Mehrkosten den Rahmen heutiger Energiekosten nicht unerträglich aufblähen würden.

So richtig dies auch sein mag, so bedarf es doch der Vorgabe eines wirtschaftspolitischen Rahmens, der gewährleistet, daß Nutzen und Lasten nicht nur insgesamt, sondern vielmehr auch im Einzelfall für Energieverbraucher wie für Energieversorger sich sozialverträglich ausgleichen werden.

Noch weit schwieriger aber nicht weniger notwendig dürfte es sein, auch im internationalen Bereich einen Rahmen zu zimmern, innerhalb dessen ein gerechter Finanzausgleich vor allem zwischen Industrie- und Entwicklungsländern zur Finanzierung von Klima- und Umweltmaßnahmen und gegebenenfalls — wo angebracht — ein Finanzausgleich für Einkommensverluste bei Reduzierung von Förderung fossiler Brennstoffe ermöglicht wird.

3.2.4 Sicherung der Energieversorgung in Schwellenländern am Beispiel China

Ausgangslage:

Der derzeitige (1991) jährliche Bedarf an Primärenergie in Höhe von etwa 40 000 PJ bzw. etwa 1 350 Millionen Tonnen Steinkohle–Äquivalent (SKE) wird zu mehr als 80 Prozent aus den reichlich verfügbaren, heimischen Steinkohlevorräten, zu etwa 10 Prozent aus Erdöl, zu etwa 1 Prozent aus Erdgas und zu knapp 10 Prozent aus den erneuerbaren Energiequellen Wasser und Holz gedeckt. Damit ist China das größte Kohleförderland auf der Erde mit einem Anteil von etwa einem Drittel der weltweiten Kohleförderung.

An der weltweiten Freisetzung von Kohlendioxid durch Verbrennung fossiler Brennstoffe hat China derzeit bereits einen Anteil von etwa 14 Prozent (zum Vergleich: Deutschland knapp 5 Prozent). Dabei beträgt der Energiebedarf in China pro Person und Jahr nur etwa 0.9 t SKE, die damit verbundene Freisetzung von Kohlendioxid etwa 2 t CO_2, der Pro–Kopf–Verbrauch an elektrischer Energie nur etwa 550 kWh (zum Vergleich: in Deutschland 6 t SKE bzw. 13 t CO_2 und 6 700 kWh). Über das letzte Jahrzehnt stieg der Energieverbrauch jährlich um etwa 4 Prozent. Dabei reicht das Angebot an Primärenergie noch bei weitem nicht aus, den Bedarf zu decken.

Chinas Vorstellung über die weitere Entwicklung:

China sieht sich selbst zumindest für einen Großteil seiner immer noch schnell wachsenden Bevölkerung in einem frühen Stadium der Entwicklung. Dabei steht es vor der schwierigen Aufgabe, wenigstens die Grundbedürfnisse seiner Menschen ausreichend zu decken. Armut und Unterentwicklung werden als Ursache der gravierenden Umweltschäden angesehen. Als Ausweg strebt man eine weitere, schnelle, wirtschaftliche Entwicklung und damit die Überwindung der Armut an. In diesem Licht sind auch die chinesischen Vorstellungen zu ihrer künftigen Energieversorgung zu sehen.

Erwartet wird ein weiterer Anstieg des Primärenergieverbrauchs um mehrere Prozent pro Jahr, auf etwa 1 700 Mio. t SKE im Jahr 2000, eine Verdoppelung bis Verdreifachung bis zum Jahr 2050. Zur Deckung dieses steigenden Bedarfs soll vor allem die Kohleförderung intensiviert werden. Dabei soll auch das bei der Kohleförderung gleichzeitig freiwerdende Methan, etwa 25 m³ pro Tonne Kohle, zu einem wesentlichen Teil energetisch genutzt werden.

Da der Löwenanteil der Kohlevorräte ein bis mehrere tausend km von den großen Zentren des Energieverbrauchs entfernt liegt, soll die Kohle bereits am Förderort

3.2. Energie

verstromt werden, die elektrische Energie dann in Hochspannungs–Überlandleitungen den Verbraucherzentren zugeführt werden. Durch eine wesentlich effizientere Verstromung als bisher soll die Kluft zwischen Bedarf und Deckungsmöglichkeiten deutlich geschmälert werden.

Die Nutzung der verfügbaren Wasserkraft, bislang im Umfang von weniger als 10 Prozent des nutzbaren Potentials von etwa 4 000 TWh pro Jahr, soll innerhalb der kommenden Jahrzehnte verdoppelt werden und damit dann etwa 30 Prozent des gestiegenen Strombedarfs decken.

Die Nutzung der Kernenergie ist bislang noch wenig entwickelt. Ein weiterer Ausbau wird nicht zuletzt zur effizienten Versorgung von Ballungszentren mit Strom und Wärme für unumgänglich gehalten.

Des weiteren wird die Nutzung der beachtlichen Potentiale an Wind, Biogas aus organischen Abfällen und Solarstrahlung, diese mittels Photovoltaik, erwünscht.

Internationale, bilaterale Hilfe:

China erwünscht bei der Lösung seiner Energieprobleme vom Ausland vor allem finanzielle Unterstützung und Transfer von technischem Know–how, weniger aber den Transfer von Technik selbst, dies vor allem für:

- hocheffiziente Kohleverstromung,

- hocheffiziente Hochspannung–Überlandleitung von Strom,

- Förderung, Transport und Nutzung von Erdgas,

- Entwicklung einer sicheren Kernenergie–Technologie,

- Entwicklung der Nutzung erneuerbarer Energiequellen.

Der zumindest zunächst vorrangige, weitere Ausbau der Kohleförderung — weil damit am billigsten und schnellsten das Angebot an Primärenergie wesentlich erhöht werden kann — ist wohl unvermeidbar.

Deshalb erwächst nicht zuletzt im Hinblick auf ausreichenden Klimaschutz den Industrieländern, also auch uns, die vordringliche Aufgabe, durch rechtzeitige und ausreichend intensive Kooperation mit China schon beim ersten Schritt, der Intensivierung der Kohlenutzung, wenigstens zu möglichst effizienter Verstromung zu verhelfen, um so diese langfristig angelegten Kohlendioxid–Emissionen von vornherein so niedrig wie möglich zu halten.

Ungeachtet der dazu nötigen, umfangreichen Hilfe in Form finanzieller Unterstützung und Transfer von technischem Know-how muß aber gleichzeitig durch intensive Information, breit angelegte Ausbildung und Schulung von Bau- und Betriebspersonal, durch Hilfe beim Aufbau der nötigen Infrastruktur im Umfeld von Kraftwerken sichergestellt werden, daß ein hocheffizienter Kraftwerksbetrieb auch auf Dauer erhalten werden kann.

Eine weitere, nicht weniger dringliche Aufgabe für die Industrieländer ist die Hilfe zu schnellstmöglicher, umfangreicher und effizienter Nutzung der nicht fossilen Energiequellen, dies sowohl im Hinblick auf eine relativ dezentrale Versorgung im ländlichen Raum, als auch auf eine zentrale, intensive Versorgung in den Ballungszentren.

Der Energiebedarf wird auch wesentlich durch Siedlungsdichte und Struktur der Siedlungen bedingt. In China ist man sich dessen wohl bewußt und arbeitet an der Planung besserer, optimaler Siedlungsstrukturen. Auch dabei wäre eine Kooperation wünschenswert, nicht zuletzt um auch in unseren Industrieländern von der Bescheidenheit eines Landes wie China zu lernen.

3.2.5 Sicherung der Energieversorgung in Entwicklungsländern am Beispiel einiger zentralafrikanischen Länder

Ausgangslage

Der derzeitige Primärenergiebedarf pro Person und Jahr beläuft sich in den ärmsten Entwicklungsländern auf nur etwa 0.4 t Steinkohleäquivalent (SKE), davon oft weniger als die Hälfte auf kommerziell zu beschaffende Energie, zumeist fossile Brennstoffe, entsprechend mehr als die Hälfte auf nicht kommerzielle Energieträger, zumeist Holz.

Entsprechend gering ist auch die Freisetzung von Kohlendioxid aus der Verbrennung fossiler Brennstoffe, z.B. etwa 0.3 t CO_2 pro Person und Jahr (zum Vergleich: in Deutschland 6 t SKE und 13 t CO_2).

Die Bevölkerung dieser Länder wächst immer noch stark an, um bis zu mehrere Prozent pro Jahr. Der Verbrauch an kommerzieller Energie stieg innerhalb der letzten Jahrzehnte jährlich um etwa 4 Prozent. Die Effizienz der Energienutzung, also das Verhältnis tatsächlich genutzter Energie zu eingesetzter Primärenergie ist dabei meist sehr gering, oft weniger als 10 Prozent.

Um die weitere Entwaldung durch Brennholzeinschlag zu verringern, werden importierte Erdölprodukte oft noch subventioniert, um sie für den Verbraucher

3.2. Energie

bezahlbar zu machen. Dabei müssen oft mehr als die Hälfte der erwirtschafteten Devisen für Ölimporte aufgewendet werden.

Die relative Einkommensverteilung in den armen Entwicklungsländern mit etwa 10 Prozent der Bevölkerung mit relativ hohem Einkommen, mit etwa 20 bis 30 Prozent der Bevölkerung mit mittlerem Einkommen und mit 60 bis 70 Prozent der Bevölkerung mit niedrigem Einkommen ist nicht sehr stark verschieden von der Verteilung in Industrieländern. Dagegen ist der Verbrauch an Energie z.B. für Licht, Kommunikation, Kochen, Kühlen, Warmwasser und Betrieb von Geräten, der bei uns in allen Einkommensschichten von ähnlicher Höhe ist, in den Entwicklungsländern zwischen reichen und armen Schichten drastisch unterschiedlich hoch. Entsprechend hoch ist zumeist auch das Gefälle des Energieverbrauchs pro Person zwischen Stadt und Land.

Vorstellung in den Entwicklungsländern von einer weiteren Energieversorgung:

Man plädiert für einen ausreichenden Klimaschutz durch entsprechende Minderung der Emission klimarelevanter Spurengase im weltweiten Mittel, wie dies auf der Weltklimakonferenz in Rio 1992 im Rahmen für eine Klimakonvention festgeschrieben worden ist.

Man plädiert für eine saubere Energieversorgung im eigenen Land aus erneuerbaren Energiequellen, vornehmlich elektrischer Energie aus der Nutzung von Windenergie und Solarstrahlung mittels Photovoltaik.

Man möchte auch im ländlichen Raum elektrische Energie bereitstellen, um dort durch Verbesserung von Arbeits- und Lebensmöglichkeiten das Einkommensgefälle zwischen Stadt und Land und die Landflucht zu mildern.

Man möchte auch den weiteren Verlust von Wald und Boden beschränken, abgeholzte Flächen wieder aufforsten und geschädigte Böden wieder sanieren.

Die für all diese Vorhaben benötigten finanziellen Mittel übersteigen aber zumindest derzeit bei weitem die eigenen Möglichkeiten. Dementsprechend wird eine ausreichende finanzielle Hilfe der reichen Industrieländer — als Hauptverursacher klimatischer Veränderungen durch Freisetzung treibhausrelevanter Gase, dies vor allem aus der Verbrennung fossiler Brennstoffe — erwartet, ebenso wie ein ausreichender Transfer von technischem Know-how und von Technik selbst.

Dabei ist man sich auch wohl bewußt, daß die nötigen gesetzlichen Regelungen im eigenen Land bezüglich einer besseren, umwelterhaltenden Energienutzung von den Menschen nur dann eingehalten werden (können), wenn diese Einhaltungen für die Betroffenen erkennbare Vorteile nicht zuletzt hinsichtlich der Verbesserung ihres Lebensunterhaltes versprechen.

Schritte zu einer besseren Energieversorgung

- Solarstrom mittels Photovoltaik:

  Dabei bleibt zu bedenken, daß selbst für ausgereifte Solarzellentechnik, dies bei kostengünstiger Großserienfertigung, eine energetische Amortisation erst über mehrere Jahre erreicht werden kann.
  Der Energieaufwand für Batterien zur Speicherung elektrischer Energie wird allerdings selbst im günstigsten Fall noch so hoch sein, daß eine energetische Amortisation erst über eine Zeitspanne zu erreichen ist, die mindestens so hoch wie die Lebensdauer der Batterie selbst ist. Damit ist eine Nutzung des Stroms aus Solarzellen — ohne Verbund mit anderen Stromquellen — energetisch nur dann zweckmäßig, wenn sie ohne Stromspeicherung, also tageszeitlich beschränkt auf die Zeit hoher Sonneneinstrahlung, betrieben wird. Entsprechend beschränkt bleiben dann die Nutzungsmöglichkeiten, z.B. auf das Pumpen von Wasser. Dabei könnten mit einem Solarzellenmodul einer Fläche von 1 m^2 täglich z.B. 5 m^3 Wasser aus 40 m Tiefe gepumpt werden.
  Eine Versorgung des ländlichen Raumes mit Strom über die gesamte Tageszeit, dies über Photovoltaik einschließlich Batteriespeicher, ist wegen des dafür benötigten hohen Energie–Aufwandes zum Bau dieser Anlagen energiewirtschaftlich bestenfalls in sehr bescheidenem Umfang für sogenannte Insellösungen, nicht aber flächendeckend sinnvoll. Selbst eine solche Versorgung ist nur dann angemessen, wenn sie nach der Zeit der Einführung dieser Technologie vom jeweiligen Land mit eigenen technischen Mitteln und eigener finanzieller Kraft dauerhaft erhalten werden kann.

- Nutzung der Windenergie:

  Auch diese Technologie ist fast überall durch Schwankungen der Windintensität zeitlich mehr oder minder stark beschränkt.

- Solar–thermische Kraftwerke im Sonnengürtel der Erde:

  Sie sind besonders geeignet zur Versorgung von Ballungsgebieten mit elektrischer Energie bei tageszeitlicher Beschränkung auf die Zeit hoher Sonneneinstrahlung, vor allem für Bedarfsspitzen zur Kühlung und Klimatisierung. Für tageszeitlich unbeschränkte Nutzung müßte erst noch die Hochtemperatur–Solarwärmespeicherung entwickelt und eingesetzt, damit ein durchgehender Betrieb der Wärmekraftwerke ermöglicht werden. Alternativ dazu kann natürlich Solarthermik mit Verbrennungswärme aus

3.3. Bilanz, Kosten

fossilen Brennstoffen gekoppelt werden.

- Nutzung der Wasserkraft, wo diese verfügbar ist:
  Dabei sind bei Wahrung eines ausreichenden Umweltschutzes nicht zuletzt in den betroffenen Regionen selbst der Realisierung oft enge Grenzen gesetzt.

- Erhöhung der Energie–Effizienz:
  So kann beispielsweise im ländlichen Raum durch bessere Öfen, Kochherde der Brennstoffbedarf beträchtlich vermindert, entsprechend der Holzeinschlag reduziert werden.

- Wo klimatisch möglich bietet die kombinierte Wald– und Landwirtschaft, aber auch die Bewirtschaftung von Plantagenwäldern eine wesentliche Verbesserung des Angebots an Brennholz.

Grundvoraussetzung für eine dauerhafte, einer weiteren positiven Entwicklung nützliche Realisierung der genannten Möglichkeiten zur Energieversorgung ist aber, daß in den betroffenen Ländern selbst das zu Betrieb und Nutzung dieser Technologien nötige technische Know–how und die nötige wirtschaftliche Infrastruktur schließlich aus eigenem Wollen entwickelt und verfügbar wird. Hilfe von außen darf letztlich nur Hilfe zu weiterer Selbsthilfe sein.

Des weiteren wäre höchst notwendig, daß jedes Entwicklungsland für sich wünschenswerte Entwicklungsziele anvisiert, ohne sich dabei undifferenziert ausschließlich am derzeitigen Entwicklungsstand heutiger Industrieländer zu orientieren. Einer der eigenen Tradition angemessenen Entwicklung von Zielvorstellungen steht heute oft die gesellschaftliche Struktur im eigenen Land entgegen, wenn diese Struktur gespalten ist in eine kleine Schicht von Herrschenden, die ihre Macht mehr zur unbotmäßigen, eigenen Bereicherung ausnützen als zum Wohl aller, und eine große Schicht einer meist sehr wenig begüterten Bevölkerung mit relativ bescheidenen Ansprüchen.

3.3 Bilanz, Kosten

Bilanz einer möglichen, weltweiten Minderung der Emission von Kohlendioxid durch entsprechende Minderung der Nutzung fossiler Brennstoffe:

So es denn gelänge, den Verbrauch fossiler Brennstoffe und damit entsprechend die Freisetzung von Kohlendioxid insgesamt so, wie beispielhaft für einige typische Länder in den vorangegangenen Kapiteln skizziert und nachfolgend tabelliert (s. Tabelle 3.1), zu reduzieren, so könnte die derzeitige weltweite Freisetzung von Kohlendioxid um etwa ein Viertel vermindert werden. Dabei müßten:

- in Industrieländern — wie am Beispiel Deutschland gezeigt — durch effizientere Nutzung der Primärenergiebedarf pro Person um etwa 40 Prozent, dadurch und durch intensivere Nutzung nicht fossiler Energiequellen der Verbrauch fossiler Brennstoffe pro Person um etwa 80 Prozent reduziert werden, dadurch ein Energiebedarf von 4 t SKE pro Person und Jahr und ein Kohlendioxid-Ausstoß von 3 t pro Person und Jahr erreicht werden,

- in Schwellenländern — wie am Beispiel China gezeigt — der bedingt durch weitere starke wirtschaftliche Entwicklung um mindestens einen Faktor 2 steigende Bedarf an Energie durch wesentlich effizientere Nutzung von Energie, durch zunehmende Nutzung nicht fossiler Energiequellen und nur zum Teil durch erhöhte Nutzung fossiler Brennstoffe gedeckt werden, dadurch ein Energiebedarf von 2 t SKE pro Person und Jahr und ein Kohlendioxid-Ausstoß von 3 t pro Person und Jahr erreicht werden,

- in Entwicklungsländern — wie am Beispiel zentralafrikanischer Länder gezeigt — der steigende Energiebedarf für weitere Entwicklung durch effizientere Energienutzung und durch Ausbau der Nutzung erneuerbarer Energiequellen, nicht aber durch erhöhte Nutzung fossiler Brennstoffe, gedeckt werden, dadurch ein Energiebedarf von ca. 1.5 t SKE pro Person und Jahr erreicht und ein Ausstoß an Kohlendioxid von 1.2 t pro Person und Jahr auf derzeitigem Niveau gehalten werden.

Die so insgesamt erreichbare Reduzierung der weltweiten Freisetzung von Kohlendioxid aus Nutzung fossiler Brennstoffe von etwa 21 Milliarden Tonnen Kohlendioxid pro Jahr auf etwa 16 Milliarden Tonnen, also ein Reduzierung um etwa ein Viertel (s. Tabelle 3.1), ist im Licht der Festschreibung einer für ausreichenden Klimaschutz notwendigen Reduzierung um mehr als die Hälfte — so geschehen auf der Rio Konferenz 1992 — natürlich nicht ausreichend. Die hier skizzierten Minderungsmöglichkeiten sind aber auch nur als ein erster Schritt aus heutiger Sicht des Machbaren und der zu erwartenden Bevölkerungsentwicklung zu verstehen. Es bleibt zu hoffen, daß mit fortschreitender Entwicklung von Wirtschaft und Technik und in den Industrieländern bei mehr Bescheidenheit in unseren Ansprüchen höhere Minderungen der Freisetzung von Kohlendioxid erreicht werden können.

3.3. Bilanz, Kosten

	Bevölkerung Mrd.	Primär-Energie pro Person u. Jahr t SKE	CO_2-Emission t	CO_2-Emission Gesamt Mrd. t
		1990		
Industrie-Länder	1	7	14	14
Schwellen-Länder	2	0.9	2	4
Entwicklungs-Länder	2.5	0.6	1.2	3
Welt	**5.5**	–	–	**21**
		2050		
Industrie-Länder	1.1	4	3	3.3
Schwellen-Länder	2.6	2	3	7.8
Entwicklungs-Länder	4.3	1.5	1.2	5.2
Welt	**8**	–	–	**16.3**

Tabelle 3.1: Mögliche Entwicklung von Primärenergiebedarf und Kohlendioxid-Emission in den verschiedenen Regionen der Welt (die angegebenen Zahlenwerte sind nur als grobe Richt- und Mittelwerte zu verstehen)

Die Kosten für weltweite Umstrukturierung, Erneuerung und Ausbau der Energieversorgungen, wie dies vorweg skizziert wurde, dies bis zur Mitte des kommenden Jahrhunderts, würden, groben Schätzungen zufolge, sich pro Jahr

- in Industrieländern auf etwa 2 Prozent des Bruttosozialprodukts,
- in Schwellen- und Entwicklungsländern auf etwa 10 bis 20 Prozent des Bruttosozialprodukts,
- weltweit insgesamt auf die Größenordnung von etwa 500 bis 1 000 Mrd. DM pro Jahr

belaufen.

Die Kosten zur Behebung von Umweltschäden und gegebenenfalls zur Anpassung an Klimaveränderungen z.B. durch Verlagerung und Einschränkung unserer Lebensräume sind bisher nur zu einem kleinen Teil, nämlich als erkennbare Kosten, die aus Schäden an menschlicher Gesundheit, an Wäldern und Böden, an Gebäuden erwachsen, quantifizierbar.

Diese quantifizierbaren Kosten, nur die Spitze eines Eisberges, belaufen sich weltweit jährlich auf etwa 1 bis 2 Prozent des weltweiten Bruttosozialproduktes, damit auf die Größenordnung von etwa 300 bis 1 000 Mrd. DM. Weiteres Nichthandeln, Abwarten könnte uns aus diesem Sektor schon innerhalb weniger Jahrzehnte mit Kosten belasten, die dann möglicherweise bereits eine unbezahlbare Höhe erreicht haben könnten.

Bleibt also nur die Frage, wer heute und in naher Zukunft die Kosten für Umstrukturierung, Erneuerung und Ausbau der Energieversorgung überall auf der Erde bezahlen kann und soll.

Die in den Industrieländern anfallenden Kosten von etwa 2 Prozent des Bruttosozialprodukts — geringer als die Kosten, die wir schon heute zum Kauf der von uns benötigten Primärenergie bezahlen, in Deutschland etwa 4 Prozent des Bruttosozialproduktes — sind für uns sicherlich zumutbar. Hingegen sind die in den Schwellen- und Entwicklungsländern anfallenden Kosten in Höhe von bis zu 10 oder 20 Prozent des Bruttosozialprodukts im jeweiligen Land für diese Länder sicher unerträglich hoch. Würden jedoch die Industrieländer — als heutige Hauptverursacher von Umweltschäden und Klimaänderung durch unbotmäßig hohe Nutzung fossiler Brennstoffe — davon Kosten in Höhe von etwa 1 Prozent ihres jeweiligen Bruttosozialprodukts übernehmen, so würden sich dadurch die verbleibenden Kosten für die Schwellen- und Entwicklungsländer auf eine Höhe von wenigen Prozent ihres Bruttosozialprodukts, auf ein wohl tolerierbares Maß reduzieren.

Dies ist alles relativ leicht zu benennen. Viel schwerer ist es aber, alle Verantwortlichen, alle Betroffenen und damit letztlich alle Menschen in den verschiedenen Ländern und Regionen auf der Erde ausreichend, unverfälscht und uneigennützig über diese Probleme zu informieren, ihnen überall auf der Erde ausreichend Bildung und Ausbildung zu ermöglichen, damit sie diese Probleme auch erkennen und an deren Lösungen auf Grund eigener Einsicht, Überzeugung und eigenen Vermögens mitarbeiten können. Genau dies aber ist die Voraussetzung, die notwendigen Wege zum Ziel finden und gehen zu können.

Resumée

Jede Nutzung von Technik, generell jede Nutzung von Energie, hat bestimmte Schäden und Schadensrisiken zur Folge. Jeder technologische Fortschritt führte bislang zu einer Ausweitung der Nutzung von Technik, von Energie, zumeist auch zu einer entsprechenden Ausweitung von Schäden und Schadensrisiken.

Dabei muß allerdings auch festgestellt werden, daß für eine Erdbevölkerung in heutigem Umfang die Nichtnutzung von Techniken und entsprechend von Energie mit Risiken verbunden wäre, die die heute sattsam bekannten Schäden und Schadensrisiken wohl weit übersteigen würden.

Aufgabe des Menschen muß also sein zu lernen, Techniken und Energie in Art und Umfang so zu nutzen, daß die daraus unvermeidlich erwachsenden Schäden und Schadensrisiken minimal gehalten werden können.

"Der Mensch hat sich in seiner Evolution zu einem Prothesenwesen entwickelt, das für das Funktionieren seiner Prothesen inzwischen enorme Mengen an Rohstoffen, an Energie benötigt"(Heinrich K. Erben, s. [Erb 88]). Allerdings läuft dieser Mensch heute Gefahr, einerseits durch zu hohen Wohlstand, andererseits durch Vermassung und daraus zunehmender Störung seines Sozialverhaltens, seine Fähigkeiten, das Leben auch künftig zu meistern, zunehmend zu verlieren.

Die Meisterung der anstehenden, immensen Probleme kann der Mensch aber auch als Chance begreifen, mit der ganzen Vielfalt seiner Art und seiner Fähigkeiten endlich durch gerechtes, humanes Handeln eine dauerhaft gesunde Gesellschaft in einer dauerhaft gesunden Welt zu schaffen. Nur so ihm dies gelingt, hat er sich zurecht zum homo sapiens ernannt.

Anhang A:
Benutzte Einheiten

A.1 Schreibweise von Größenangaben:

μ–	(micro–)	= 10^{-6}	(millionstel)
m–	(milli–)	= 10^{-3}	(tausendstel)
k–	(Kilo–)	= 10^{3}	(Tausend)
M–	(Mega–)	= 10^{6}	(Million)
G–	(Giga–)	= 10^{9}	(Milliarde)
T–	(Tera–)	= 10^{12}	(Tausend mal Milliarde = Billion)
P–	(Peta–)	= 10^{15}	(Million mal Milliarde = Billiarde)
E–	(Exa–)	= 10^{18}	(Milliarde mal Milliarde = Trillion)

A.2 Energie–Einheiten

verbindlich: Joule [J]
1 Joule [J] $\cong$ 1 Wattsekunde [Ws]

gebräuchlich:
1 Gigajoule [GJ] = 10^{9} [J]
1 Terajoule [TJ] = 10^{12} [J]
1 Petajoule [PJ] = 10^{15} [J]
1 Exajoule [EJ] = 10^{18} [J]

1 Kilowattstunde [kWh] $\cong$ 3,6 $\times$ 10^{6} [J]
1 Terawattstunde [TWh] = 10^{9} [kWh] $\cong$ 3.6 [PJ]
1 Terawattjahr [TWa] $\cong$ 8 760 [h/a] $\times$ 10^{9} [kWh] $\cong$ 31.5 [EJ]

1 Mio. Tonnen Steinkohleeinheiten [SKE]
= 1 Mio. t SKE $\cong$ 29.3 [PJ]

1 Mio. Tonnen Öleinheiten [ÖE] = 1 Mio. t ÖE $\cong$ 41.9 [PJ]

im atomaren Bereich gebräuchliche Energie-Einheit:

Elektron-Volt [eV] = Produkt aus elektr. Elementarladung und elektr. Spannung

1 eV = $1.6 \cdot 10^{-19}$ As · 1 V = $1.6 \cdot 10^{-19}$ J

elektr. Ladung gemessen in Ampere-Sekunden [As]
elektr. Spannung gemessen in Volt [V]

Umrechnungsfaktoren:

Einheiten	kJ	kWh	kg SKE	kg ÖE
1 kJ	1	0.000278	0.000034	0.000024
1 kWh	3 600	1	0.123	0.086
1 kg SKE	29 304	8.14	1	0.700
1 kg ÖE	41 868	11.63	1.429	1

Leistungs-Einheiten:

verbindlich: Watt [W]

1 Watt [W] $\hat{=}$ 1 Joule pro Sekunde [J/s]

Temperatur-Einheiten:

absolute Temperatur gemessen in Kelvin [K]
relative Temperatur gemessen in Grad Celsius [^{0}C]

Temperatur-Differenz: 1 [^{0}C] = 1 [K]

absoluter Nullpunkt: 0 [K] = $-$ 273.16 [^{0}C]
Nullpunkt der Celsiusskala: 0 [^{0}C] = 273.16 [K]

Anhang B:
Radioaktivität

Unter Radioaktivität versteht man die Emission energiereicher Strahlen bestehend sowohl aus elektrisch geladenen Teilchen — wie z.B. Elektronen und Atomkernen — als auch aus elektrisch neutralen Teilchen — wie z.B. Neutronen und Quanten von Röntgen- und Gamma-Strahlung.

Der relevante Energiebereich all dieser Strahlungen erstreckt sich auf Energien oberhalb von etwa 1 keV pro Strahlteilchen. Diese Energien sind ausreichend, um bei der Abbremsung der Strahlteilchen in Materie Moleküle aufzubrechen, Moleküle und Atome zu ionisieren, also Elektronen aus ihren Atomhüllen herauszuschlagen.

Die natürliche Radioaktivität auf der Erde hat ihren Ursprung zum einen im Zerfall in der Erdkruste enthaltener instabiler Atomkerne und zum anderen in der Wechselwirkung der auf die Erde einfallenden kosmischen Strahlung mit den Atomen der Lufthülle.

Ein Maß für die Radioaktivität eines Stoffes ist die Zahl der radioaktiven Zerfälle seiner Atomkerne pro Zeiteinheit.

Das historische Maß bezieht sich auf den in der Natur vorkommenden Stoff Radium:
1 Gramm Radium (entsprechend ca. $3 \cdot 10^{21}$ Atome) weist pro Sekunde $3.7 \cdot 10^{10}$ Zerfälle von Atomkernen auf. Diese Menge mißt man als

$$1 \text{ Curie [Ci]} \stackrel{\wedge}{=} 3.7 \cdot 10^{10} \text{ Zerfälle/s}$$

Das heutige Standardmaß bezieht sich auf einen Zerfall pro Sekunde:

$$1 \text{ Becquerel [Bq]} \stackrel{\wedge}{=} 1 \text{ Zerfall/s}$$

Die Lebensdauer eines radioaktiven Stoffes wird durch den ständigen Zerfall eines bestimmten Bruchteils seiner Atomkerne beschränkt. Die Anzahl der in einem Zeitintervall zerfallenden Kerne ist proportional der zu dieser Zeit noch vorliegenden Gesamtzahl von Atomkernen. Häufig wird statt der mittleren Lebensdauer eines Stoffes seine **Halbwertszeit** angegeben: Dies ist das Zeitintervall, in dem die Hälfte der Atomkerne der Muttersubstanz zerfallen ist.

Als **Maß für die Bestrahlung eines Körpers durch Radioaktivität** wird das Verhältnis von absorbierter Energie zu Masse des absorbierenden Körpers, die sog. **Energiedosis** definiert:

$$\text{historisch:} \quad 1 \text{ rad} \; \hat{=} \; 1 \text{ Joule} / 100 \text{ kg}$$

$$\text{heutiger Standard:} \quad 1 \text{ Gray [Gy]} \; \hat{=} \; 1 \text{ Joule} / 1 \text{ kg}$$

Die biologische Wirksamkeit radioaktiver Strahlung hängt von der Menge an deponierter Energie pro Weglänge der Strahlung durch den absorbierenden Körper ab. Diese ist für verschiedene Arten von Strahlen sehr unterschiedlich. Beispielsweise ionisiert ein Elektron mit einer Bewegungsenergie von 1 MeV nur etwa jedes tausendste Atom entlang seiner Flugbahn, ein α-Teilchen (das ist der Kern eines Heliumatoms) mit der gleichen Energie von 1 MeV jedoch praktisch jedes Atom entlang seiner Flugbahn. Daraus folgt eine Reichweite, also der Abbremsweg in z.B. organischer Materie für Elektronen mit 1 MeV Energie von ca. 10 mm, für α-Teilchen mit 1 MeV Energie von nur ca. 0.01 mm.

Definiert man die **relative biologische Wirksamkeit (RBW)** für Elektronen mit RBW = 1, so ergibt sich für α-Teilchen eine RBW = 10.

Aus der Multiplikation der Energiedosis mit dem RBW-Faktor der jeweiligen Strahlungsart resultiert als **Maß für die Wirksamkeit der Bestrahlung eines Körpers mit Radioaktivität** die sogenannte **Äquivalentdosis**:

$$\text{historisch:} \quad 1 \text{ rad} \cdot \text{RBW} \; \hat{=} \; 1 \text{ rem}$$

$$\text{heutiger Standard:} \quad 1 \text{ Gy} \cdot \text{RBW} \; \hat{=} \; 1 \text{ Sievert [Sv]}$$
$$(1 \text{ Sv} \; \hat{=} \; 100 \text{ rem})$$

Belastung von Organismen mit Radioaktivität:

- natürlich:
  Die über ein Jahr summierte Belastung durch natürliche Radioaktivität beläuft sich in Deutschland

- durch radioaktive Strahlung aus dem Boden von Ort zu Ort verschieden auf

    30 bis 300 mrem/Jahr,

- durch Radioaktivität aus der Wechselwirkung der Strahlung aus dem Kosmos mit der Lufthülle der Erde, abhängig von geografischer Breite und vor allem von der Höhe auf

    30 bis 60 mrem /Jahr,

- durch körpereigene Radioaktivität, vornehmlich durch ein Isotop des lebensnotwendigen Kaliums auf

    etwa 20 mrem / Jahr,

- durch das radioaktive Edelgas Radon, das sich vornehmlich durch Ausgasen aus Gestein in umbauten Räumen, in der Natur in Höhlen ansammelt, meistenteils auf

    30 und 300 mrem / Jahr,

insgesamt also zumeist auf

    100 bis 600 mrem / Jahr

- künstlich:
Die Belastung durch künstliche Radioaktivität beläuft sich in Deutschland

- durch eine Röntgenaufnahme je nach Art der Aufnahme auf
    20 mrem (z.B. Lungenaufnahme)
    bis 1 000 mrem (z.B. Beckenaufnahme)

- durch Freisetzung von radioaktivem Feinstaub aus Kohlekraftwerken auf

    ca. 1 mrem / Jahr

- durch Radioaktivität aus Kernkraftwerken beim Normalbetrieb im bundesdeutschen Mittel auf ca. 0.01 mrem / Jahr

in Kraftwerksnähe maximal auf

bis zu einigen mrem / Jahr

- durch radioaktive Niederschläge aus dem Reaktorunfall von Tschernobyl von Ort zu Ort verschieden, insgesamt seither, vornehmlich in den Monaten nach dem Unfall auf

20 bis 200 mrem.

Die **Wirkung von Radioaktivität auf Organismen,** hier vor allem die Wirkung relativ hoher Dosen, diese innerhalb sehr kurzer Zeit — von Sekunden bis Stunden — empfangen, ist bekannt aus den Atombombenexplosionen über Hiroshima und Nagasaki. Dabei ist zwischen spontanen Schadwirkungen und Spätschäden über Krebserkrankungen und Mutationen zu unterscheiden:

Bei Belastungen bis zu 20 rem sind keine Spontanschäden erkennbar,
bei Belastungen zwischen etwa 20 und 100 rem zeigt sich vorübergehende Strahlenerkrankung z.B. in Form von Übelkeit,
Belastungen um 500 rem führen bei etwa 50 Prozent der Betroffenen zum Tod innerhalb weniger Wochen,
Belastungen von 1 000 rem und mehr führen bei fast allen Betroffenen zum Tod innerhalb weniger Tage.

Erkennbare Spätschäden wurden bei spontanen Strahlenbelastungen mit Dosen von mehr als etwa 30 rem beobachtet. Dies sind Krebserkrankungen wie z.B. Leukämie nach einer Latenzzeit von etwa 5 bis 10 Jahren und andere Arten von Krebserkrankungen mit Latenzzeiten von mehr als 30 Jahren. Dabei gilt für die relativ hohen spontanen Strahlendosen eine lineare Dosis–Wirkung Beziehung. So ist im Mittel je ein zusätzlicher Fall von Krebserkrankung zu erwarten bei Bestrahlung von z.B. 40 Personen mit je 50 rem (bzw. 0.5 Sv) oder 20 Personen mit je 100 rem (bzw. 1 Sv).

Allgemein lautet die Beziehung:

500 zu erwartende Krebserkrankungen bei einer Personen–Bestrahlungsdosis, — also dem Produkt aus Zahl der Bestrahlten mal empfangener Bestrahlungsdosis pro Person — von einer Million Personen–rem (bzw. 10 tausend Personen–Sv).

Für kleinere Strahlendosen und vor allem für Strahlendosen, die sich erst im Verlauf längerer Zeit zu einem im Vergleich zur natürlichen Strahlenbelastung hohen

Wert aufsummieren, ist vermutlich eine geringere Schadwirkung als gemäß der linearen Dosis-Wirkung Beziehung zu erwarten, da unser Körper sich im Verlauf der Evolution unter der Wirkung der natürlichen Strahlenbelastung mit Reparaturmechanismen ausgerüstet hat, um Schäden aus Belastungen dieser Höhe schnell auszuheilen.

Weitere mögliche Strahlenschäden im menschlichen Körper sind Mutationen von Erbanlagen:
In menschlichen Keimzellen treten Mutationen mit einer bestimmten Häufigkeit natürlich auf. Die Ursachen dafür sind unbekannt. Merkliche Mutationsraten durch Strahleneinwirkung treten erst bei spontanen Dosen von mehr als 100 rem auf. Um wiederum das maximale Ausmaß möglicher Mutationsraten bei kleineren Strahlendosen abzuschätzen, wird eine lineare Beziehung zwischen Strahlendosis und Mutationsrisiko angesetzt. Daraus folgt, daß erst bei einer Strahlenbelastung von ca. 50 bis 70 rem die natürliche Mutationsrate verdoppelt wird.

Literaturverzeichnis

[Bar 87]   J. M. Barnola et al, *Nature Vol. 329*, 1987, S. 408

[Coo 71]   E. Cook, *Scientific American Vol. 225*, September 1971, S. 135

[Dad 80]   K. K. S. Dadzie, *Scientific American Vol. 243*, September 1980

[DLR 92]   M. Becker, W. Meinecke (Herausgeber), *Solarthermische Anlagen im Vergleich*, Springer Verlag, Berlin 1992

[EnK 90]   *Energie und Klima*, Studienprogramm (10 Bände) herausgegeben von Enquete–Kommission "Vorsorge zum Schutz der Erdatmosphäre" des Deutschen Bundestages, Economica Verlag, Verlag C. F. Müller, Bonn und Karlsruhe 1990

[Enq 88]   *Schutz der Erdatmosphäre*, 1. Bericht der Enquete–Kommission des 11. Deutschen Bundestages "Vorsorge zum Schutz der Erdatmosphäre", Deutscher Bundestag, Bonn 1988 und Economica Verlag, Verlag C. F. Müller, Bonn und Karlsruhe 1990

[Enq 90a] *Schutz der tropischen Wälder*, 2. Bericht der Enquete–Kommission des 11. Deutschen Bundestages "Vorsorge zum Schutz der Erdatmospäre", Deutscher Bundestag, Bonn 1990 und Economica Verlag, Verlag C. F. Müller, Bonn und Karlsruhe 1990

[Enq 90b] *Schutz der Erde*, 3. Bericht der Enquete–Kommission des 11. Deutschen Bundestages "Vorsorge zum Schutz der Erdatmospäre", Deutscher Bundestag, Bonn 1990 und Economica Verlag, Verlag C. F. Müller, Bonn und Karlsruhe 1990

[Enq 92]   *Klimaänderung gefährdet globale Entwicklung*, 1. Bericht der Enquete–Kommission des 12. Deutschen Bundestages "Schutz der Erdatmospäre", Deutscher Bundestag, Bonn 1992 und Economica Verlag, Verlag C. F. Müller, Bonn und Karlsruhe 1992

[Enq 93]   *"Bericht über Landwirtschaft und Wälder"*, Enquete–Kommission "Schutz der Erdatmosphäre" des 12. Deutschen Bundestages (in Vorbereitung, Publikation Herbst 1993)

[Erb 88]   Heinrich K. Erben, *Die Entwicklung der Lebewesen*, Piper Verlag, München und Zürich 1988

[Flo 92]   H. Flohn, *Meteorologische Zeitschrift, N.F.1, 122*, April 1992

[Gru 93]   A. Grunenberg, Dissertation, physikalisches Institut der Universität Bonn, Bonn 1993

[Hei 83]   K. Heinloth, *Energie*, Teubner Verlag, Stuttgart 1983

[ILR 92]   *Mitteilung des Institut für Landeskunde und Raumordnung*, Bonn 1992

[IPCC 90] Berichte des von den Vereinten Nationen eingerichteten Intergovernmental Panel on Climate Change:

   a) *Climate Change – The IPCC Scientific Assessment*, Cambridge University Press, Cambridge UK 1991

   b) *Climate Change – The IPCC Impacts Assessment*, Australian Governmental Public Service, Canberra 1991

   c) *Climate Change – The IPCC Response Assessment*, Island Press, Covelo CA, USA 1991

[IPCC 92] Ergänzungsbericht des WMO–UNEP Intergovernmental Panel on Climate Change, Cambridge University Press, Cambridge UK 1992

[PRO 92]   *Identifizierung und Internationalisierung externer Kosten der Energieversorgung*, Studie im Auftrag des Bundesministeriums für Wirtschaft, K. P. Masur et al, PROGNOS, Basel 1992

[Sol 90]   *Solare Wasserstoffwirtschaft*, Studie im Auftrag der Enquete–Komission des Deutschen Bundestages "Technikfolgen–Abschätzung und –Bewertung", DIW–DLR–EWI–FfE–LBS–Universität Oldenburg, Berlin 1990

[Sol 92]   *Solarer Wasserstoff, Energieträger der Zukunft*, Broschüre zur Ausstellung von DLR, ZSU und dem Ministerium für Wirtschaft Baden Württemberg, 4. Auflage 1992

[Spr89]   D. Spreng, *Wieviel Energie braucht die Energie ?*, Verlag der Fachvereine, Zürich 1989

[Stei 91] *Steinkohle 91*, Gesamtverband Deutscher Steinkohlebergbau, Essen 1991

[UBA 89] *Daten zur Umwelt 1988/89*, Umweltbundesamt, Berlin 1989

[Win 90] C.-J. Winter et al (Edit.), *Solar Power Plants*, Springer Verlag, Berlin 1990

[WOR 92] *World Resources 1992–93*, World Resources Institute, Oxford University Press, New York und Oxford 1992

Index

Abfälle, organisch, 100
Albedo, 91
Aufforstung, 122
Aufwind-Kraftwerk, 132

Batterien, 156
Beleuchtung, 183
Besiedlungsdichte, 7
Bevölkerungsentwicklung, 2
Biogas
    Gewinnung, 126
    Nutzung, 126, 146
Biomasse
    Gesamtmenge an, 69
    Potential an, 98
Brennstoffzellen, 186
Brennwert, 86
Brennwertkessel, 165
Brutreaktor, 140

Carnot
    Maschine, 171
    Prozess, 172

Dampfkraftwerke, 113
    installierte Leistung, 203
Dieselmotor, 173
Distickoxid, 40
Druckluftspeicher, 159

Einheiten, 239
elektrische Energie, 127
Elektrolyse, 147
Elektromotor, 180

Elektrospeicherheizung, 166
Endenergie, 73, 75
Endlagerung radioaktiver Abfälle, 142
Energie, 13, 107
    Bestand, Bedeutung, Gefährdung, 220
Energie-Aufwand, 112, 183
Energie-Bedarf
    für Ernährung, 24
    in Deutschland, 21
    in Entwicklungsländern, 230
    in Schwellenländern, 228
    pro Person, 15
    weltweit, 19
Energie-Einheiten, 239
Energie-Einsparung, 194, 198
Energie-Erhaltung, 108
Energie-Erntefaktoren, 108, 111, 114
Energie-Fluß, 74
Energie-Nutzung, 163
Energie-Optimierung, 190
Energie-Quellen, 75
Energie-Speicherung, 83, 148
Energie-Träger, 16
Energie-Transport, 148
Energie-Umwandlung, 76, 107
Energie-Versorgung
    Sicherung, 222
Energienutzung, 69
Energieversorgung
    bundesweit, optimal, 198
Entsorgung von Kohlendioxid, 122

Index

Erdöl-Vorräte, 88
Erdgas-Vorräte, 89
Ernährung, 24, 71
Erneuerbare Energien, 93, 105
Externe Kosten, 68, 114, 145, 210

FCKW, 40, 58
Fernwärme, 150, 199
Flachkollektoren, 127
Fossile Brennstoffe
    Schadstoffemissionen, 119
    Vorräte, 87

Glühlampe, 183

Heizkessel, 165
Heizkraftwerke, 113
Heizwärme-Potential, 106
Hochtemperatur-Reaktor, 141
Hydridspeicher, 162

Kernfusion, 105, 144
Kernkraftwerke, 137
    Umweltbelastung, 143
Kernkraftwerke-Nutzung, 141
Kernreaktor
    Brutreaktor, 140
    Graphitmoderierter Reaktor, 139
    Hochtemperatur-Reaktor, 141
    Leichtwasser-Reaktor, 138
Kernspaltung, 137
Klima
    Variabilität, 49
    Veränderung, 47, 50
Kohle-Vorräte, 87
Kohlendioxid
    Emission, 53
    Emissions Minderung, 53, 192, 198
    Entsorgung, 122
    Luftanteil, 34, 36
    menschverursachte Freisetzung, 38, 43
Kohlenmonoxid, 119
Kohlenstoff
    Gehalt auf der Erde, 62
    Kreislauf, 61
Kohlenwasserstoffe, 119
Kohlevegasung, 124
Kohleverflüssigung, 125
Kollektoren, fokussierend, 127
Kombikraftwerke, 113
Kosten
    für Energie-Versorgung, 208, 233
    für Erhalt der Umwelt, 67
Kraft-Wärme-Kopplung, 120, 199
Kraftwerke, 113
Kraftwerkstechnologien, 145

Landwirtschaft
    Bestand, Bedeutung, Gefährdung, 213
    Energieaufwand, 70
    extensive, 217
    intensive, 214
    Produktivität, 27
    verfügbare Fläche, 27, 70
Latentwärme-Speicher, 152
Lebensstandard, 11
Leichtwasser-Reaktor, 138
Leistung von Wärmekraftwerken, 203
Leistungsbedarf (an Wärme und Strom), 82
Leuchtstoffröhre, 183
Licht, 183

Magnetfeldspeicher, 157
Meeresspiegel-Anstieg, 48
Methan, 40

Nachwachsende Rohstoffe, 98

Nahrung (Bedarfsdeckung), 15, 26, 69, 71
Nutzenergie, 73

Ölraffinerie, 125
Optimierung von
    Energieversorgung, 199
    Verkehr, 202
Ottomotor, 173
Ozon
    bodennah, 39
    in der Stratosphäre, 54
    Kreislauf, 56
    Loch, 57

Photosynthese, 69
Photovoltaik, 133, 232
Plutonium–Vorräte, 89
Potentiale (theoretische, technische, wirtschaftliche), 84
Primärenergie, 73
    Bedarf, 19, 21, 225
    Verfügbarkeit, 83
Prozesswärme, 169
Pumpwasserspeicher, 158

Radioaktivität, 241
Rapsöl, 98
Raumheizung, 164
Reaktor-Typen, 140
Risiken, 30

Schadgasemissionen (durch Verbrennung fossiler Brennstoffe), 179
Schadstoffemissionen (durch Verbrennung fossiler Brennstoffe), 119
Schwefeldioxid, 119
Solarenergie, 90
    Nutzung, 93
    Potentiale, 95

Solarhaus, 168
Solarkraftwerk, 99, 134
Solarkraftwerke, 129
Solarwärme
    Flachkollektoren, 95, 127
    fokussierende Kollektoren, 127, 132
    passive Nutzung, 168
Solarzellen, 97, 133
    Anlage, 99, 232
Sonneneinstrahlung, 56, 92, 96
Speicherung von
    mechanischer Energie, 158
    Wärme, 151
    Wasserstoff, 160
Speocherung von
    elektrischer Energie, 154
Spurengase, 39, 41
Staub, 119
Stickoxide, 119
Strombedarf, 19, 23, 186, 195
Synthesegas, 125

Temperatur
    Änderung, 34, 43, 44
    Einheiten, 240
Transport von
    elektrischer Energie, 149
    fossilen Brennstoffen, 149
    Wärme, 150
    Wasserstoff, 151
Treibhauseffekt, 32
    Erwärmung, 32
    menschverursacht, 35
    natürlich, 34
Treibhauserwärmung, 44
Treibstoffverbrauch, 12, 74, 194, 206
Tropenwälder, 37, 219
Tschernobyl–Unfall, 140, 144

Ultraviolett–Licht, 54

Index 253

Auswirkungen, 59
Umweltbelastung
 durch Kernkraftwerke, 143
 durch Schadstoffemissionen, 118
 durch Verkehr, 178
Uran-Vorräte, 90

Verkehr
 Aufkommen, 8, 202
 Berufsverkehr, 202
 Energieaufwand, 183
 Güterverkehr, 203
 Minderung des Energiebedarfs, 178, 205
 Optimierung, 202
 Personenverkehr, 202
 Umweltbelastung, 178

Wälder
 Bestand, Bedeutung, Gefährdung, 213
 in den Tropen, 219
 in nördlichen und gemäßigten Breiten, 216
Wärmepumpen, 105, 167
Wärmetransport, 150
Wärme
 aus Luft, Wasser, Boden, 104
 aus Solarstrahlung, 127
Wärmekraftmaschinen, 110, 170
Wärmespeicherung, 151
Wärmetauscher, 169
Wankelmotor, 174
Wasserdampf, 32, 44
Wasserkraft, 100
Wasserkraftwerke, 136
Wasserstoff
 Erzeugung, 147
 Speicherung von, 160
 Transport, 151
 Verflüssigung, 161

Windkraft, 103
Windkraftwerke, 135
Wirkungsgrad, 77, 114
 Carnotmaschine, 172
 Dieselmotor, 175
 Energie-Umwandlung, 77, 108
 Heizanlagen, 167
 Ottomotor, 175
 Photosynthese, 69
 Stirlingmaschine, 174

Erdmann
Energieökonomik

**Theorie
und Anwendungen**

Fast zwanzig Jahre energiewirtschaftliche Forschung seit dem Erdölschock von 1973 haben umfassende Kenntnisse über die Funktionsweise und Steuerbarkeit der weltweiten, nationalen und regionalen Energiemärkte entstehen lassen. Dieses Buch stellt eine Zusammenfassung der bisherigen energiewirtschaftlichen Forschungsergebnisse dar und vermittelt einen Überblick über den aktuellen Wissenstand. Der zentrale Orientierungspunkt sind die Marktkräfte und Marktgesetze sowie deren Einfluß auf die Entwicklung der Energiewirtschaft. Physikalische, technische, sozialwissenschaftliche und politische Aspekte werden nur aufgegriffen, sofern sie die Strukturen und Reaktionsmuster der Energiemärkte beeinflußen.

Im Rahmen der energie- und umweltpolitischen Debatte hat sich heute weitgehend die Einsicht durchgesetzt, daß die Verwirklichung ökologischer und ethischer Postulate nicht am Markt vorbei geschehen kann. Ein zielgerichtetes Handeln setzt somit fundierte Kenntnisse über die Funktionsweise der Energiemärkte voraus, die hier in Form eines Lehrbuches vermittelt werden.

Von Dr. **Georg Erdmann,**
Eidg. Technische Hochschule, Zürich

1992. XII, 335 Seiten.
15,5 x 25 cm.
Kart. DM 46,– /
ÖS 359,– /SFr 42,–
ISBN 3-519-03654-X

Koprod. Verlag der
Fachvereine, Zürich –
B.G. Teubner, Stuttgart
Schweiz:
ISBN 3-7281-1893-1

Preisänderungen vorbehalten.

B. G. Teubner Verlag Stuttgart
Verlag der Fachvereine Zürich

Strom rationell nutzen
RAVEL-Handbuch

Umfassendes Grundlagenwissen und praktischer Leitfaden zur rationellen Verwendung von Elektrizität

44 Experten zeigen auf, wo und wie Strom intelligent und wirtschaftlich genutzt werden kann. Das vorliegende Handbuch ist die aktuellste und umfassendste Darstellung des verfügbaren Wissens über den intelligenten Einsatz von Strom. Die Erkenntnisse, Anregungen und Empfehlungen sind übersichtlich nach den einzelnen Anwendungsbereichen geordnet: Gebäude, Dienstleistung und Gewerbe, Industrie, Haushalt, Motoren, Beleuchtung, Geräte und Wärmetechnik. Zahlreiche Beispiele und Checklisten machen den Band zu einem unentbehrlichen Nachschlagewerk für Fragen der Gestaltung, Planung, Entwicklung, Konstruktion, Fertigung und Nutzung sowie für die Investitionsbeurteilung und die Energieberatung.

1993. 320 Seiten.
17 x 24 cm.
Geb. DM 84,– /
ÖS 655,– / SFr 76,–
ISBN 3-519-03658-4

Koprod. Verlag der Fachvereine, Zürich –
B. G. Teubner, Stuttgart
Schweiz:
ISBN 3-7281-1830-3

Preisänderungen vorbehalten.

B. G. Teubner Verlag Stuttgart
Verlag der Fachvereine Zürich

Fritsch
Mensch – Umwelt – Wissen

Evolutionsgeschichtliche Aspekte des Umweltproblems

Ausgehend von den bekannten Kenndaten analysiert der Autor auf naturwissenschaftlich-technischer Basis die reale Umweltsituation. Er vermittelt so dem Leser eine bessere Orientierung über das sensible Wirkungsgefüge Mensch-Umwelt-Wissen und zeigt Lösungen für ein zukunftsorientiertes Handeln im Hinblick auf eine humane Entwicklung auf.
Besondere Bedeutung mißt der Autor dem Faktor Wissen in bezug auf die Ressourcenfrage zu: »Es geht nicht ausschließlich darum, Stoffe, die heute als Ressourcen betrachtet werden, künftigen Generationen zu erhalten; entscheidend ist die Erhaltung von Bedingungen, die der Erlangung von Wissen förderlich sind, denn Wissen ist die wichtigste Zukunftsressource.«
Diese Grundthese ist zugleich ein Plädoyer für die freiheitliche, offene Gesellschaft, denn es besteht ein unauflösbarer Zusammenhang zwischen der Offenheit des Erkenntnisprozesses und der Offenheit gesellschaftlicher und politischer Prozesse.
Für die aktualisierte Neuauflage wurde das Datenmaterial auf den neuesten Stand gebracht und teilweise neu aufbereitet.
Die zentralen Umwelt- und Energiefragen, die zum einen im Juni dieses Jahres am sog. »Erdgipfel« in Rio und zum anderen an der Weltenergiekonferenz in Madrid im September 1992 diskutiert wurden, werden behandelt. Die wichtigsten Ergebnisse beider Konferenzen wurden in die vorliegende dritte Auflage eingearbeitet und in den entsprechenden Kapiteln ausgewertet.

Von Prof. Dr.
Bruno Fritsch,
Eidgen. Technische
Hochschule, Zürich

3., neubearbeitete und erweiterte Auflage.
1993. XII, 442 Seiten.
16,2 x 22,9 cm.
Kart. DM 58,–/
ÖS 453,–/SFr 52,–
ISBN 3-519-23562-4

Koprod. Verlag der Fachvereine, Zürich –
B.G. Teubner, Stuttgart
Schweiz:
ISBN 3-7281-1950-4

Preisänderungen vorbehalten.

B. G. Teubner Verlag Stuttgart
Verlag der Fachvereine Zürich